レクチャーノート/ソフトウェア学

44

ソフトウェア工学の基礎 XXV

日本ソフトウェア科学会FOSE 2018

伊藤 恵・神谷年洋 編

近代科学社

まえがき

プログラム共同委員長　　伊藤 恵[*]　神谷 年洋[†]

本書は，日本ソフトウェア科学会「ソフトウェア工学の基礎」研究会 (FOSE: Foundation of Software Engineering) が主催する第 25 回ワークショップ (FOSE2018) の論文集です．ソフトウェア工学の基礎ワークショップは，ソフトウェア工学の基礎技術を確立することを目指し，研究者・技術者の議論の場を提供します．大きな特色は，異なる組織に属する研究者・技術者が，3 日間にわたって寝食を共にしながら，自由闊達な意見交換と討論を行う点にあります．第 1 回の FOSE は，1994 年に信州穂高で開催し，それ以降，日本の各地を巡りながら，毎年秋から初冬にかけて実施しており，今回で 25 回となります．本年は，北海道湯の川温泉での開催となります．湯の川温泉は北海道三大温泉郷の一つとされる温泉で，その歴史は古く 1453 年にひとりの木こりが発見した沸き湯がルーツとされる温泉であり，松前藩主や箱館戦争の際の旧幕府軍も湯治に利用したと言われています．温泉でリラックスしながら活発な議論がされることが期待されます．

本年もこれまでと同様に，以下の 3 つのカテゴリで論文および発表を募集しました．

(1) 通常論文では，フルペーパー (10 ページ以内) とショートペーパー (6 ページ以内) の 2 種類を募集しました．投稿は，フルペーパーに 11 編，ショートペーパーに 8 編あり，それぞれ 4 名以上のプログラム委員による並列査読，および，プログラム委員会での厳正な審議を行いました．その結果，フルペーパーとして 7 編，ショートペーパーとして 11 編の論文を本論文集に掲載しました．
(2) ライブ論文では，2 ページ以内の原稿による速報的な内容を募集しました．12 編の応募があり，そのうち 9 編が採録となりました．ワークショップでは，論文内容についてポスター発表が行われます．
(3) ポスター・デモ発表では，本論文集に掲載されない形でのポスター発表やデモンストレーションで，35 件の発表を予定しています．

なお，日本ソフトウェア科学会の学会誌「コンピュータソフトウェア」において，本ワークショップと連携した特集号が企画されています．ワークショップでの議論を経てより洗練された論文が数多く投稿されることを期待します．

招待講演では，公立はこだて未来大学の和田雅昭教授により「定置網ビッグデータによるイノベーション」という話題で講演を予定しています．函館市の漁獲量の過半数を生産する定置網漁業を中心に，データ駆動型社会における水産業について展望いただきます．

最後に，本ワークショップのプログラム委員の皆様，ソフトウェア工学の基礎研究会主査の門田暁人教授，レクチャーノート編集委員の武市正人教授，米澤明憲教授，近代科学社編集部および関係諸氏に感謝いたします．

[*]Kei Ito, 公立はこだて未来大学

[†]Toshihiro Kamiya, 島根大学

プログラム委員会

共同委員長

伊藤 恵 (公立はこだて未来大学)
神谷 年洋 (島根大学)

プログラム委員

青山 幹雄 （南山大学）
飯田 元 （奈良先端科学技術大学院大学）
石川 冬樹 （国立情報学研究所）
伊原 彰紀 （和歌山大学）
岩間 太 （日本IBM）
鵜林 尚靖 （九州大学）
大平 雅雄 （和歌山大学）
小形 真平 （信州大学）
小野 康一 （日本IBM）
亀井 靖高 （九州大学）
桑原 寛明 （南山大学）
佐伯 元司 （東京工業大学）
関澤 俊弦 （日本大学）
立石 孝彰 （日本IBM）
丹野 治門 （NTT）
中川 博之 (大阪大学)
名倉 正剛 （南山大学）
萩原 茂樹 （東北公益文科大学）
林 晋平 （東京工業大学）
福安 直樹 （和歌山大学）
松浦 佐江子 （芝浦工業大学）
森崎 修司 （名古屋大学）
山本 晋一郎 （愛知県立大学）
吉田 敦 （南山大学）
阿萬 裕久 （愛媛大学）
石尾 隆 （奈良先端科学技術大学院大学）
市井 誠 （日立製作所）
今井 健男 （ぼのたけ）
上田 賀一 （茨城大学）
上野 秀剛 （奈良高専）
小笠原 秀人 (千葉工業大学)
岡野 浩三 （信州大学）
尾花 将輝 （大阪工業大学）
岸 知二 （早稲田大学）
小林 隆志 （東京工業大学）
沢田 篤史 （南山大学）
高田 眞吾 （慶應義塾大学）
田原 康之 （電気通信大学）
張 漢明 （南山大学）
中島 震 （国立情報学研究所）
野呂 昌満 （南山大学）
花川 典子 （阪南大学）
福田 浩章 （芝浦工業大学）
前田 芳晴 （富士通研究所）
丸山 勝久 （立命館大学）
門田 暁人 （岡山大学）
吉岡 信和 （国立情報学研究所）
鷲崎 弘宜 （早稲田大学）

招待講演

状態遷移，デバッグ，テスト

バグ予測，信頼度成長モデル

レビュー，情報共有，ユーザビリティ

型システム，検証

ソースコード解析，再利用

要求工学，設計

ライブ論文

定置網ビッグデータによるイノベーション

Prospect for Innovation in Fishery by Creating Big Data of Set-Net

和田 雅昭 *

あらまし 一次産業のイメージが強い水産業ですが，生産された魚介類は塩辛などの瓶詰を製造する地元の加工業 (二次産業) や活魚などの刺身を提供する地元の飲食業 (三次産業) に流通しており，地域の雇用と経済を支える重要な役割を担っています．そのため，水産業の持続性は地域の持続性へとつながります．本講演／本稿では，函館市の漁獲量の過半数を生産する定置網漁業を中心に，データ駆動型社会における水産業を展望します．

1 はじめに

2018 年 6 月に閣議決定された未来投資戦略 2018(内閣官房) では，水産業改革が掲げられました．そして，データ駆動型社会における新しい水産業を実現するため，2020 年までに「スマート水産データベース (仮称)」を構築，稼働させ，資源管理から流通に至る ICT 活用体制を整備することが明記されました．いよいよ，水産業においてもビッグデータ，AI を活用していく時代となります．しかしながら，水産業では 1 年をひとつのサイクルと考えると，30 年の熟練漁業者であっても 30 回の経験しか積んでいないことになります．また，将棋や囲碁とは異なり AI が学習データを生成することはできません．そのため，ビッグデータの生成には，地域の枠を越えたデータ連携が不可欠となります．

2013 年漁業センサス (農林水産省) によると，全国の漁業経営体数は 79,563 です．このうち，定置網漁業の経営体数は約 5%に相当する 4,119 で，アメダス (気象庁) の観測所数である 1,327 の 3 倍以上となります．定置網漁業は漁場が固定されていることから，データ連携が実現すれば理想的な定点観測網となります．本講演／本稿では，著者らが提案する定置網ビッグデータの生成による持続可能な水産業モデルの構築について紹介します．

2 水産業の課題

函館市における魚種別漁獲量の推移を図 1 に示します．2003 年には 50,000 トンを超えていたスルメイカの漁獲量は，2016 年以降は 10,000 トン未満にまで減少しています．このように，自然を相手にする水産業では，近年の環境変化や資源変動などの影響を大きく受け，生産が安定していません．その結果，魚介類の流通価格，流通量が不安定となり，加工業では原料の仕入，飲食業では活魚の仕入が安定せず，コストの増大により産業の持続性が危ぶまれています．このように，地方の水産都市では，一次産業である水産業が，二次産業，三次産業を含む地方の産業を支えており，地方の景気を左右していると言っても過言ではありません．加えて，国際的に資源管理への関心が高まっており，漁業者には魚を獲ることだけではなく，特定の魚を獲らないこと (逃がすこと) が求められる時代となりました．特に，2018 年 7 月からはクロマグロには厳しい漁獲枠が設定されています．

このような水産業を取り巻く自然環境，社会環境に順応するためには，従来型の経験と勘に基づく水産業から，データ駆動型の水産業へと移行する必要があります．自然を相手にする水産業では生産を安定させることは困難ですが，不安定な生産であってもその波を予測することができれば，流通において波を吸収することができると考えられます．そこで，定置網漁業に着目し，定置網ビッグデータを生成する

*Masaaki Wada, 公立はこだて未来大学

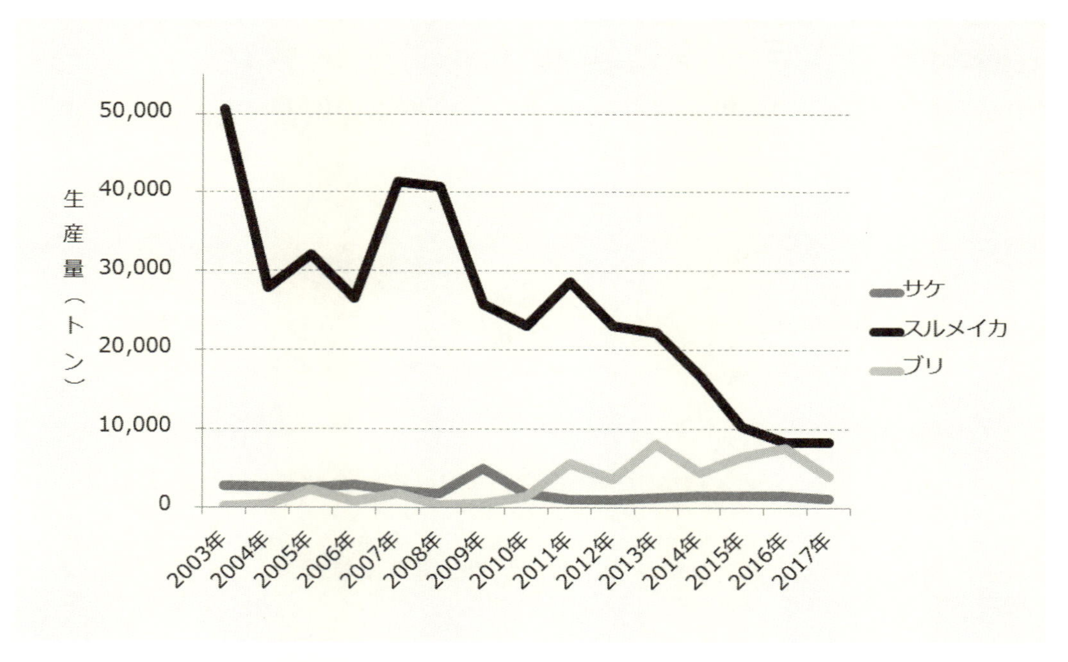

図 1　函館市における魚種別漁獲量の推移 (北海道水産現勢より)

ことで，AI を活用した水揚予測に取り組みます．そして，水揚予測を媒介として，これまで独立していた生産と流通を融合することにより水産業の最適化を図ります．また，定置網へのクロマグロの入網を判別し，資源管理に役立てます．なお，定置網の水揚予測は漁場形成を反映することから，刺網や釣などの漁船漁業においても有用な情報となります．

3　水揚予測と流通改革

3.1　音響データを用いた定置網の水揚予測

IoT を活用したリアルタイムの音響データを解析の対象として，定置網の水揚予測に取り組みます．著者らが開発したクラウド型魚群探知機を定置網に設置することで，網の中を見える化することができます．そして，音響データから作成した音響画像を解析することによって，魚種判別，漁獲量推定を行います．対象とする魚種は，漁獲枠が設定されているクロマグロに加えて，加工業に流通するサケ，飲食業に流通するスルメイカ，そして，ブリの 4 魚種です．ブリは，函館市ではスルメイカに並ぶ主要魚種になりつつありますが，本州のブリに比べて 4 割程度安く取引されており市場開拓を必要としています．

音響データは 24 時間リアルタイムで取得することができ，水揚データは漁業協同組合の基幹システムからオンラインで取得できることから，音響画像と水揚データの組み合わせを毎日 1 組ずつ生成することができます．そこで，ディープラーニングを用いて音響画像と水揚データを学習し，入力を音響画像，出力を水揚データとする AI エンジンを開発します．このとき，最適な音響画像のサイズやアスペクト比，さらには，ハイパーパラメータの設定が全魚種で共通になるとは限らないため，全魚種の漁獲量を推定する AI エンジン，特定の魚種の漁獲量のみを推定する AI エンジンなど，複数の AI エンジンを開発し，予測結果を評価します．また，横展開を想定し，函館市の定置網の音響画像と水揚データを学習した AI エンジンに，他地域の定置網の音響画像を入力するなど，ホールドアウト法により AI エンジンの汎化能力についても評価します．

3.2 環境データを用いた産地別の水揚予測

環境データのうち，特に魚類の行動に影響を与える海水温を解析の対象として，産地別の水揚予測に取り組みます．対象とする魚種は，サケ，スルメイカ，ブリの3魚種です．サケは稚魚を放流する栽培漁業であり母川回帰する習性があることから，北海道では水産試験場が毎年6月に来遊予測を発表しています．しかしながら，この来遊予測は北海道を5つの海区に分け，海区別の年間の来遊をシブリング法を用いて予測したものとなっており，産地別の水揚予測とは異なります．一方，スルメイカとブリは北上回遊する特徴があり，漁場形成は海水温に強く依存しますが，スルメイカとブリでは，好適水温や回遊傾向が異なります．

そこで，ディープラーニングを用いて産地別に環境データと水揚データを学習し，入力を過去一定期間の環境データと水揚データ，出力を明日の水揚データとするAIエンジンを開発し，産地別の水揚予測に取り組みます．なお，環境データである海水温は，リモートセンシングによる表層の実測データと予測モデルによる下層の予測データに加えて，著者らが開発した小型多層観測ブイによる表層と下層の実測データを用います．そして，狭域の環境データのみを用いて水揚予測を行うAIエンジン，広域の環境データに対して重みづけを行うことで環境の影響範囲を加味して水揚予測を行うAIエンジンなど，複数のAIエンジンを開発し，予測結果を評価します．なお，サケについては，水産試験場が発表する海区別の来遊予測を取り込んだAIエンジンについても評価します．

3.3 水揚予測に基づく流通改革

生産者の立場では，水揚予測は操業計画に反映することができ，出漁時刻や搭載氷量の調整による生産コストの削減，鮮度保持処理による付加価値の向上などにつながります．一方，仲卸業者の立場では，水揚予測は仕入計画と販売計画に反映することができ，流通改革へとつながります．例えば，水揚予測の精度が十分に向上すれば，将来は水揚前日に鮮魚の取引が行われるようになると考えられます．また，輸送時間の短縮による付加価値の向上が期待できます．このように，水揚予測が媒介となり，生産と流通が融合することによって水産業の最適化が実現します．

鮮魚輸送はトラック輸送が中心であり，トラック輸送における効率は積載率で評価することができます．そのため，水揚予測の精度が100%であり，かつ，仕入計画に変更が生じない場合には，トラックのサイズと台数，トラック別のルートを最適化することは現在のAIにとって比較的易しい問題です．しかしながら，当日の水揚が水揚予測を下回った場合や，輸送開始後に急な追加注文により仕入計画や販売計画に変更が生じた場合には追加の仕入が必要になるなど，鮮魚輸送には条件の動的な変化への柔軟な対応が求められます．そこで，鮮魚輸送を最適化するAIエンジンの開発にも取り組みます．

4 おわりに

著者らが考える持続可能な水産業モデルのイメージを図2に示します．音響データ，水揚データ，環境データの収集と蓄積による定置網ビッグデータの生成に加えて，解析のためのデータセット，ならびに，予測結果を配信するサービス基盤の構築にも取り組みます．著者らが掲げる2020年までの目標は次のとおりです．音響データを用いた定置網の水揚予測では，現在のクロマグロの入網を90%以上の確率で判別し，サケ，スルメイカ，ブリの漁獲量を± 1トン，または，± 30%の精度で予測します．また，環境データを用いた産地別の水揚予測では，サケ，スルメイカ，ブリの明日の漁獲量を± 30%の精度で予測します．そして，水揚予測に基づく流通改革では，輸送コストを5%削減します．

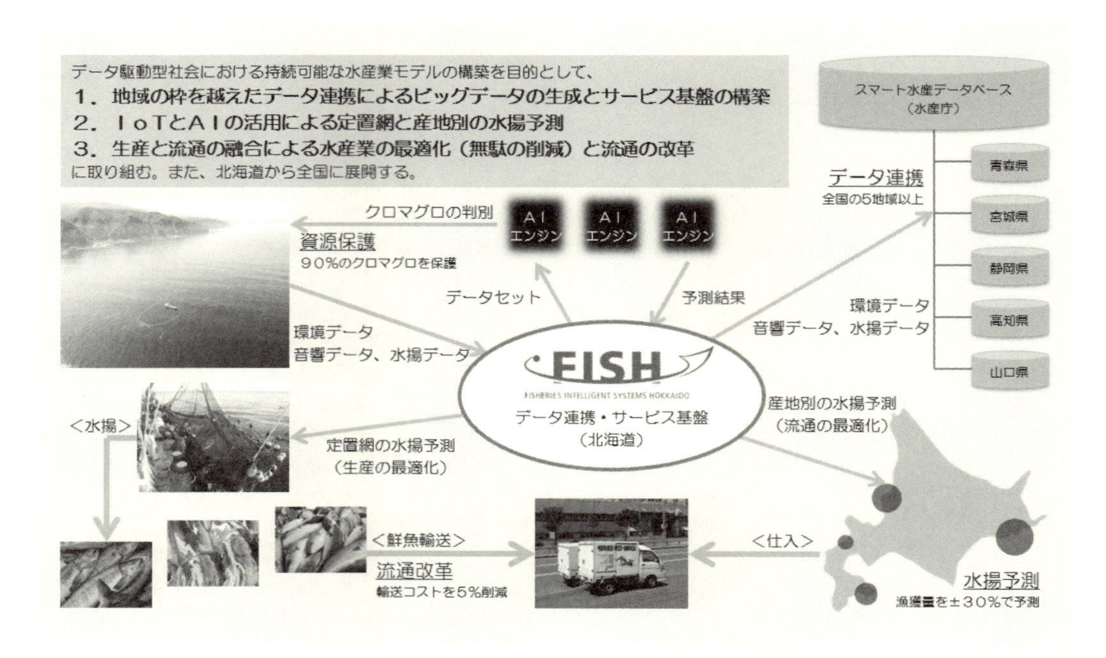

図２　持続可能な水産業モデルのイメージ

とりわけ，国際的な説明責任を負うクロマグロの資源管理は，我が国水産業の喫緊の課題です．函館市において，定置網漁業は約 200 年間続く伝統的な漁業です．しかしながら，受動的な漁法であることから魚種の選択性がなく，2017 年には漁獲枠を超えたクロマグロの混獲が社会問題となり，その持続性が危ぶまれています．函館市においてクロマグロが入網するのは年間に離散した 10 日程度であることから，目標達成のためには，地域の枠を越えたデータ連携が不可欠です．その意味においても，スマート水産データベースへの期待が高まります．

著者らは，定置網ビッグデータによるイノベーションを推進するため，2017 年に FISH プロジェクトを発足しました．ビッグデータと AI の活用により持続可能な水産業モデルを構築し，北海道から全国に展開していくことを目指して，FISH には魚だけではなく Fisheries Intelligent Systems Hokkaido という意味を持たせました．最初の目標は明日の水揚予測です．著者らは，明日の水揚予測によりデータ駆動型社会における新しい水産業が始動するものと考えています．

VMISS:低レイヤー学習のための仮想マシン実装支援機構

VMISS: Virtual Machine Implementation Support System for Low-Layer Education

片貝 惇哉 * 福田 浩章 †

あらまし 現在の情報工学教育では，オペレーティングシステムやコンパイラなどの低レイヤーにおいて，機械語やアセンブリ言語といった複雑な部分は隠蔽されている．この隠蔽された部分を学習する方法として，可視化を用いた研究が広く行われている．しかし，可視化だけでは機械語やアセンブリ言語を用いる経験が不足しており，組み込み開発におけるデバッグや，プログラムの解析など，実際に知識を利用することは難しい．そこで，我々は経験を伴った深い知識を提供するため，仮想マシンの実装を通した実践的な学習方法を用いてきた．この学習方法では，学生自らが仮想マシンを実装する過程で，機械語やアセンブリ言語，オペレーティングシステムを学習するが，実装支援が十分でなく，しばしば仮想マシンを完成できないという問題があった．

そこで本研究は，仮想マシンの実装におけるデバッグを支援する機構，VMISS を提案する．VMISS は，正しく動作する仮想マシンと学生の仮想マシンで，リソースの内部状態を比較することで，誤った実装を検出する．そして，学生による VMISS を用いた教育の結果，VMISS は仮想マシン実装に一定の効果を示し，学習おいて有用であることを確認した．

1 はじめに

低レイヤーとは，ハードウェアを制御し，ソフトウェアの動作を支えるソフトウェアであり，例としてオペレーティングシステム，コンパイラなどが挙げられる．低レイヤーは情報工学教育における主要科目の一部であり，多くの大学で教育が行われているが，それらを支える機械語，アセンブリ言語の学習は，他のコースに取って代わられている [8] [13]．そのため，十分な教育時間を設けることができず，多くの場合，抽象化した概念に焦点を当てている．概念を抽象化することで，機械語やアセンブリ言語の複雑な部分を隠蔽できるが，その隠蔽された知識を必要とする分野も存在する．例えば，セキュリティの分野では，マルウェアの解析やプログラムの脆弱性検査のために，ソフトウェアの解析が行われている [12]．バイナリで配布されるプログラムを解析する時には，バイナリからプログラムの動作を特定する必要があるため，解析にはバイナリの振る舞いを理解し，動作を追う能力が求められる．このように，特定の分野では機械語の動作を理解し，推測する能力が求められるため，大学教育で行われる抽象化された知識では不十分である．現在，低レイヤーを学習する方法として，多くの研究やツールが存在する [4] [5] [6] [7] [8] [9] [10]．それらはコンピュータ内部の動作や状態を可視化し，機械語やアセンブリ言語などの理解をサポートする．しかし，それらのツールは内部の状態や動作を可視化するに留まるため，機械語やアセンブリ言語を用いる経験が不足しており，機械語で動作を推測する，デバッグをするといった能力は身につかない．一方，OS やコンパイラの実装などでは，機械語，アセンブリ言語を用いて学習が行えるが，ハードウェアとソフトウェアの幅広い知識が求められるため，それらの実装は困難である．本研究では，低レイヤーの知識を持たない学生を対象とし，経験を伴った機械語の深い知識を提供することを目指し，2 章に述べるように学生自身で仮想マシンを実装する学習方法を実践してきた．この学習では，特定の CPU で実行可能なバイナリを課題

---

*Katagai Junya，芝浦工業大学

†Fukuda Hiroaki，芝浦工業大学

として配布し，そのバイナリを実行する仮想マシンを学生自身が実装する．仮想マシンの実装には，CPU の動作をエミュレートする必要があり，機械語やアセンブリ言語を理解する必要が出てくる．そして，与えられたバイナリを正しく動かすには，機械語を繰り返し読み，動作を検証しなくてはならない．低レイヤーの知識がない学生にとって，機械語に触れる経験は貴重であり，この反復により，解析やデバッグに応用可能な深い知識を習得できると考える．一方で，仮想マシンの実装は一般に困難であり，学生が仮想マシンを実装するための支援が十分ではなかった．そのため，与えられたバイナリをすべて実行できる仮想マシンの実装が困難であった．そこで本研究では，仮想マシン実装を支援する機構，VMISS を提案する．VMISS は，正しく動作する仮想マシンを提供し，学生の仮想マシンとリソースの内部状態を比較することで，誤りを検出する．VMISS を用いて学生を対象に教育を行った結果，VMISS は仮想マシンの実装に一定の効果を示し，学習において有用であることを確認した．

以降，2 章ではこれまで行ってきた学習方法と問題点を概説し，3 章で VMISS の設計と支援手法，4 章で VMISS の評価について述べる．その後 5 章で関連研究，6 章で結論と今後に予定について述べる．

2 学習方法

本章では我々が実践した学習方法と問題点について述べる．まず，2.1 で仮想化の対象 (e.g. CPU) について述べ，2.2 で実装する仮想マシンの仕様，2.3 でこれまでに実施した学習方法と成果，2.4 で現状の問題点について述べる．

2.1 学習する対象の選択

この学習方法では，特定の CPU で動作するバイナリを配布し，それらを実行できる仮想マシンを学生自身が実装する．学んだ知識をデバッグや解析に応用することを考慮すると，対象 CPU は教育用に簡略化されたものではなく，実際の CPU を学習対象にすべきである．その候補として，現在広く利用されている Intel の x86-64 などが考えられるが，x86-64 は複雑であり，学生が最初に学習する CPU としては適切ではない．そこで，学習における難易度と価値を考慮し，Intel の 8086 を学習対象の CPU とする．8086 は x86 の元となる CPU であり，後方互換性は維持されている．そのため，8086 を学ぶことで，現在の x86 や x86-64 に応用できる知識を習得できる．また，機械語やアセンブリ言語だけでなく，オペレーティングシステムの理解を促すため，システムコールを含んだバイナリを実行の対象としている．このバイナリを正しく実行するために，学生はシステムコールをエミュレートする必要があり，OS とアプリケーションプログラムのインタフェースであるシステムコールの仕組みとその振る舞いを学習することができる．我々は学習対象の OS として，minix2 [1] を選択した．システムコールのエミュレーションでは，学生はシステムコールの仕様や OS のソースコードから動作を推測する．そのため，OS のソースコードは学生にとって読みやすいことが望ましい．minix2 は POSIX に準拠し，教育用に作成された OS であり，ソースコードは学生にとって読みやすいものであると考えられる．また，minix2 のシステムコールを学ぶことで，POSIX 準拠の OS の仕組みを学ぶことができる．

2.2 仮想マシンの仕様

仮想マシンは実際のコンピュータと同様に，メモリや CPU など複数の要素で構成される．8086 は 16 ビット CPU であるため，仮想マシンでは表 1 に示すリソース (9 種類の 2byte レジスタ，16 ビットのフラグレジスタ，メモリ) で構成される．8086 には上記のリソース以外にも複数リソースが存在するが，それらは OS から操作されるリソースである．我々の学習方法ではシステムコールをエミュレートするため，

表 1　仮想マシンの構成

レジスタ (各 2byte)	フラグレジスタ (16bit)	メモリ (64kb)
AX,BX,CX,DX,SP,BP,SI,DI,IP	flags(OF,ZF,SF,CF)	-

バイナリに含まれる機械語が表 1 以外のリソースを変更することはない．仮想マシンの実装は，これらリソースを変数として定義し，実行するバイナリに従ってそれらを書き換えていけばよい (以後，内部状態の書き換えと呼ぶ)．

ここで，バイナリ (プログラム) の実行例として，Listing 1 を仮想マシンで実行することを考える．

Listing 1　課題プログラム

```
1 mov bx, #message
2 int 0x20
3 mov bx, #exit
4 int 0x20
5
6 .sect .data
7 message: .data2 1, 4, 1, 6, 0, hello, 0, 0
8 exit: .data2 1, 1, 0, 0, 0, 0, 0, 0
9 hello: .ascii "hello\n"
```

Listing 1 はアセンブリ言語で書かれたプログラムであり，命令部とデータ部で構成される．前半 4 行は text セクション (以下 text) であり，これらの命令を実行することでプログラムが動作する．後半 4 行は data セクション (以下 data) であり，これらの値をメモリに配置し，text の命令によって値の書き換えや読み込みを行う．仮想マシンでプログラムを実行するには，まず text と data をメモリに配置し，メモリ上の text から，命令をフェッチし実行していく．text 先頭の *mov bx, #message* は，data にある *message* の先頭アドレスを 2byte の即値として，*BX* レジスタに代入する命令である．つまり，仮想マシンの *BX* レジスタを *message* の先頭アドレスに書き換える．次の *int 0x20* はシステムコールの実行を示している．minix2 ではシステムコールが呼び出されると，カーネルは *BX* レジスタで指定されたメモリを参照し対応する処理 (システムコールの実体) を呼び出す．*BX* レジスタには *message* が指定されているため，*message* のアドレスから必要な値を読み取り，システムコールを実行する．この例では，write システムコールが実行され，その後のメモリの内容である"hello" という文字列が出力される．このように，リソースの内部状態を書き換える (e.g. *BX* の書き換え) ことで仮想マシンはプログラムを実行する．

2.3　これまでの学習方法と成果

学生が仮想マシンを実装するためには，機械語の構造と対応する動作を理解する必要がある．そこで，この学習方法では 8086 の CPU の仕様書 [2] [3] を参照する．これらの仕様書は，機械語とアセンブリ言語の対応，各アセンブリ言語の動作を規定しており，学生は仕様書から，機械語の動作を推測し仮想マシンを実装していく．しかし，この仕様書だけでは実装が正しいか否かを確認することが難しいため，与えるバイナリを正しく実行でき，仮想マシンの内部状態 (レジスタの値) と実行した命令 (アセンブリ言語) を表示するツール (MMVM) を提供してきた．Listing 1 を MMVM で実行した結果を Listing 2 に示す．

Listing 2 MMVM 出力例

```
1 AX   BX   CX   DX   SP   BP   SI   DI   FLAGS IP   機械語   アセンブリ言語
2 0000 0000 0000 0000 ffdc 0000 0000 0000 ---- 0000:bb0000  mov bx, 0000
3 0000 0000 0000 0000 ffdc 0000 0000 0000 ---- 0003:cd20    int 20
4 <write(1, 0x0020, 6)hello
5  => 6>
6 0000 0000 0000 0000 ffdc 0000 0000 0000 ---- 0005:bb1000  mov bx, 0010
7 0000 0010 0000 0000 ffdc 0000 0000 0000 ---- 0008:cd20    int 20
8 <exit(0)>
```

AXやIPの下部に示される値が各レジスタが保持する値(各2byte)であり，FLAGSでは提供するバイナリの実行に必要なフラグレジスタ(OF，ZF，SF，PF)1bitを表す．また，命令の実行毎に機械語と対応するアセンブリ言語を表示し，3行目や7行目のように，システムコールの実行ではシステムコールの種類(e.g. writeやexit)と実行結果を出力する．学生はこれらの出力から，正しい仮想マシンの動作を確認しながら自身の仮想マシンを実装していく．

我々は低レイヤーの知識を持たない10名の学生に対して，MMVMを用いて仮想マシンを実装可能かを実験し評価した．実験結果を表2に示す．この実験では，アセンブリ言語とシステムコールを含むプログラム(e.g. 1.s，2.s)の実行から開始し，C言語から直接システムコールを実行するプログラム(e.g. 1.c，2.c)，libcで提供される関数を利用するプログラム(e.g. 3.c，4.c)のように，徐々に実行命令数を増やすことで段階的な学習ができるように設計した．そして，難易度の高いプログラムとして，バイナリに含まれるシンボルテーブルを出力するnm.cの実行(nmに与えるバイナリはnm自身)を試みた． 表2に示すように，最終的に全ての学生がnm.cを除くプログラムを実行することができた．仮想マシンの実装過程では，仕様の誤解や誤った実装が多く見られたが，MMVMの出力と比較することで誤りに気づき，仕様書を再確認することで仮想マシンの実装を修正するプロセスを何度も繰り返した．このことから，学生は機械語の振る舞いや，プログラムの実行におけるOSの役割(e.g. システムコールの実行)を経験に基づいて理解していると考えている．一方で，nm.cのような実行命令数が多いプログラムに関しては，多くの学生が実行できないという問題も明らかになった．

2.4 学習における問題

nm.cで多くの学生が実装できなかった原因は，メモリ操作の誤りが主な原因であると考えられる．nm.cはシンボルテーブルを解析し，一度メモリに格納した後，最後にその内容を表示する．そのため，メモリ操作に誤りがあると正しいデータをメモリに格納することができず，実行に失敗する．学生は，出力が得られないことで実装の誤りに気がついても，MMVMはメモリの内容は出力しないため，いつメモリ操作を誤ったのか特定することはできない．また，メモリ操作を行う命令は実

表2 MMVMを用いた教育の評価

プログラム名	実行命令数	システムコール数	実行できた学生数
1.s	4命令	2種類	10/10
2.s	5命令	2種類	10/10
1.c	140命令	2種類	10/10
2.c	152命令	2種類	10/10
3.c	1014命令	4種類	10/10
4.c	1665命令	4種類	10/10
5.c	1896命令	4種類	10/10
6.c	597命令	2種類	10/10
nm.c	553722命令	7種類	1/10

行ステップに散在するため，実行命令数が多い場合間違いを特定することも難しい．MMVM を改変し，メモリの内容を出力することはできるが，64kbyte のデータを実行ステップごとに出力し，目視で確認することは現実的ではない．その結果，学生は nm.c の実行を断念してしまっていた．

3 VMISS

2.4 の問題を解決するため，本論文では仮想マシンの実装を支援する機構，VMISS を提案する．VMISS は MMVM と同様に正しく動作する仮想マシンであり，Relative Debugging [11] の手法を導入し，一命令ごとに学生が実装する仮想マシンと，VMISS の内部状態を比較するインタフェースを利用者 (学生) に提供する．命令の仕様は [3] に規定されており，一命令ごとのリソースの内部状態の遷移は一意に定まる．そのため，内部状態が一致しない場合，直前の命令に誤りがあると即座に判断できる．

3.1 VMISS の比較手法

VMISS では，図 1 のように，ネットワークを用いて内部情報の比較を行う．これは，開発言語や環境にとらわれず学生が仮想マシンの実装を実施できるためである．また，ネットワークを用いることで，学生の計算機に VMISS をインストールする必要もない．一方，MMVM と同様に一命令実行するごとにログを出力し，diff を取ることで間違いを検知する手法も考えられる．この手法を用いる場合，例えば nm.c で実行時のログを取得すると，一命令ごとの内部状態は 65556byte であり，nm.c は 553722 命令実行されるため，約 30GB 以上のログを保存しなければならない．したがって，nm.c 以上に実行命令数が多いプログラムを実行する場合，この手法は現実的ではない．

なお，この手法では一命令ごとの計算量は内部状態比較の O(1) であるため，実行命令数 N のプログラムでは O(N) である．そのため，実行命令数に応じた実行時間で支援が可能であると考えられる．

3.2 VMISS の利用法

VMISS を利用するために，学生は対象のプログラムを指定し VMISS を起動する (e.g. *vmiss [filename] [args ...]*)．その後，学生の仮想マシンで，対象プログラムの機械語を 1 命令実行するごとに内部状態を VMISS に送信する．送信後，VMISS から返信される比較結果を元にプログラムを実行するか否かを判定すれば良い．

3.3 VMISS との内部情報送受信方法

送信する内部情報は Listing 3 に示すフォーマットに従う必要がある．

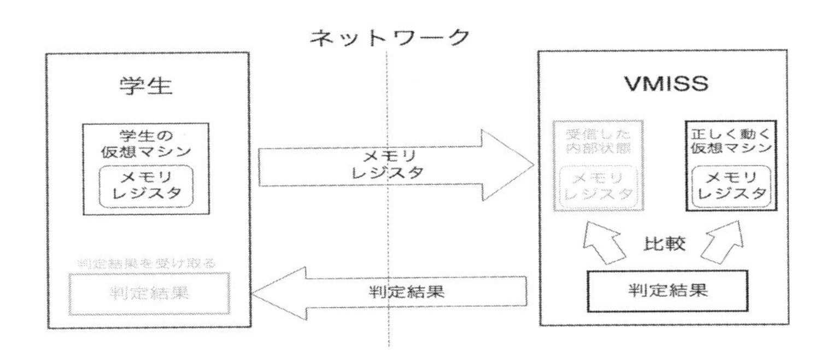

図 1 VMISS と学生の仮想マシンの関係

Listing 3 送信データフォーマット

```
1 struct {
2   unsigned char  memory[0x10000]; // Memory
3   unsigned short regs[9];          // Registers
4   unsigned short flags;            // Flag register
5 } sdata;
```

8086は16ビットCPUであるため，仮想マシンが実行するバイナリが使用するメモリは最大でも64kbyteを超えることはない．また，同様の理由で各レジスタの大きさは2byteである．そのため，VMISSに送信するデータは全メモリのデータに続いて，一般レジスタ，フラグレジスタの順に隙間なく詰めて送信する．また，どんな機械語の実行であっても送信すべきデータは65556byteの固定長であるため，現状は送信時のプロトコルを規定していない．そのため，このフォーマットに従ったデータを送信すればよい．一方，VMISSから返される結果は正しい実装の場合と誤りとの場合で異なる．送信したデータとVMISSが内包する仮想マシンの内部状態が一致する場合，VMISSからは数値0が1バイトで返される．一方，実行結果が異なる場合には数値1に続き，間違った命令に関連する情報が文字列として返される．したがって，学生の仮想マシンでは，VMISSからの受信データ長を調べ，その長さが1か否かで送信した内部状態が正しいか判断でき，一致しない場合は誤りに関するデータを取得できる．

3.4 VMISSを利用する仮想マシンの実装例と通知結果

Listing 4に，VMISSを利用する仮想マシンの擬似コードを示す．Listing 4のように，仮想マシンの実装は，CPUの実行を模擬する無限ループ (while) と，各命令の処理を記述する分岐命令 (switch) で構成される．そして，VMISSを利用するために，命令実行後に内部状態の送信，比較結果の受信を行う必要がある (13，14行目)．次に，図2に内部情報が一致しなかった場合にVMISSから返信されるエラー情報を示す．図2の例では，*int 0x20*の実装が誤っていることを示している．学生はVMISSによって，実装が誤っている命令を判断し，修正を行うことで仮想マシンの実装が可能である．しかし，実装が誤っている命令だけを通知した場合，学生は誤りの原因を特定できない可能性がある．そこで，VMISSでは比較結果が異なるメモリやレジスタ名，および内部状態の通知を行う．図2では，*AX*レジスタの内部状態が0000になるのが正しい動作であるのに対し，学生の仮想マシンでは0001であることを示している．同様に，*BX*レジスタや*Memory*に関しても値が異なることがわかる．このように内部状態の詳細な差分のみを通知することで，学生は自らのマシンがどのように誤っているのか推測できる．

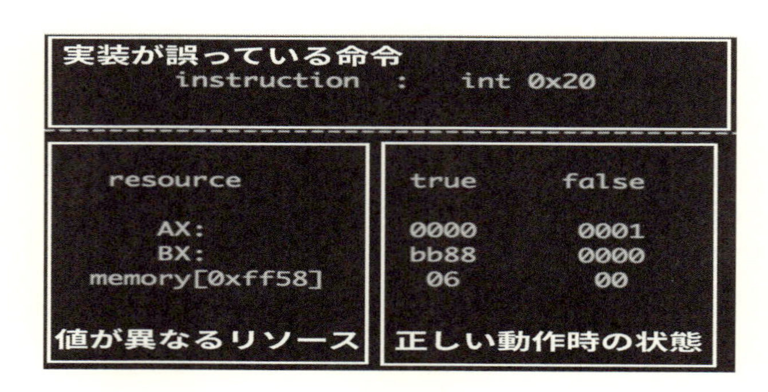

図2 通知情報

Listing 4 仮想マシンの実装例

```
1  struct {
2    ... // memory, registers
3  } sdata;
4
5  void run() {
6    while(true) {
7      switch(opcode) {
8        // 対応した命令を実行する
9        case 0x50: ...// push
10       case 0x88: ...// mov
11       ...
12     }
13     send(sockfd, sdata, sdata.length); // 内部状態の送信
14     int len = receive(sockfd, buffer, buffer.length); // 比較結果の受信
15     if (len == 1) { // success
16       continue;
17     } else { // fail
18       showErrorMessage(&buffer[1]);
19       exit(1);
20     }
21   }
22 }
```

4 評価

VMISSの評価として，基本性能の測定，学生2名による学習の実験を行なった．それぞれの結果を以下に示す．

4.1 VMISS基本性能

8086は122の命令，minix2は56のシステムコールをサポートしている．このうち，VMISSは76の命令，12のシステムコールを実装している．これは，ファイル入出力，プロセス管理に用いる命令やシステムコールなど，基礎的なプログラムを実行する上では十分な機能である．我々はVMISSを教育に適用可能か調べるため，プログラムの規模とVMISSの処理時間の関係を測定した．測定には，minixの基本コマンドから選択した規模が異なるプログラムを用い，それぞれのプログラムを一命令ごとに比較した場合のVMISSの処理時間を計測した．表3に各プログラムの実行命令数，VMISSの実行時間の計測結果を示す．

表3 VMISS実行時間

コマンド名	実行命令数	実行時間	引数
yes	140命令(1回の表示のみ)	0.01s	hello
stat	35835命令	0.85s	stat
crc	115791命令	2.59s	crc
nm	553722命令	12.79s	nm

表3から，プログラムの実行命令数に応じて，実行時間が線形的に増加しており，極端な実行時間の増加は見られない．このことから，プログラムの規模に応じた実行時間で支援が可能であると考えられる．

4.2 学生による評価

学生2名による評価として，VMISSを用いた学生の学習結果，考察を以下に示す．

4.2.1 学生による学習の実験

VMISS を用いた学習の評価として，大学 3 年次の学生 2 名に対して，仮想マシンの実装を依頼した．学生は C 言語で 100 行から 300 行程度のプログラムを書いた経験があり，機械語やアセンブリ言語の知識を持たない学生である．これまでの MMVM を用いた学習と比較して，VMISS が仮想マシンの実装を支援できるか測定するため，2 名を，MMVM のみを使用して学習を行う学生，VMISS と MMVM を使用して学習を行う学生に分けた．これら学生 2 名に対して，以下のツール，テキストを配布した．

両学生に配布

- 8086 仕様書 [2] [3]
- minix2 ソースコード
- MMVM
- Listing 3 に示す仮想マシンの構成
- Listing 5 に示す課題プログラム
- 8086，minix2 のバイナリを生成する C コンパイラ

VMISS を使用する学生に配布

- VMISS
- VMISS 利用のサンプルコード (Listing 4)

Listing 5 課題プログラム

```
1 main() {
2   write(1, "hello\n", 6)
3 }
```

これらを配布した後に，課題となる約 100 命令のプログラムを実行する仮想マシンの実装時間を計測した．また，計測の前には，個人の知識による実装時間の差を減らすため，約 100 時間程度の事前学習を行なった．仮想マシンの実装では機械語を判別し対応する命令を実行するため，実装には機械語とアセンブリ言語の対応を理解する必要がある．そこで，事前学習として機械語をアセンブリ言語に変換するプログラムであるディスアセンブラを学生に実装してもらった．ディスアセンブラの実装によって，仮想マシンを実装する時には学生はバイナリフォーマットや命令の判定，ディスプレイスメントなどの基礎知識は備えている．その後，それぞれに仮想マシンを実装してもらった．この仮想マシン実装に費やした時間を表 4 に示す．

表 4 に示すように，MMVM を用いた学習方法では 25 時間で仮想マシンの実装を終えたのに対し，VMISS と MMVM を用いた学習方法では，20 時間で実装を終えた．MMVM と VMISS での 20 時間は，VMISS 自体の学習コストの 1〜2 時間を含んだ時間であり，実装にかかる時間を短縮できたと言える．しかし，VMISS 自体の学習時間として，1〜2 時間もの時間を要したことから，利用におけるオーバーヘッドを軽減する必要があると考える．現状，開発言語を自由にしたため VMISS の利用には，仕様に従って学習者自身でデータ送受信や解釈を行わなければならず，不要な学習時間がかかっていた．そのため，今後，主要な言語ごとにインターフェースを整備するなど，VMISS 自体の学習コストを削減する必要がある．また，それぞれの学生は MMVM や VMISS を用いて，実装の誤りを修正していたが，メモリ操作の命令では違いが見られた．MMVM のみを用いた学生は，メモリ操作の誤りに気付かず，次の命令の実装に進むことがあった．そのため，誤ったメモリ状態で処理が進んでいき，メモリの値を使用する段階で，プログラムが正しく動作しない

表 4 それぞれの学習方法に用いた時間

MMVM のみ使用	MMVM と VMISS を使用
25 時間	20 時間

ことを確認していた．その結果，誤った命令を特定するために，複数の命令を確認する必要があり，多くの時間を要した．一方，MMVM と VMISS を用いた学生は，誤ったメモリ操作を行なった段階で，VMISS によって内部状態の差を検出し，誤りを修正していた．これらの要因が実装時間の差に影響したと推測でき，VMISS によるデバッグの支援は仮想マシンの実装に効果があると考える．なお，今回は時間の都合上，2.4 で述べた nm.c での実験を行うことができなかった．しかし，VMISS は命令の実行ごとにすべての内部状態を比較し，完全一致以外は処理を中断して誤りを指摘する．そのため，nm.c のような大規模なプログラムであっても，誤りを発見することが可能であり，仮想マシンの実装を支援できると考えられる．

4.2.2 VMISS を用いた学習方法の弊害

VMISS を用いて内部状態の比較を行うことで，誤った命令を自動で特定できる．そのため，学生はプログラムの機械語を読まずに，誤った命令の修正のみで仮想マシンの実装が可能である．しかし，機械語を読む機会が与えられないため，一連の機械語を眺めて動作を推測する必要がなくなってしまう．機械語の動作を理解することも学習における目的であるため，VMISS だけ利用して学習を行うのは適切ではない．一方，MMVM を用いた学習では，内部状態を一命令ずつ把握でき，学生自身が機械語の動作を追う必要があった．そのため，VMISS だけでなく，MMVM と併用して仮想マシンの実装を行うことが望ましい．つまり，MMVM によって機械語の動作を確認しながら仮想マシンを実装し，デバッグが困難な場合 VMISS によって誤った実装を検出することで，効率の良い学習方法が確立できると考えている．

5 関連研究

低レイヤーの学習を目的とした研究では，内部の動作や状態の可視化が主に行われている．

Cpu sim [10] は CPU の学習を目的としており，学生自身で独自アーキテクチャの設計や既存のアーキテクチャの変更ができる学習環境である．また，対象のアーキテクチャで機械語やアセンブリ言語プログラムを実行することができ，実行時の内部状態の可視化を行なっている．この学習方法では，実践的に CPU アーキテクチャを学習することができるが，簡略化された CPU を用いているため，知識を実際のデバッグや解析に応用することは困難である．

MieruCompiler [9] はコンパイラの学習を目的にしたツールである．MieruCompiler では高水準言語のソースコードから，アセンブリ言語，AST，シンボルテーブルなどを視覚化している．i386 のような実際の CPU のアセンブリ言語を確認でき，高水準言語と低水準言語の関係を理解することが可能であるが，コンパイラの教育を目的にしており，機械語やアセンブリ言語は，コンパイラの動作などを理解するために提供される．そのため，機械語やアセンブリ言語を実際に使用できるレベルで身につけることはできない．

MieruCompiler と同様に，i386 のような実アーキテクチャに対応した可視化ツールとして，Frances [8] がある．Frances では C 言語，C++，FORTRAN など，高水準言語の制御構造がアセンブリ言語でどう表されるかを可視化している．そのため，高水準言語と低水準言語の関係を理解することが可能であるが，可視化に留まり，その知識をデバッグや解析などに応用することは困難である．これらのように，既存研究では可視化に焦点を当てている．可視化は概念や動作の理解を支援することは可能であるが，実際に利用できる知識を提供する上では，機械語やアセンブリ言語を用いる経験が不足している．

これら既存研究と比較し，本研究の学習方法では，仮想マシンの実装という実践的な学習を通して，経験を伴った知識を提供できる．

6 まとめ・今後の予定

情報工学教育では，コンパイラやOSといった低レイヤー教育は抽象化した概念だけを知識として教授することも多く，それらの経験が求められる組込みシステム開発やセキュリティ分野に関わる技術者の育成は十分とは言えない．また，教育すべき分野は年々増加しているため，それらの教育に十分な時間を確保することも難しい．これらの問題に対し，我々は仮想マシン実装を通して，経験を伴った深い知識を提供する学習方法を実施してきた．しかし，これまでの学習方法では仮想マシンの実装の支援が不十分であり，その結果目標となる仮想マシンを最後まで実装できた学生が少なかった．そこで本研究では，仮想マシンの実装においてデバッグを支援する機構，VMISSを提案した．VMISSは正しく動作する仮想マシンの提供だけでなく，内部状態を比較するインタフェースを提供することで実装の誤りを検出する．そして，VMISSを用いた学生による学習の実験を行い，VMISSが仮想マシンの実装において一定の効果を示すことを確認した．しかし，現状ではデータの送受信に一定の学習コストがかかるという問題があった．そのため，今後，各言語ごとにライブラリ用意するなど，学習環境を整備する必要がある．

参考文献

[1] A. S. Tanenbaum and A. S. Woodhull, “Operating Systems Design and Implementation (3rd Edition), ” Upper Saddle River, NJ, USA: Prentice-Hall, Inc. 2005.

[2] Intel, “8086 16-bit microprocessor, ” https://www.archive.ece.cmu.edu/~ece740/f11/lib/exe/fetch.php?media=wiki:8086-datasheet.pdf, 1990.

[3] “Intel 64 and ia-32 architecture software developer’s manual, ” https://software.intel.com/sites/default/files/managed/39/c5/325462-sdm-vol-1-2abcd-3abcd.pdf, 2018.

[4] P. Borunda, C. Brewer, and C. Erten, “Gspim: Graphical visualization tool for mips assembly programming and simulation, ” in Proceedings of the 37th SIGCSE Technical Symposium on Computer Science Education, ser. SIGCSE ’06. New York, NY, USA: ACM, 2006, pp. 244–248.

[5] J.Urquiza-Fuentesand, J.A.Velazquez-Iturbide, “A survey of successful evaluations of program visualization and algorithm animation systems, ” Trans. Comput. Educ. vol. 9, no. 2, pp. 9:1–9:21, Jun. 2009.

[6] B. Nikolic, Z. Radivojevic, J. Djordjevic, and V. Milutinovic, “A survey and evaluation of simulators suitable for teaching courses in computer architecture and organization, ” IEEE Transactions on Education, vol. 52, no. 4, pp. 449- 458, Nov 2009.

[7] H. Zeng, M. Yourst, K. Ghose, and D. Ponomarev, “MPTLsim: A cycle-accurate, full-system simulator for x86-64 multicore architectures with coherent caches, ” SIGARCH Comput. Archit. News, vol. 37, no. 2, pp. 2–9, Jul. 2009.

[8] T. Sondag, K. L. Pokorny, and H. Rajan, “Frances: A tool for understanding computer architecture and assembly language, ” Trans. Comput. Educ. vol. 12, no. 4, pp. 14:1–14:31, Nov. 2012.

[9] K. Gondow, N. Fukuyasu, and Y. Arahori, “Mierucompiler: Integrated visualization tool with ”horizontal slicing” for educational compilers, ” in Proceedings of the 41st ACM Technical Symposium on Computer Science Education, ser. SIGCSE ’10. New York, NY, USA: ACM, pp. 7–11, 2010.

[10] D. Skrien, “Cpu sim 3.1: A tool for simulating computer architectures for computer organization classes,” J. Educ. Resour. Comput., vol. 1, no. 4, pp. 46–59, Dec. 2001.

[11] Abramson, David and Foster, Ian and Michalakes, John and Sosič, Rok “Relative Debugging: A New Methodology for Debugging Scientific Applications, ” Communications of the ACM, vol. 39, no. 11, pp. 69–77, November. 1996.

[12] D. Song, D. Brumley, H. Yin, J. Caballero, I. Jager, M. G.Kang, Z. Liang, J. Newsome, P. Poosankam, and P. Saxena, “BitBlaze: A New Approach to Computer Security via Binary Analysis, ” in 4th International Conference on Information Systems Security (ICISS), pp. 1- 25, 2008.

[13] M. C. Loui, “The case for assembly language programming, ” IEEE Transactions on Education, vol. 31, no. 3, pp. 160- 164, 1988.

記号実行を利用した細粒度状態遷移表を抽出するリバースエンジニアリング手法

Symbolic Execution-Based Approach to Extracting a Fine-Grained State Transition Table from Source Code

清水 貴裕 [*]　山本 椋太 [†]　吉田 則裕 [‡]　高田 広章 [§]

あらまし　組込みシステム開発の現場では，レガシー化の影響によりソースコードの保守や再利用が困難となっている．組込みシステム向けのソフトウェアの多くは，状態遷移モデルに表すことにより設計を明らかにすることができる．本稿では，記号実行による解析によってソースコードの実行経路の情報を得られることに着目し，そこから細粒度状態遷移表を抽出する手法を提案する．また，提案手法により細粒度状態遷移表を抽出するツールを開発し，ツールのケーススタディを行う．

1　はじめに

組込みシステムのソフトウェア開発では，対象とするハードウェアの仕様変更に伴い，ソースコードを変更することが多い．同一システムとして出荷される製品であっても，工場毎にハードウェアにばらつきが生じるため，開発した工場ごとにソースコードを少しづつ変更することがある．また，既存製品と類似したシステムを開発する場合，既存製品のソースコードを部分的に変更することで，再利用することが多い [1]．これら背景から，組込みシステム開発ではソースコードの変更と再利用が繰り返される傾向にある．

組込みシステム開発では，性能の低い計算機で高い応答性を求められるため，C 言語でソースコードを記述することが多い [2]．C 言語は，オブジェクト指向言語と比べて抽象的な記述を行う能力が低い．そのため，ハードウェアの仕様変更にあわせてソースコードを変更する際に，条件分岐文を追加することでソースコードの複雑度を上昇させがちである [3]．特に，納期が迫ったプロジェクトでは，安易に可読性の低い条件分岐文を追加し，保守性や再利用性を低下させがちである．

組込みシステム技術協会の状態遷移設計研究 WG（以降，状態遷移設計研究 WG）では，複雑な条件分岐を含むソースコードを対象としたリバースエンジニアリングついて研究を行っており，その一環として細粒度状態遷移表を提案してきている [1]．細粒度状態遷移表は，コンパイル単位に含まれるファイル集合（以降，コンパイル単位）内における状態遷移の理解を支援するために提案されており，コンパイル単位内で宣言された変数の 1 つを状態を表す変数（状態変数）として，状態とイベントに対応する処理や状態遷移を表現した表である．細粒度状態遷移表が存在するならば，複雑な条件分岐を含むコンパイル単位であっても，保守や再利用時に細粒度状態遷移表と照らし合わせながら，理解を進めることができると考えられる．一般的な状態遷移モデルと比べると，システムレベルではなくコンパイル単位レベルの状態遷移を表している点が，細粒度と言える．

状態遷移設計研究 WG では，細粒度状態遷移表およびコンパイル単位から手作業で細粒度状態遷移表を抽出する手順を提案してきたが，限られた人的資源の中で，複雑な条件分岐を含むコンパイル単位から手作業で細粒度状態遷移表を抽出するこ

[*]Takahiro Shimizu, 名古屋大学
[†]Ryota Yamamoto, 名古屋大学
[‡]Norihiro Yoshida, 名古屋大学
[§]Hiroaki Takada, 名古屋大学

とは現実的ではない．状態遷移設計のリバースエンジニアリングを目的とした既存研究が存在するが，システムレベルの状態遷移モデルを抽出することを目的とした手法 [4] [5] [6] や，オブジェクト指向言語で記述されたソースコードを対象とした手法 [7] [8] [9] が主流であり，C 言語で記述されたコンパイル単位から細粒度状態遷移表を抽出するために利用することは難しい．

本研究では，複雑な条件分岐を静的に解析する手法である記号実行を利用し，C 言語で記述されたコンパイル単位から細粒度状態遷移表を抽出することを試みる．記号実行技術とは，ある変数に対して具体的な値ではなく，シンボルを割り当ててプログラムを擬似的に実行する技術のことである [10] [11]．提案手法は，ユーザ（実務者）がコンパイル単位内の変数から状態変数を指定すると，以下の手順で自動的に細粒度状態遷移表を抽出する．

1. ソースコードから，記号実行ツール TRACER [12] によって，記号実行グラフ（ソースコード中の条件とそれに対応する処理の情報をまとめたグラフ）[12] を生成する．
2. 生成された記号実行グラフから，条件と処理を抽出し，表形式にまとめる．
3. 条件と処理をまとめた表とユーザが選択した状態変数を基に，細粒度状態遷移表を抽出する．

本研究の貢献は，以下の通りである．

- 記号実行を利用して，C 言語で記述されたコンパイル単位から細粒度状態遷移表を静的解析のみで抽出する手法を考案した．
- 提案手法を実装したツールを，複数の小規模ソースファイルに適用し，細粒度状態遷移表を抽出できることを示した．

2 関連技術

2.1 記号実行

記号実行は，ある変数に対して具体的な値ではなく，シンボルを割り当ててプログラムを擬似的に実行する [10] [11]．ある実行経路についてプログラムの実行が終了したら，その実行経路中に現れた条件をまとめ，その実行経路が実行される際のパス条件を導出する．導出されたパス条件を解くことで，その実行経路が実行されうるのか，また，実行されうる場合は変数がどのような値のときに実行されるのかを知ることができる．

本研究で用いる記号実行ツール TRACER [12] について説明する．TRACER は，記号実行によって得られたすべての実行経路について，条件と処理をまとめたグラフ（以後，記号実行グラフと呼ぶ）を生成する．記号実行グラフは DOT ファイルで出力される．ここで DOT ファイルとは Dot 言語で書かれたファイルであり，Dot 言語とはプレーンテキストによってグラフを表現するための言語の一種である．記号実行グラフの例を図 1 の関数 task を用いて紹介する．図 1 のソースコードから生成された記号実行グラフのうち，関数 task 部分を図示したものが図 2 である．

記号実行グラフの各部について説明する．記号実行グラフはノードとエッジによって実行経路を表す．ノードのうち，関数の始まりと終わりのノードには色がついている．またノードのうち，ソースコード中の分岐を表すものはひし形であり，それ以外のノードは長方形である．ただし，関数の始まりのノードのみ長方形であっても分岐となることがある．ノードのラベルはソースコード中の位置を表し，ラベル中の func_task は関数 task 中のノードであることを表している．また，ノードのラベルには重複がない．分岐のあとのエッジのラベルには，そのエッジに進む際の条件が書かれており，処理が存在するエッジのラベルには，その処理が書かれている．ここで一般的な制御フローグラフでは図 1 の 3 行目の if(t==1) は $t{=}{=}1$ と $t{!}{=}1$ の 2 つの経路に分岐するが，TRACER ではノード funk_task_p0#1 の後の分岐のように $t{=}{=}1, t{>}1, t{<}1$ の 3 つの経路により表現される．また，点線で表されラベ

```
1  int state, out;
2  void task(int s,int t){
3    if(t==1){
4      s++;
5      if(s<10){
6        switch(state){
7        case 1:
8          out=s; break;
9        case 2:
10         out=0; state=1; break;
11       default:
12         s++; state=2;
13 }}}}
14 int main(){
15   int a,b;
16   scanf("%d", &a);
17   scanf("%d", &b);
18   task(a,b);
19   return 0;
20 }
```

図 1　プログラム A

ルに s と書かれたエッジはその後の実行経路が別のある実行経路と同一であることを表す．

2.2　細粒度状態遷移表

状態遷移設計研究 WG が提案する細粒度状態遷移表は，ソースコード中のある変数が取りうる値の集合を状態とし，ある状態からの遷移及びそれに伴う処理が実行されるために満足されなければならない条件をイベントとしている．これにより，ある状態とイベントの組み合わせのときにどのような処理や遷移が起こるかを表から参照することができる．細粒度状態遷移表の特徴は，関数内で状態遷移が起きると仮定し，関数内の条件分岐に基づいて状態遷移を表現していることである．

細粒度状態遷移表の読み方を図 3 を例に説明する．図 3 において表の上側が状態，表の左側がイベントを表している．それぞれの状態，イベントと対応するセルには処理が書かれており，処理のうち状態変数の値を変化させるものを遷移としている．また，遷移はそのことを表すために式の前に (t) と書かれている．例として，状態が $state=1$ のときにイベント $t=1\,\&\,10>s$ が発生すると，$s := s+1$ と $out := s$ という処理が行われ，状態が $state=2$ のときにイベント $t=1\,\&\,10>s$ が発生すると，$s := s+1$ と $out := 0$ という処理と $state := 3$ という遷移が行われる．ここで，処理，遷移が書かれているセルの式の順番はソースコード中における時系列を表している．また，対応する処理，遷移が存在しないセルには NONE と書き表すこととしている．

3　提案手法

本研究で提案する細粒度状態遷移表の抽出手法を説明する．本研究の手法は，以下の 3 つの手順によって構成される．

手順 1: ソースコードから，TRACER によって記号実行グラフを生成する．

手順 2: 生成された記号実行グラフから，細粒度状態遷移表を抽出するための中間状態として条件処理表を抽出する．

手順 3: 条件処理表とユーザが選択した状態変数から，細粒度状態遷移表を抽出する．

次節以降で**手順 2,3** について説明する．

3.1　条件処理表の抽出

TRACER によって生成された記号実行グラフから，条件処理表を抽出する方法について説明する．条件処理表とは，記号実行グラフ中のすべての実行経路について条件と処理を表にまとめたものであり，状態遷移表を抽出するための中間状態として抽出する．

条件処理表の抽出は以下の手順によって行う．

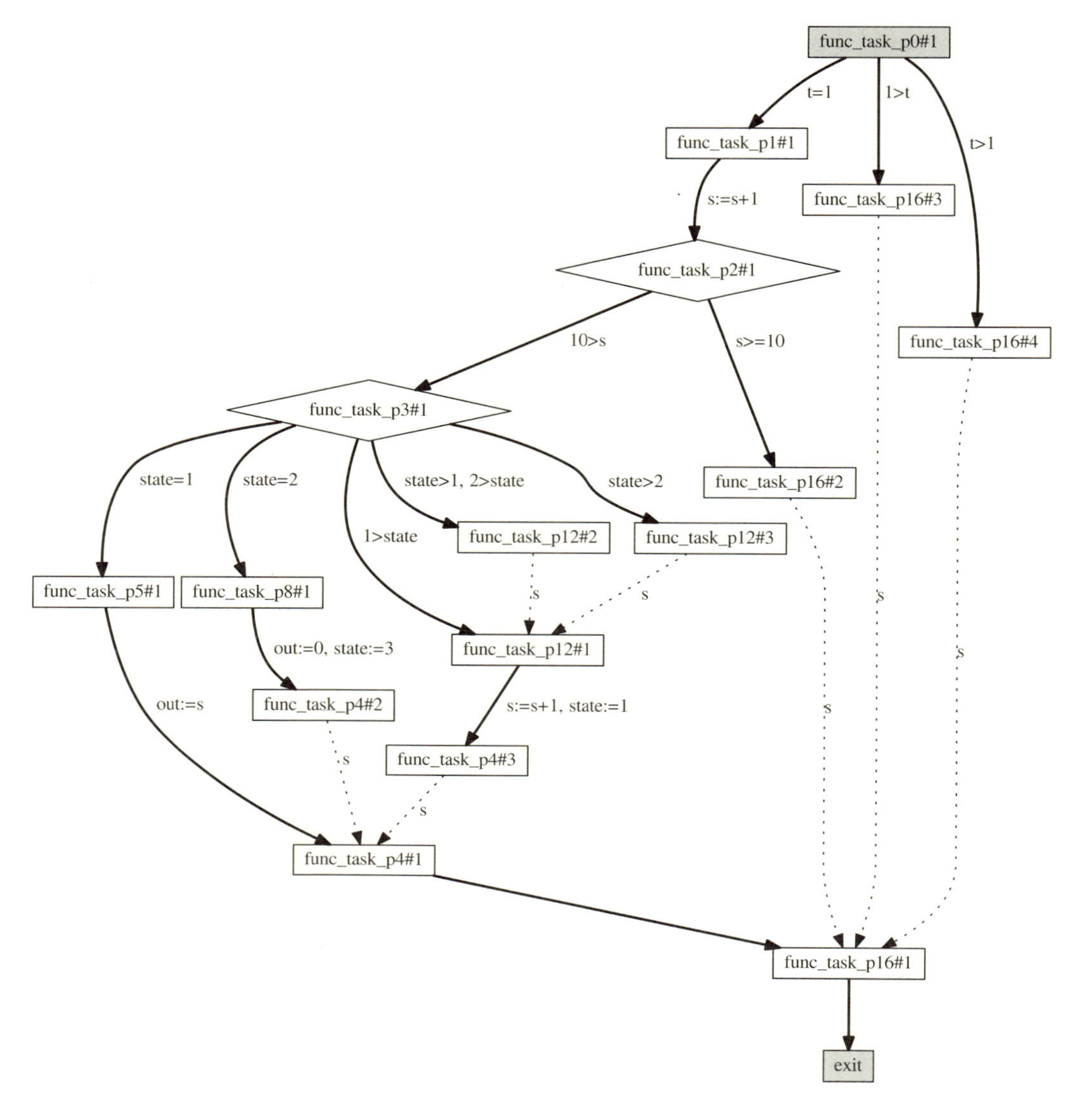

図 2　関数 **task** 部分の記号実行グラフ

手順ア　記号実行グラフの始点を見つけ，**手順イ**に移る．
手順イ　記号実行グラフをたどる，分岐にたどり着いた場合には**手順ウ**に移り，実行経路の終点にたどり着いたら**手順エ**に移る．
手順ウ　まだ進んでいない分岐に進み，**手順イ**に移る．
手順エ　たどり終えた実行経路の条件と処理を抽出し条件処理表に書き込む．未探索の経路が残っている分岐のうち最後の分岐に戻り，**手順ウ**に移る．未探索の経路が残っていない場合は記号実行グラフの探索を終了する．

ここで，始点とはそのノードへと続くエッジが存在しないノードとし，終点とはそのノードから続くエッジが存在しないノードのこととする．また，実行経路の条件が変数の型を考慮すると infeasible な経路が存在するため，このときは**手順エ**において条件と処理を条件処理表に加えないこととする．

図 1 のソースコードから生成した記号実行グラフ (図 2) を例に条件処理表の抽出

状態 / イベント	state=1	state=2	1>state	state>2
t=1&10>s	s:=s+1 out:=s	s:=s+1 out:=0 (t)state:=3	s:=s+1 s:=s+1 (t)state:=1	s:=s+1 s:=s+1 (t)state:=1
t=1&s>=10	s:=s+1	s:=s+1	s:=s+1	s:=s+1
1>t	NONE	NONE	NONE	NONE
t>1	NONE	NONE	NONE	NONE

図 3　細粒度状態遷移表の例

表 1　図 1 のソースコードの条件処理表

条件部	処理部
$t=1\,\&\,10>s\,\&\,state=1$	$s:=s+1$ $out:=s$
$t=1\,\&\,10>s\,\&\,state=2$	$s:=s+1$ $out:=0$ $state:=3$
$t=1\,\&\,10>s\,\&\,1>state$	$s:=s+1$ $s:=s+1$ $state:=1$
$t=1\,\&\,10>s\,\&\,state>2$	$s:=s+1$ $s:=s+1$ $state:=1$
$t=1\,\&\,s>=10$	s:=s+1
$1>t$	NONE
$t>1$	NONE

方法を説明する．今回は説明の簡略化のため図 2 のノード func_task_p0#1 を記号実行グラフの始点であるとしノード exit を終点とするが，本例を対象とした TRACER の出力では main 関数の始めのノードが始点，終わりのノードが終点となる．始点 func_task_p0#1 から記号実行グラフをたどる．func_task_p0#1 は分岐ノードであるため，ここでは $t=1$ のエッジをたどるとする．その後の分岐はそれぞれ，ノード func_task_p2#1 では $10>s$ のエッジを，ノード func_task_p3#1 では $state=1$ のエッジをたどるとする．記号実行グラフの終点 exit にたどり着いたら，たどり終えた実行経路についてエッジのラベルから条件と処理を抽出し，条件処理表に書き加える．この実行経路の場合，条件は $t=1\&10>s\&state=1$ であり，処理は $s:=s+1, out:=s$ である．条件と処理を抽出し終えたら，最後の分岐であるノード func_task_p3#1 まで戻る．以上をすべての実行経路をたどり終えるまで繰り返す．また，処理が存在しない場合は，条件処理表の処理部に NONE と書き加えることとする．記号実行グラフのすべての実行経路をたどり終え，完成した条件処理表が表 1 である．ここで，記号実行グラフには変数の型を考慮すると実際には実行されない条件となる実行経路が存在する．今回の例ではノード func_task_p3#1 からノード func_task_p12#2 へのエッジのラベルは $state>1, 2>state$ となっているが，state は int 型であるため，この実行経路は実際には実行されない．よってこの実行経路

表 2　対象とするソースコードの概要

	LOC	関数の数	条件分岐文の数	変数の数	実行経路数
最大	139	3	21	8	26
最小	27	2	3	2	4
平均	72.33	2.667	9.222	4.000	14.56

の条件，処理は**手順エ**において条件処理表に加えないこととしている．

3.2　細粒度状態遷移表の抽出

細粒状態遷移表の抽出は以下の手順によって行う．

手順オ　条件処理表とユーザが選択した状態変数から，イベントと状態を決定する．
手順カ　条件処理表の処理部の内容を細粒状態遷移表の対応するセルに書き込む．

手順オについて説明する．条件処理表の条件部の中から状態変数が出現する条件式を重複のないように取り出し状態とする．状態の数だけ列を作成し，取り出した状態を列見出しとして書き込む．また，状態変数に関する条件式を取り出した後の条件式のうち，重複するものを消去し，残ったものをイベントとする．イベントの数だけ行を作成し，イベントを行見出しとして書き込む．

手順カについて説明する．条件処理表を上から順に見ていき，条件部に状態変数に関する条件式が含まれる場合は，条件部の条件式に対応するイベントと状態が交わるセルに処理部の内容を書き込む．条件部に状態変数に関する条件式が含まれていない場合は，その条件部と同一のイベントの行のすべてのセルに，処理部の内容を書き込む．ここで，処理部の内容を書き込む際，状態変数への代入を表す式は遷移であることがわかるように式のはじめに (t) と書き加える．条件処理表のすべての行を参照した後に細粒度状態遷移表中に処理，遷移が書き込まれていないセルが存在する場合がある．この場合，そのセルには****と書き込む．

図 1 のソースコードでは，例として $state$ を状態変数とする．$state$ を状態変数とした理由は，条件分岐文で使用されており，かつその条件分岐内部で値の更新が行われている変数の 1 つであるからである．状態は $state = 1$, $stete = 2$, $1 > state$, $state > 2$ の 4 つとなる．また，イベントは $t = 1 \,\&\, 10 > s$, $t = 1 \,\&\, s >= 10$, $1 > t$, $t > 1$ の 4 つとなる．これらの状態とイベントについて，状態列とイベント行を作成する．表 1 を参照しながら，各イベント，状態に対応する処理，遷移を書き込むと，図 3 のような細粒度状態遷移表が完成する．

4　ケーススタディ

提案手法の**手順 2,3** を自動で行うツールを開発した．本章では提案手法を正しくツールとして実装できることを確かめるためのケーススタディを行う．

開発したツールへの入力は，TRACER によって生成された記号実行グラフを表す DOT ファイルと状態変数名であり，出力は細粒度状態遷移表を表す TSV ファイルである．

対象ソースコードは，状態遷移設計研究 WG が活動の一環として作成した 9 つのソースコードである（表 2）．ソースコードはいずれも状態遷移およびイベントの発生の両者が表現されているものである．ここで，表 2 の条件分岐文の数とはソースコード中の if 文と switch 文の数であり，実行経路数とは 3.1 節において記号実行グラフをたどる際に見つかった実行経路の数である．今回の対象ソースコードに含まれる条件分岐文はすべて if 文と switch 文により構成される．また，対象ソースコード中の変数はすべて整数型である．

4.1 手順

ケーススタディは以下の手順で行う.

手順 I: ソースコードの整形，および記号実行グラフの抽出.
手順 II-I: 手作業による細粒度状態遷移表の抽出.
手順 II-II: ツールによる細粒度状態遷移表の抽出.
手順 III: 手作業及びツールによって抽出した細粒度状態遷移表の比較.

はじめに，**手順 I** で TRACER が解析できるように対象のソースコードの整形を行う．そして，整形を行ったソースコードに対して TRACER を実行して記号実行グラフを生成する.

つぎに，**手順 II-I** で記号実行グラフから手作業で細粒度状態遷移表を抽出する．DOT ファイルを PDF ファイルに変換し，記号実行グラフを図式化する．図式化した記号実行グラフから，3 節の手法によって手作業で細粒度状態遷移表を作成する.

つづいて，**手順 II-II** で開発したツールによって記号実行グラフから細粒度状態遷移表を抽出する．本研究で開発したツールの入力として TRACER によって生成された記号実行グラフを与え，細粒度状態遷移表を抽出する．また，状態変数はソースコード中の変数のうち，条件分岐文で使用されており，かつその条件分岐内部で値の更新が行われているものを各ソースコードにつき 1 つずつ指定する．出力された TSV ファイルを表計算ソフトで開き，内容を確認する.

最後に，**手順 III** でツールによって抽出した細粒度状態遷移表と手作業で抽出した細粒度状態遷移表を見比べ，イベント，状態，処理，遷移について内容が同一であるか確認する.

4.2 結果

ケーススタディの結果について説明する．まず，開発したツールによって細粒度状態遷移表を自動抽出した結果を説明する．すべての対象ソースコードについて，開発したツールによって記号実行グラフから細粒度状態遷移表を抽出することができた．このとき，対象ソースコードに#define によって定義された定数は実際の値に書き換え，printf 関数，time 関数はコメントアウトしたうえで記号実行木を生成した．抽出された細粒度状態遷移表に形式上の間違いはなかった．また，自動抽出したものと手作業で作成したものとで，イベントと状態を見比べた結果，イベントや状態の順番が違うものはあったが状態遷移用の内容はすべての対象ソースコードについて一致していた.

例として，対象ソースコードのうちの 1 つから抽出した記号実行グラフ (図 4) とツールによって抽出した細粒度状態遷移表 (図 5) を紹介する．図 5 の細粒度状態遷移表には形式的な間違いはなく，手作業で抽出した細粒度状態遷移表と一致していた.

4.3 考察

ケーススタディの結果から，開発したツールによってすべての対象ソースコードの記号実行グラフから正しく細粒度状態遷移表を抽出できることがわかった．開発したツールによる細粒度状態遷移表の抽出はいずれも数秒で行われ，手作業の場合と比べ細粒度状態遷移表を抽出するコストが減少している．また，抽出した細粒度状態遷移表からソースコード中の条件と処理についての情報を知ることができ，より複雑なソースコードにも対応できればソースコードの振舞いを知るための手助けとなりうる.

本研究では記号実行による生成物から状態遷移表を抽出している．制御フローグラフからすべての実行される経路を列挙し，かつ各経路が実行される条件を導出することは困難である．一方記号実行による生成物では，これらがすでに求められており実行経路の情報を得るのが容易である．また複数の条件分岐が登場し，実行経路をたどる際の条件が複雑になるような場合にも，その実行経路が実行されうるのか，実行されるならばどのような条件のときに実行されるのかを導くことができる.

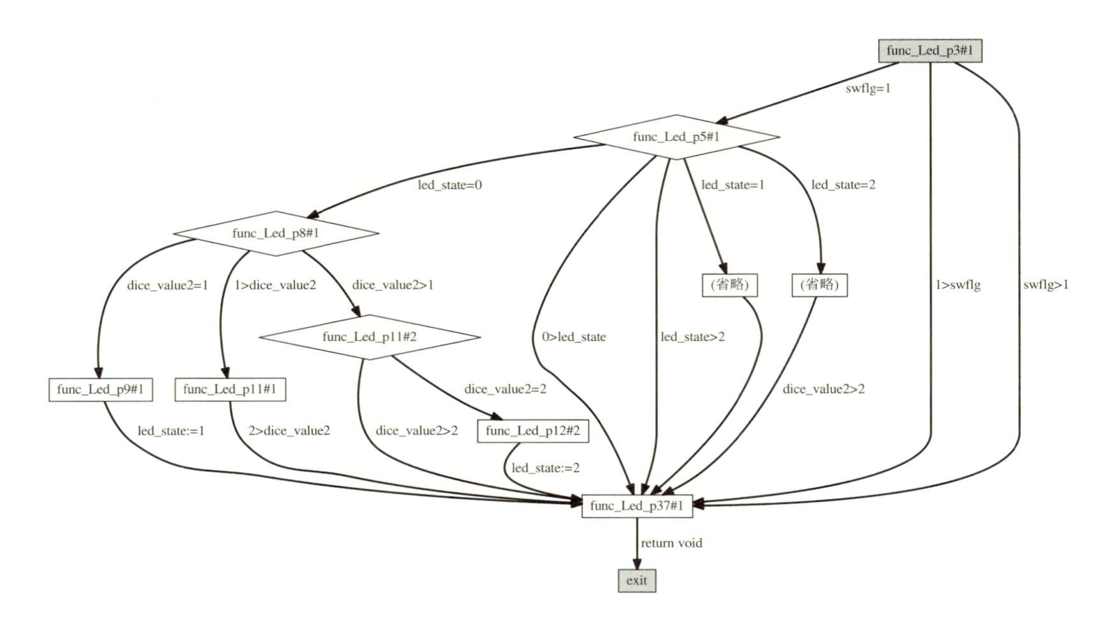

図 4　対象ソースコードのうちの 1 つから生成した記号実行グラフ

	led_state=0	led_state=1	led_state=2	0>led_state	led_state>2
swflg=1&dice_value2=1	(t)led_state:=1	(t)led_state:=2	(t)led_state:=0	****	****
swflg=1&1>dice_value2&2>dice_value2	NONE	NONE	NONE	****	****
swflg=1&dice_value2>1&dice_value2=2	(t)led_state:=2	(t)led_state:=0	(t)led_state:=1	****	****
swflg=1&dice_value2>1&dice_value2>2	NONE	NONE	NONE	****	****
swflg=1	****	****	****	NONE	NONE
1>swflg	NONE	NONE	NONE	NONE	NONE
swflg>1	NONE	NONE	NONE	NONE	NONE

図 5　図 4 から自動で抽出した細粒度状態遷移表

今回のケーススタディでは，提案手法のツール化が可能であることを確かめたが，その有用性については確かめていない．今後被験者に人手とツールの両方で状態遷移表を抽出してもらい，状態遷移表を抽出するまでの時間や抽出した状態遷移表の正確性を比較するような実験を行う必要がある．またその他にも，記号実行を用いることの有用性があるか確かめるため，今後記号実行を用いない手法との比較も行う必要がある．

5　関連研究

状態遷移図の自動抽出を目的とした手法がいくつか提案されているが，そのほとんどは実行時情報を基に生成する手法である [13] [14]．本研究で提案している手法は記号実行を利用しており，実機環境がなくとも適用することができる．組込みシステムでは，実行時情報を取得するためのテスト環境を構築することにコストがかかる場合があり，実行時情報を必要とする手法を適用することが現実的ではない場合がある．Walkinshaw らは，抽象実行を用いてソースコードから状態遷移図を抽出する手法を提案している [4]．彼らの手法が抽出する状態遷移図は，メソッド呼出し文や例外処理の発生による遷移のみを扱う粒度の大きいものである．Walkinshaw らの手法では関数を状態遷移点としており，システム全体の状態遷移図を抽出している [5] が，本研究では細粒度状態遷移表を定義しており，関数呼び出しよりも粒度を小さく表現するために関数中の条件分岐を扱っている．

さらに，Walkinshaw らは，実行トレースから状態遷移表を自動的に生成するツールを提案している [6]．動的に状態遷移表を抽出しているため，実行されなかったパスは考慮されない．また，機械学習を用いて状態遷移の条件を導出しているため，実際のトレースに対応していない値が閾値となる場合がある．

また，オブジェクト指向言語によって記述されたソースコードに対してリバースエンジニアリングを行い，状態遷移モデルを抽出する手法がある [7] [8] [9]．文献 [7] では，以下の 3 つを用いて状態遷移モデルのリバースエンジニアリングを行う．

- 抽象的な状態値のドメイン
- 具体的な状態値から抽象的な状態値への写像
- 与えられたプログラム中のすべてのプリミティブな命令の抽象的な意味

本稿の提案手法では，これらの制約が定義されていなくとも状態遷移表を抽出することができる．文献 [8] では，Java PathFinder による記号実行を利用して状態遷移モデルの抽出を試みている．この研究では，状態変数の選択を記号実行の結果から自動的に実施している．そのため，ユーザが注視したい変数を指定することができず，効果的な状態遷移表を抽出できると断定できない．また，文献 [9] では，C++ で記述されたコードに対して記号実行による状態遷移モデルの抽出を試みている．この研究では，イベントを関数呼び出しとしており，関数呼び出しをトリガをとして状態遷移が実行される．

我々の研究グループでは，状態変数の定義を満たす変数を提示する対話型 UI が実装している [15]．この対話型 UI を本研究のツールに利用すれば，本研究においてユーザが状態変数を選択する際のコストを小さくすることができると考えられる．

6 まとめ

本研究では，状態遷移設計を含むソースコードから記号実行を用いて細粒度状態遷移表を抽出する手法を提案した．また，TRACER の生成物から細粒度状態遷移表を抽出するツールを開発し，ケーススタディを行うことで開発したツールにより細粒度状態遷移表を抽出できることを確認した．開発したツールはソースコードの振舞いを知るための手助けとなりうると考えられる．記号実行による生成物から状態遷移表を抽出することで，制御フローグラフから状態遷移表を抽出する場合と比べ，実行経路の導出が容易になると考えられる．

本研究は今後多言語対応の実現を考えている．また，状態遷移設計を含むコンパイル単位の自動識別や，状態遷移設計を含むコード片の自動抽出も今後の課題である．ループ文を含むコンパイル単位は，全体を 1 つの細粒度状態遷移表に変換できないことが多いと考えられるため，細粒度状態遷移表に変換可能な部分を自動的に特定し，ユーザに提示する手法を考案したいと考えている．

本研究では，一部のソースコードから状態遷移表を抽出できることを確認できた．今後割込み処理やポインタ関数等，組込みシステム向けのプログラムに多くあらわれる記述が存在するソースコードを中心に TRACER が記号実行木を生成できるかを確かめる必要がある．さらには，TRACER 以外の記号実行ツールについてもさらなる調査を進め，より適切な記号実行ツールの選定を行う必要がある．また開発したツールにおいても，どのように状態遷移表を抽出すべきか議論が必要な場合が存在する．ソースコード中に for 文等のループが存在する場合や，複数の変数を状態変数に指定したい場合がこれに該当する．

謝辞 青木 奈央氏をはじめとする組込みシステム技術協会状態遷移設計研究 WG の関係者には，本研究について多くの助言をいただきました．ここに謝意を記します．本研究は，JSPS 科研費 JP16K16034 の助成を受けたものです．

参考文献

[1] 竹田彰彦. 状態遷移表によるレガシーコードの蘇生術. 日経テクノロジーオンライン, 2016. http://techon.nikkeibp.co.jp/article/COLUMN/20150519/418967/.

[2] 高田広章. 組込みシステム開発技術の現状と展望. 情報処理学会論文誌, Vol. 42, No. 4, pp. 930–938, 2001.

[3] 鵜飼敬幸. TOPPERS/SSP への組込みコンポーネントシステム適用における設計情報の可視化と抽象化. 第 9 回クリティカルソフトウェアワークショップ (WOCS2), 2011. https://www.ipa.go.jp/files/000005299.pdf.

[4] Neil Walkinshaw, Kirill Bogdanov, Shaukat Ali, and Mike Holcombe. Automated discovery of state transitions and their functions in source code. *Software Testing, Verification & Reliability*, Vol. 18, No. 2, pp. 99–121, 2008.

[5] Sarfraz Khurshid, Corina S Păsăreanu, and Willem Visser. Generalized symbolic execution for model checking and testing. In *Proc. TACAS*, pp. 553–568. Springer, 2003.

[6] Neil Walkinshaw, Ramsay Taylor, and John Derrick. Inferring extended finite state machine models from software executions. *Empirical Software Engineering*, Vol. 21, No. 3, pp. 811–853, 2016.

[7] Paolo Tonella and Alessandra Potrich. *Reverse engineering of object oriented code*. Springer, 2005.

[8] Tamal Sen and Rajib Mall. Extracting finite state representation of java programs. *Software & Systems Modeling*, Vol. 15, No. 2, pp. 497–511, 2016.

[9] David Kung, Nimish Suchak, Jerry Gao, Pei Hsia, Yasufumi Toyoshima, and Chris Chen. On object state testing. In *Proc. COMPSAC 94*, pp. 222–227, 1994.

[10] James C King. Symbolic execution and program testing. *Communications of the ACM*, Vol. 19, No. 7, pp. 385–394, 1976.

[11] 上原忠弘. シンボリック実行を活用した網羅的テストケース生成. *FUJITSU*, Vol. 66, No. 5, pp. 34–40, 2015.

[12] Joxan Jaffar, Vijayaraghavan Murali, Jorge A Navas, and Andrew E Santosa. TRACER: A symbolic execution tool for verification. In *Proc. of CAV 2012*, pp. 758–766. Springer, 2012.

[13] Davide Lorenzoli, Leonardo Mariani, and Mauro Pezzè. Inferring state-based behavior models. In *Proc. WODA*, pp. 25–32, 2006.

[14] Tao Xie and David Notkin. Automatic extraction of object-oriented observer abstractions from unit-test executions. In *Proc. ICFEM*, pp. 290–305, 2004.

[15] 山本椋太, 吉田則裕, 竹田彰彦, 舘伸幸, 高田広章. 組込みソフトウェアを対象とした状態遷移表抽出手法. 電子情報通信学会技術研究報告, Vol. 116, No. 127, pp. 13–18, 2016.

Visual Regression Testingにおいて画面要素の位置関係によってマスク領域を指定する手法

Method for Specifying a Mask Area by the Positional Relationship of the Screen Elements in Visual Regression Testing

安達 悠* 丹野 治門† 吉村 優‡

あらまし 回帰テストにおいてアプリケーションが画面のレイアウト崩れなく正しく表示されていることを確認するために，正しく表示された画面の画像とテスト対象となる画面の画像を比較し，ボタン等の画面要素の消失や位置ずれなどの差異を自動検出する Visual Regression Testing という手法が存在する．アプリケーションの画面には，広告やニュース記事など，画面を表示する度に内容が変化する領域 (動的変化領域) が存在する．動的変化領域は差異があっても問題ない領域であるため，マスク領域を指定するなど，比較領域から除外することが結果確認作業の稼働削減に有効である．しかし既存手法では，マスク領域を画面の絶対座標で指定するため，動的変化領域のサイズが画面表示の度に変わる場合や，アプリケーションの修正などに伴い動的変化領域の位置がずれた場合に，適切に動的変化領域を比較領域から除外することができなくなるという問題が生じる．この問題を解決するため，本研究では，複数の画面要素を基準とした相対的な位置関係によってマスク領域を指定することで，動的変化領域のサイズ変化や位置ずれに追随して，適切に比較領域からマスク領域を除外する手法を提案する．提案手法を用いることで，前述した動的変化領域を含むアプリケーション画面に対してもマスク領域を適切に比較領域から除外可能となり，より多くのアプリケーションに対して Visual Regression Testing を適用できるようになる．動的変化領域を含む Web アプリケーションの画面を題材として提案手法の有効性確認を行い，マスクした動的変化領域を比較領域から除外できることを確認した．

1 はじめに

アプリケーション開発では，新規開発のタイミングだけでなく機能追加・修正や OS のアップデートのタイミングなど，システムのライフサイクルを通じて頻繁にテストが必要となる．近年では，アプリケーションのリリース期間の更なる短縮が求められているが，PC・スマホ・タブレットや OS・ブラウザなどの組み合わせによる動作環境の多様化に伴い，テスト稼働が一層増大する傾向にあり，テスト自動化による作業の省力化が期待されている．既存機能への悪影響を確認する回帰テストは，同じテストをリリース毎に繰り返す上，システム規模に応じて増大し続けるため，自動化による稼働削減が効果的である．

アプリケーションのテスト観点には，ロジックが正しく動作し，正しい計算結果が表示されているかどうかの確認と，画面の構成部品がレイアウト崩れなく正しく表示されているかどうかの確認がある．前者は，テスト自動実行ツール（Selenium [1]，Appium [2] など）により，計算結果の確認を行うテストスクリプトを作成しておくことで回帰テストを自動化する手法が有効である．後者については，回帰テスト自動化のための 1 つの手法として Visual Regression Testing [3] がある．Visual Regression Testing とは，新旧バージョンの画像を比較する手法であり，アプリケーション画面のスクリーンショット画像を取得できれば適用できるため，OS やブラウザなどのアプリケーションの実装技術に依存せずに幅広く適用できることが特長である．この手法を実装したツールとしては，DiffImg [4] や BlinkDiff [5] などがある．

*Yu Adachi, NTT ソフトウェアイノベーションセンタ
†Haruto Tanno, NTT ソフトウェアイノベーションセンタ
‡Yu Yoshimura, NTT ソフトウェアイノベーションセンタ

この手法をアプリケーションの新旧バージョンの画面比較で利用する際，業務用アプリケーションなどのように画面を表示する度に内容があまり変化しないケースでは有効である．しかし，広告やニュース記事などを含むアプリケーション画面のように，表示する度に内容が変化する領域（以降，動的変化領域と呼ぶ）を含む画面に対しては，差異があっても問題ない領域まで差異として検出しないように，適切にマスキングを行うことがVisual Regression Testingにおいて結果確認作業の稼働削減のために重要である．既存のマスキング手法 [5] では，画面比較を行う前に，絶対座標で画面のマスク領域を指定することができる．goo 辞書（https://dictionary.goo.ne.jp/）を題材として，図1に絶対座標による指定で動的変化領域をマスキングする例を示す．この例では，比較する画面間で動的変化領域のサイズや位置が同一であるため，この手法で適切にマスク領域が指定できている．

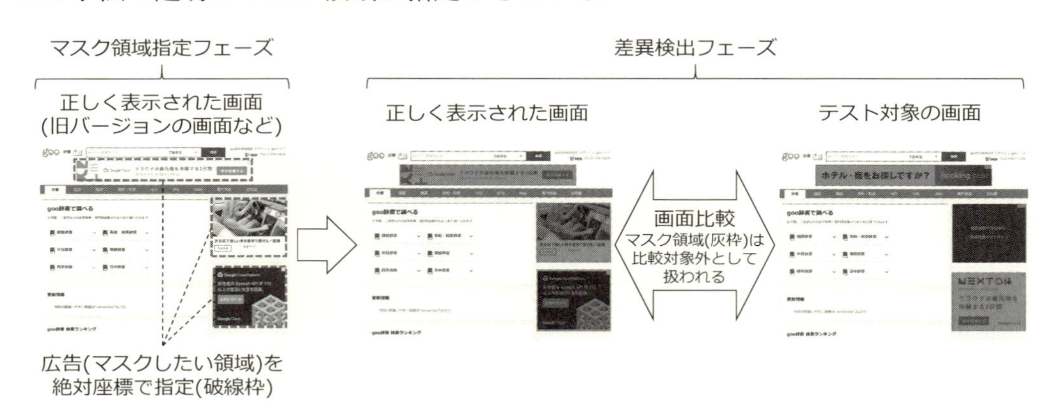

図1　**Example1**：絶対座標による指定で適切にマスキングする例

しかし，画面を表示する度に動的変化領域のサイズが変化する場合や，アプリケーション画面への構成部品の追加などで動的変化領域の位置がずれる場合には，動的変化領域を画面の絶対座標で指定する手法では適切にマスキングできないという課題がある．NTT グループ公式ホームページの TOPICS 一覧（http://www.ntt.co.jp/topics/）を題材として，図2に絶対座標での指定では適切にマスキングできない例を示す．

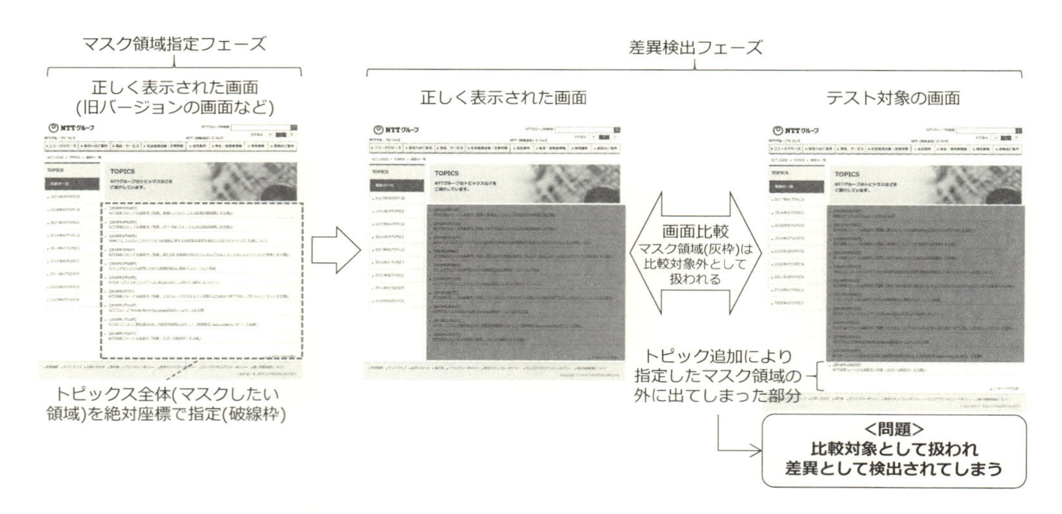

図2　**Example2**：絶対座標による指定では適切にマスキングできない例

本研究の目的は，Example2 のような動的変化領域を含むアプリケーション画面に対してもマスク領域を比較領域から適切に除外できる手法を提案し，より多くのアプリケーションに対して効率よく Visual Regression Testing を適用可能にすることである．

以降，2 節で Visual Regression Testing における動的変化領域への対応と問題点について説明し，3 節で提案手法について説明する．4 節ではケーススタディを紹介し，5 節で本論文のまとめを述べる．

2 Visual Regression Testing における動的変化領域への対応

Visual Regression Testing において新旧バージョンの画像を比較する手法には，ピクセル単位で差異を検出する手法と，ピクセル単位での差異検出手法を改良した矩形単位での差異検出手法がある．本節では，それぞれの差異検出手法の特徴と，動的変化領域をマスク領域にする際の問題点について説明する．

2.1 ピクセル単位で差異を検出する手法

ピクセル単位で差異を検出する既存手法としては前述した DiffImg や BlinkDiff などがある．これらは，画像間の同じ絶対座標のピクセルを比較し，結果として，差異があるピクセルだけを強調表示する手法である．例えば，差異がないピクセルは黒色，差異があるピクセルは黒色以外で表示することで，差異があった箇所だけに注力して確認できるようにする．しかし，ピクセル単位で差異を検出する手法は，画像間の同じ座標位置のピクセルを比較するため，アプリケーション画面への部品追加などで，新バージョンの画像において変更がない部品の位置がずれる場合，ほとんどの箇所がピクセル単位で差異として検出されてしまい，変更箇所の確認が困難になるという問題もある．

2.2 矩形単位で差異を検出する手法

ピクセル単位での差異比較の方法を改良した技術として，2 つの画像を入力として矩形単位で差異を比較するアプローチがある．この手法では，画面の構成部品を矩形として抽出し，矩形単位で差異を検出する．既存手法としては，丹野らの研究 [6]，池ノ上らの研究 [7] がある．この手法による画面比較の例を図 3 に示す．

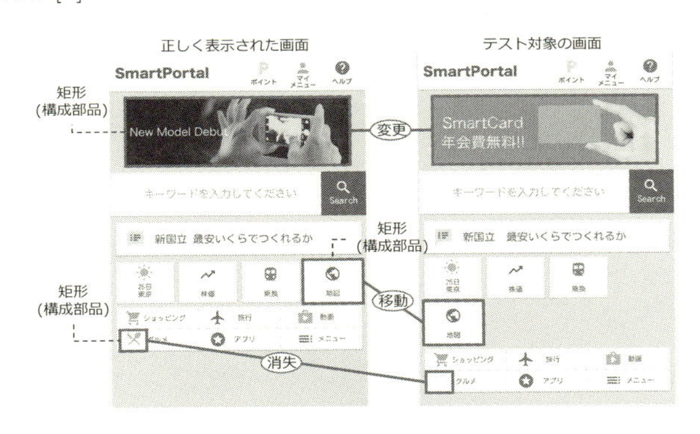

図 3　矩形単位で差異を検出する手法による画面比較の例

これらは，比較する画像間で類似度の高い矩形を対応付け，矩形単位で差異を検出する手法である．矩形単位で差異を検出するため，動的変化領域やアプリケーションの修正などの影響で位置がずれた構成部品についても，部品単位で差異が検出されるので，ピクセル単位の差異検出方法に比べると変更箇所の確認がしやすい．また，矩形単位での差異検出手法では，差異の有無だけでなく，差異内容について「変更」「移動」「消失」などの情報を抽出することができる．

2.3 動的変化領域をマスク領域にする際の問題点

これらの差異検出手法では，動的変化領域などの確認不要な箇所をマスキングする方法として，絶対座標でマスク領域を指定する方法がある．具体的には，画像内におけるマスクしたい領域として左上のピクセルと右下のピクセル（またはマスク領域の高さと幅）によって矩形領域を指定するケースが多い．しかし，このような手法は，Example1 のようなケースには適用できるが，Example2 のようなケースでは新バージョンの画像でマスクしたい領域が旧バージョン画像で指定したマスク領域からはみ出てしまい，差異として検出されてしまうため適用できない．

3 提案手法

提案手法では，矩形単位での差異検出手法をベースに，Example2 のような動的変化領域を含む画面をもつアプリケーションにおいても，動的変化領域に対するマスキングを可能とし，効率的に Visual Regression Testing をできるようにすることを目指す．

3.1 特徴

提案手法では，マスクしたい領域に対して位置関係が決まっている隣接した構成部品（以降，ランドマークと呼ぶ）を指定することでマスク領域を生成する．そして，この位置関係を利用し，マスク対象である動的変化領域のサイズ変化や位置ずれが発生した場合であっても，新バージョンの画面におけるマスク領域を再計算することで，新バージョンの画面に対しても適切にマスク領域を適用することができる．具体例として，Example2 について本手法を適用する場合，マスク対象としたい動的変化領域であるトピックス一覧は，左側にある各年のトピックスへのメニューボタン群と，中央上部にある TOPICS というバナー，最下部にあるフッターに囲まれており，位置関係が決まっている．したがって，トピックスへのメニューボタン群より右側，TOPICS バナーより下側，フッターより上側という 3 種類のランドマークおよびマスク方向（ランドマーク情報）を与えることで，比較する画面間でトピックス一覧のサイズが異なる場合であっても，各画面においてランドマーク情報からマスク領域が計算され，トピックス領域は差異として検出されないようにすることができる．(図 4)

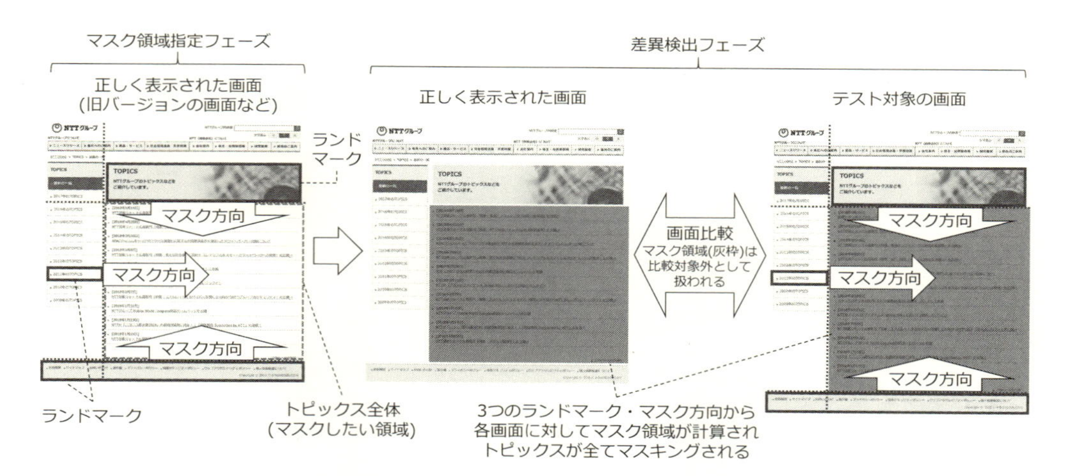

図 4 提案手法による **Example2** の適用例

3.2 全体像

提案手法は，矩形単位での差異検出手法 [6] をベースとして，画面内のマスク領域を指定する機能，および差異検出前にマスク領域を算出する機能を追加する形で実現される．マスク領域を指定および差異検出時に適用するにあたり，矩形抽出から差異検出までの流れにおいて提案手法の全体像を図 5 に示す．

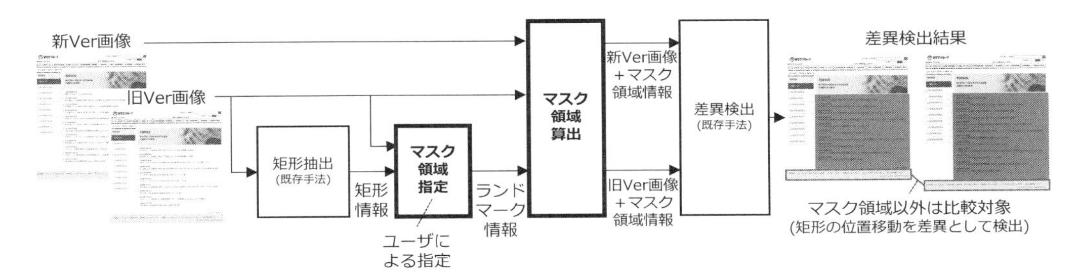

図 5　矩形単位での差異検出手法をベースとした提案手法の全体像

画面のマスク領域を指定するフェーズでは，旧バージョンの画面の画像を入力として，既存手法によって画面の構成部品を矩形（ランドマーク候補）として抽出した後，ユーザによって以下のステップを実行することにより，ランドマーク情報（指定したランドマーク画像とマスク方向）を出力する．

1. マスク領域に隣接し，位置関係が決まっているランドマークを指定する
2. 指定したランドマークを基準としたマスク方向を指定する（八方位から選択）
3. ランドマークが複数ある場合は 1，2 を繰り返す

複数のランドマークを指定した場合，図 4 のように，各ランドマークとマスク方向から生成される共通領域（積集合の領域）がマスク領域となる．

画面間の差異を検出するフェーズでは，旧バージョンの画面の画像，新バージョンの画面の画像およびランドマーク情報を入力として，ランドマーク情報から新旧バージョンの画像それぞれの中にマッチするランドマーク画像を探し出してマスク領域を計算し，マスク領域に含まれる矩形に対する差異検出を対象外とした上で，既存手法によって矩形単位で差異を検出して，差異検出した結果を出力する．

4　ケーススタディ

ケーススタディとして，動的変化領域を含む画面を題材として提案手法の有効性確認を行った．

提案手法の有効性確認にあたり，以下の ResearchQuestion を設定する．

RQ1 アプリケーション画面においてマスクしたい領域をランドマークにより指定できるか？

RQ2 アプリケーション画面に対する Visual Regression Testing において，提案手法によって適切にマスキングされ，以下の (a)，(b) が満たされているか？

(a) マスク領域として指定した動的変化領域が比較対象外となっていること

(b) マスク領域以外の領域が比較対象となっていること（本来，比較対象とすべき領域がマスク領域になってしまっていないこと）

今回のケーススタディでは，動的変化領域の変化パターンとして，ニュース記事などの追加によって動的変化領域のサイズが変化する場合（ケース A）と，アプリケーションの修正として構成部品を追加することによって動的変化領域の位置がずれる場合（ケース B）の 2 パターンで提案手法の有効性を確認した．具体的な題材としては，広告やニュース記事といった動的変化領域を含む画面とし，同じ Web アプリケーションの URL に対する取得タイミングが異なる 2 枚のスクリーンショット

画面を，それぞれ正解画面，テスト対象画面とみたてた．表1に，各ケースで題材とした Web アプリケーション画面，比較した正解画像およびテスト対象画像の取得タイミングを示す．

表1　各ケースで題材とした Web アプリケーション画面

ケース	動的変化領域の変化パターン	URL	正解画面	テスト対象画面
A	トピック追加によるサイズ拡大	http://www.ntt.co.jp/topics/	2018/6/17	2018/6/24
B	部品追加による位置ずれ	https://dictionary.goo.ne.jp/	2018/7/10 15:02	2018/7/10 15:03 最上部に部品追加

題材とした画面に対するマスク領域は，ケース A ではトピック全体，ケース B では広告やツイートなどのランダムに表示される文言などを指定した．各ケースにおいて題材とした画面に対して提案手法を適用した結果を表2に示す．

表2　提案手法の適用結果

ケース	RQ1	RQ2(a)	RQ2(b)	ランドマーク数	マスク領域数	マスキングなし	マスキングあり
A	○	○	○	3個	1個	検出差異数 44 件	検出差異数 1 件
B	○	○	○	7個	3個	検出差異数 31 件	検出差異数 11 件

表2に示す通り，ケース A，B のどちらに対してもランドマークを用いて比較対象から除きたい動的変化領域を指定することができた．また，差異検出結果から，それぞれ (a)，(b) を満たし，指定した動的変化領域を正しくマスク領域としていることも確認できた．提案手法により動的変化領域をマスキングした場合，検出差異数を大幅に削減できており，結果確認作業の稼働削減に有効であると考えられる．マスキングありの場合において，検出差異数が 0 件ではないのは，ケース A ではトピック追加，ケース B では追加した部品および部品追加によって，動的変化領域外にある他の構成部品の位置ずれが既存手法差異として検出されたためである．

5　まとめ

本研究では，アプリケーションの画面に対する回帰テストを自動化する手法である Visual Regression Testing を適用するにあたり，広告やニュース記事などの動的変化領域を含む画面に対して，動的変化領域のサイズ変化や位置ずれが発生した場合であっても，位置関係が決まっている構成部品（ランドマーク）によってマスク領域を指定する手法を提案した．提案手法により，動的変化領域を適切にマスキング可能であることをケーススタディで確認した．提案手法の課題として，ランドマーク自体の変更や，レスポンシブデザインなどランドマークの位置関係が一意ではない画面では意図した領域がマスキングされない場合があるため，今後，改良に加え，より多くの題材に対して提案手法を適用し，有効性の検証を行いたい．

参考文献

[1] https://www.seleniumhq.org/
[2] http://appium.io/
[3] https://github.com/mojoaxel/awesome-regression-testing
[4] https://ja.osdn.net/projects/sfnet_diffimg/
[5] https://github.com/yahoo/blink-diff
[6] 丹野 治門:画像処理を活用した UI レイアウト崩れ検出支援手法の提案, 情報処理学会研究報告ソフトウェア工学, vol. 2016-SE-194, no. 9, pp.1-8, 2016 年 11 月.
[7] 池之上あかり, 中野直樹, 藤澤正通:分割した web ページキャプチャ画像を用いた画像差分検証手法の提案, ソフトウェアテストシンポジウム *JaSST2016* 予稿集, pp.75-81, 2016 年 3 月.
[8] Adrian Kaehler Gary Bradski:詳解 OpenCV：コンピュータビジョンライブラリを使った画像処理・認識. オライリー・ジャパン，2009.

auto-sklearnを用いたバグ予測の実験的評価

Empirical Evaluation of Bug Prediction Using auto-sklearn

田中 和也* 門田 暁人†

あらまし auto-sklearnは，機械学習の自動化ライブラリであり，与えられたデータに適した予測モデルの選択やモデルのハイパーパラーメータの選択を自動化できるため，近年注目されている．本論文では，ソフトウェアバグ予測を対象としてauto-sklearnによる機械学習の自動化の効果を実験的に評価する．実験では，20件のOSSプロジェクトを対象とし，auto-sklearnに加えてランダムフォレスト，決定木，線形判別分析を用いてバージョン間バグ予測を行い，予測精度としてAUC of ROC curveを算出し，比較する．実験の結果，auto-sklearnの予測性能は，バグ予測において従来優れているとされているランダムフォレストと同等であった．このことから，バグ予測においてauto-sklearnを採用してもよいが，必ずしも従来法を上回る効果が期待できるとは限らないことが分かった．

1 はじめに

ソフトウェアテストや保守の効率化のためには，バグを含む可能性の高いモジュール（fault-proneモジュール）を予測することが重要となる．そのために，従来，モジュールのバグの有無を目的変数とし，モジュールのソフトウェアメトリクスを説明変数として，機械学習によるfault-proneモジュールの予測を行う研究が行われてきた[1]．またバグ予測や工数予測分野において予測モデルのハイパーパラメータ最適化に関する研究も近年報告されている[2][3]．

しかし，いずれの予測モデルが優れているか適切に評価し，予測対象データに適した予測モデル，ハイパーパラメータを選択することは必ずしも容易ではない．具体的な問題としては，次の3点が挙げられる．

1. ソフトウェアは多種多様であり，データセットによってデータ件数，メトリクスやその値の分布，メトリクス間の関係が異なり，均一ではない．そのため，高い予測性能を発揮する予測モデルはデータセットにより異なる．
2. 予測の対象とするデータセットに適したプリプロセッシング手法，予測アルゴリズム，ハイパーパラメータの設定などの組み合わせは膨大であり，また選択のための適切な評価方法，比較手法の決定も容易でない．
3. 一般に，複数の予測モデルを組み合わせた集団学習により予測性能の向上が見込まれるが[4]，その組み合わせは膨大である．

これらの問題を解決できる可能性のある手段として，近年，auto-sklearnが開発されている[5]．auto-sklearnは，Python向けの機械学習の自動化ライブラリであり，与えられたデータに適した予測モデルの選択やモデルのハイパーパラーメータの選択を自動化できるため，近年注目されている．

そこで，本論文では，ソフトウェアバグ予測（fault-proneモジュールの予測）を対象とし，auto-sklearnの効果を実験的に評価することを目的とする．評価実験では，機械学習による予測によく用いられる交差検証ではなく，より現実のバグ予測のコンテキストに近いバージョン間予測を行う．つまり，1つのバージョンのソフトウェアから得られたデータをモデル構築用，モデル評価用に分割するのではなく，過去のバージョンのソフトウェアから得られたデータをモデル構築用とし，同一ソフトウェアのより新しいバージョンから得られたデータをモデル評価用とする．

また，評価実験では，多種多様なデータセットに対するauto-sklearnの効果を評

*Kazuya Tanaka, 岡山大学工学部情報系学科

†Akito Monden, 岡山大学大学院自然科学研究科

価するため，3つのデータソースから得られた合計20件のオープンソースソフトウェアプロジェクトの計測データを用いる．各データソースでは計測されているメトリクスの種類が異なり，また，プロジェクトごとにモジュールの個数や，バグを含むモジュールの割合が大きくばらついている．

評価する予測モデルとしては，ソフトウェアバグ予測において従来よく用いられる予測モデルであるランダムフォレスト，決定木，線形判別分析の3種類を採用し，auto-sklearnによる予測結果と比較する．

予測精度の評価尺度としては，Area Under the Curve (AUC) of Receiver Operating Characteristics (ROC) curveを採用する．従来，バグ予測においては，適合度 (precision)，再現度 (recall)，F1-Valueがよく用いられてきたが，これらの値はバグあり，なしの判別境界に影響されるため，必ずしも利用が奨励されていない [6]．そこで，判別境界に影響されない評価尺度として，本論文では，AUC of ROC curveを用いることとした．

2 関連研究

2.1 バグモジュール予測モデル

ソフトウェア開発支援技術の一つとして，バグを含む確率の高いモジュール (fault-proneモジュール) を予測する技術が盛んに研究されてきた [1]．バグ予測は，ソフトウェアテストやレビューを行う前に実施され，バグを含む確率の高いモジュールを重点的にテストまたはレビューすることで，少ない工数でより多くのバグを発見することを目的としており，企業における適用事例も報告されている [1]．

バグ予測では，あるソフトウェア開発プロジェクトにおいて，同じソフトウェアの旧バージョンの開発時に検出されたバグ，および，プロダクト・プロセスに関するメトリクスを用いて予測モデルの構築を行い，そのモデルを現在進行中のプロジェクトの予測に用いる．

予測モデルの目的変数としては，各モジュールのバグの有無，バグ数，バグ密度などが採用されているが，本論文では，最も研究事例の多い，バグの有無を目的変数とする．予測モデルとしては，ロジスティック回帰分析，線形判別分析，決定木，ニューラルネットワーク，Support Vector Machine，ベイズ識別器，k近傍識別器，ランダムフォレストなどが用いられてきた [7] [8]．

本論文では，auto-sklearnとの比較のために，従来よく用いられているランダムフォレスト，決定木 (分類木)，線形判別分析を採用する．ランダムフォレストは，集団学習の一手法であり，バグ予測において高い精度を示すことが知られている [9]．従って，auto-sklearnを用いた場合に，ランダムフォレストよりも高い予測性能が得られたならば，auto-sklearnを使う価値があるといえる．

2.2 バージョン間バグ予測

従来，fault-proneモジュール予測モデルの評価は交差検証法が用いられてきたが，近年では複数のバージョンを用いて予測モデルの評価を行う方法も用いられるようになっている [10]．本論文では，現実的な状況に即した評価を行うため，過去バージョンのデータを予測モデルの学習用とし，新しいバージョンのデータを構築したモデルの予測精度の評価用とする．

3 auto-sklearn

auto-sklearn [5] は，機械学習分野の専門家でなくとも使用できる機械学習システムを目指して開発されており，scikit-learnライブラリに用意されているデータ前処理 (PCA, fast ICA, feature agglomerationなど)，及び，予測モデル (AdaBoost, LDA, ランダムフォレストなど) の中から，与えられたデータに適したものを自動選択することができる．さらに，モデルのハイパーパラメータを自動決定でき，得られた予測モデル群を用いた集団学習を行うことができる．

auto-sklearn では，メタ学習 (*automated machine learning(AutoML)*) を採用しており，与えられたデータセットに対し，まず最初のステップとして，過去のデータセット（OpenML の 140 のデータセット [11]）の中から類似のデータセットを選定し，この類似データセットに適した前処理や予測モデルの候補を選択する．データセットの類似性の判定には，38 のメタ特性を用い，メタ特徴空間でのマンハッタン距離によりランク付けすることで k 個の近傍データセットを選び出す．この近傍データセットに対し保存されている機械学習フレームワーク (前処理，予測モデル) を選定する．このメタ学習のステップにより，与えられたデータに適した機械学習の手法を，一から探索するよりもすばやく得ることが可能である．ただし，モデルのハイパーパラメータの決定のような詳細な最適化をメタ学習により行うことは難しい．

そこで，次のステップとして，予測モデルの候補群のそれぞれについて，ベイズ最適化の手法を用いて，モデルのハイパーパラメータの決定を行う．ベイズ最適化はスロースタートであるものの，時間の経過とともに予測モデルの性能を向上させることができる．そして，得られたモデル群の中から最適なものを一つだけ選ぶのではなく，集団学習により多数のモデルを活用する．ただし，集団学習において各モデルに同一の重みを与えた場合には，高い精度が得られない．そこで，各モデルに異なる重みを与える．その手法として，stacking，numerical optimization，ensemble selection などが知られているが，auto-sklearn では，最も高速かつロバストな ensemble selection [12] を採用している．ensemble selection は，空のアンサンブルから始め，反復的にパフォーマンスを最大化するモデルを加えていく貪欲的な手法であり，モデルの重複を許すことにより，重複して選択されたモデルは重み付けが大きくなる．このような集団学習を用いることで，学習データへのオーバーフィッティングを避けやすくなる．

従来，メタ学習は，医薬データやバイオデータなど他分野において多くの適用結果が報告されており，その効果が確認されている [13]．一方，ソフトウェア開発においては，ソフトウェアのバージョンを重ねるにつれてバグ要因も変化し得るため，特定のバージョンを学習データとした場合に AutoML が効果的であるかは明らかでない．

また，予測モデルのハイパーパラメータ最適化については，従来，ソフトウェア工学分野においてもいくつかの研究がなされている [2] [3]．一方，本稿は，パラメータ最適化や集団学習を含めたメタ学習を用いる点，および，他分野で定評のある auto-sklearn を利用する点が異なる．

4 評価実験

本実験では，20 個のオープンソースソフトウェア（OSS）プロジェクトで収集されたデータに対して auto-sklearn とその他の 3 つの手法でバグ予測を行い，その予測結果を評価，比較する．本章では，実験に用いたデータセットや評価尺度，各手法の実行手順と実行環境について説明する．

4.1 データセット

4.1.1 プロジェクト

実験には 20 個の OSS プロジェクトから収集された各プロジェクト 2 バージョン分のデータセット，合計 40 データセットを用いた．各プロジェクトの名称とモジュール数，バグ数，バージョンおよびメトリクス数を表 1 に示す．すべてのバージョン間のバグ予測において，古いバージョンのデータセットを学習用，新しいバージョンのデータセットをテスト用として実験している．本稿では，1 つのソースファイルを 1 つのモジュールとみなす．

表 1 実験に使用したプロジェクトデータの特徴

Project	Metrics	学習用			テスト用		
		Module	Bug	Ver	Module	Bug	Ver
ant	20	293	35	1.5	350	184	1.6
camel	20	856	333	1.4	945	500	1.6
eclipse_jdt	23	3192	830	3.1	3408	575	3.2
eclipse_pde*	22	228	54	3.1	309	108	3.2
eCos*	7	621	173	-	3459	72	-
Exim Internet Mailer*	7	184	47	-	61	39	-
forrest	20	29	15	0.7	32	6	0.8
GANYMEDE*	7	99	47	-	90	51	-
helma.org	8	145	87	-	100	24	-
Hibernate*	7	374	150	-	4878	1824	-
ivy	20	241	18	1.4	352	56	2.0
jedit	20	367	106	4.2	492	12	4.3
log4j	20	109	86	1.1	205	498	1.2
lucene	20	247	414	2.2	340	632	2.4
mylyn	23	1230	2611	2.0	1502	1041	3.0
netbeans	23	4660	1648	4.0	9332	1964	5.0
poi	20	384	496	2.5	441	500	3.0
prop	20	8702	1362	4	8506	1930	5
synapse	20	157	21	1.0	222	99	1.1
Xdoclet*	7	102	48	-	130	6	-

これらのデータセットは，3 つのデータソースから得られたものであり，それらデータソースをDataset1, 2, 3と呼ぶこととする．Dataset1は，表1において，メトリクスの数が7または8となっているものであり，SE data repository for research and education [14] において公開されている．本論文では，ソースコード行数が0のモジュールを除外している．このようなモジュールは，ソフトウェアリリース後に作成，および，バグ検出がなされており，リリース時点では存在しなかったことから行数が0として計測されている．Dataset2は，表1において，メトリクスの数が22または23となっているものであり，文献 [15] において用いられているものである．Dataset3は，表1において，メトリクスの数が20となっているものであり，tera-PROMISE repository [16] にて公開されている．

またDataset1, 2に含まれるプロジェクトの中で，Refactoringsというメトリクスの値がすべてのモジュールにおいて0となっているものがある．該当するプロジェクトは表1中において*で示す．すべての値が0の場合，モデルを構築する過程で値が定数とみなされ，説明変数として利用できないため本実験ではデータセットから除外した．なお，Refactoringsの値は，開発時のコミットコメントにRefactoringという単語が含まれているか否かにより判断しているため，単語が存在しない場合は0となる．

使用したデータセットが含むメトリクスの名称と概要を表2に示す．なお，表1で示した通り，表2のRefactoringsは一部のプロジェクトから除外されている．

4.2 評価尺度

本論文では，バグの有無を予測する分類による予測結果に対し，Area Under the Curve (AUC) of Receiver Operating Characteristics (ROC) curve を採用する．AUC of ROC curveは，各モジュールにおけるバグ予測モデルの出力値に対し，バグあり，なしを判別する値（判別境界）を移動させて得られる true-positive と false positive のそれぞれのエラー値の系列から算出される．そのため，判別境界に依存しない尺度となり，バグありモジュール数がバグなしモジュール数よりも著しく少ないといったデータの偏りに影響されにくい．

4.3 手順

バージョン間バグ予測に使用したモデルごとに評価値を算出する．モデルの構築は auto-sklearn は Python，その他のモデルは統計言語 R を用いた．予測性能の評価はすべて統計言語 R を使用した．

実験の手順を説明する．学習に用いるデータセットを 1 個（データセット A），評

表 2　メトリクスの名称とその概要　* 一部プロジェクトでは除外

Metrics	Dataset1	Dataset2	Dataset3	説明
TLOC	○	○	○	総行数
Code Churn	○	○		コードの追加・削除・変更数
ADDED	○	○		コードの追加行数
DELETED	○	○		コードの削除行数
AGE	○	○		モジュール年齢
REFACTORINGS*	○	○		リファクタリング数
BUGFIXES	○			バグ修正回数
REVISIONS	○			リヴィジョン数
WMC		○	○	重み付きメソッド数
DIT		○	○	継承ツリーの深さ
NOC		○	○	子クラスの数
CBO		○	○	クラス間の結合度合い
RFC		○	○	クラスの応答数
LCOM		○	○	クラスの凝集度
FOUT		○		メソッドの呼び出し数
NBD		○		ネスト数
PAR		○		パラメーター数
VG		○		複雑度
NOF		○		フィールド数
NOM		○		メソッド数
NSF		○		静的フィールド数
NSM		○		静的メソッド数
TPC		○		事前変更数
BFC		○		バグ修正処理に含まれた回数
PRE		○		公開 3 か月前の事前公開時点でのバグ数
CA			○	他クラスからの結合度
CE			○	他クラスへの結合度
NPM			○	パブリックメソッド数
LCOM3			○	クラスの凝集度
DAM			○	クラスのプライベートな属性の割合
MOA			○	凝集度
MFA			○	機能的抽象度
CAM			○	クラスのメソッド凝集度
IC			○	継承結合数
CBM			○	メソッド間の結合数
AMC			○	メソッドの平均複雑度
MAX_CC			○	最大循環的複雑度
AVG_CC			○	平均循環的複雑度

表 3 評価対象と対照手法

	手法	説明
対照手法	Random Forest	R のライブラリ randomForest を使用．R(RF) と記す．
	決定木	R のライブラリ rpart を使用．dtree と記す．
	線形判別分析	R のライブラリ MASS を使用．lda と記す．
評価対象	auto-sklearn	auto-sklearn を使用．モデルのフィッティング上限時間をそれぞれ 10 分，20 分，30 分に分けて計測を行った．それぞれ AS(10 分)，AS(20 分)，AS(30 分) と記す．
	auto-sklearn（変数選択）	フィッティングの上限時間を 10 分に設定した上で，変数選択を行い，フィッティングに用いる説明変数（特徴量）を目的変数と関連度が高い上位 5 個に限定した．変数の選択には目的変数と説明変数間の単純な統計量をもとに最良の変数を選択する sklearn.featute_selection の SelectKBest を使用した．AS(変数選択) と記す．
	auto-sklearn（Random Forest）	フィッティング上限時間を 10 分に設定した上で，使用する予測アルゴリズムを Random Forest に限定し，ハイパーパラメータおよびプリプロセッサの選択を自動化した手法．AS(RF) と記す．

価に用いるデータセットを 1 個（データセット B）用意する．データセット A を各モデルの学習データとして入力し，分類モデルを構築する．得られた各モデルに対しデータセット B をテストデータとして入力することで，各モジュールの予測値となる出力を得る．ここでの予測値は，バグありを 1，なしを 0 とした場合のバグの有無の期待値 $[0,1]$ である．

auto-sklearn では，scikit-learn ライブラリに含まれている変数選択処理を使用することが可能であるため，本論文では auto-sklearn でのモデル構築前に scikit-learn による変数選択をした場合としなかった場合について評価を行うこととした．また，ランダムフォレストは，R と auto-sklearn の両方で実装されているため，本論文では両方についての評価を行うこととした．また，auto-sklearn は，3 章で述べた 2 番目のステップにおけるモデルのフィッティング（ハイパーパラメータおよび重みの決定）に費やす時間を指定できる．費やす時間を大きくするほど，対象データセットにより適したパラメータや重みが得られる可能性があるが，その効果は不明である．そこで，本実験では，10 分，20 分，30 分の 3 通りの時間について評価を行う．R および auto-sklearn のそれぞれで用いた予測方法の詳細を表 3 に示す．

上記の説明に加え，auto-sklearn を使用している手法はすべて resampling_strategy として Cross-Validation を指定した．なお分割数は $folds = 5$ である．また，対照手法ではハイパーパラメータはデフォルト値を使用した．

4.4 実験環境

実験に使用した環境は，一般的な Windows PC である．PC のスペックの詳細を表 4 にまとめる．

5 結果と考察

5.1 auto-sklearn とその他のモデルの比較

各モデルの予測結果の評価は 4.2 節で示した評価尺度を採用する．算出した評価値を箱ひげ図としてプロットしたものを図 1 に示す．

図 1 は左から順に比較モデルのランダムフォレスト，決定木，線形判別分析，そして auto-sklearn のパラメータを調整して得られた 5 つの評価値となっている．

また，図 1 の結果について，t 検定を行いそれぞれのモデルの評価値の間に有意

表 4 実験環境

Hardware	
CPU	Intel(R) Core(TM) i5-4670 CPU @ 3.40GHz (4 CPUs)
メモリ	8192MB RAM
Software	
OS	Windows 10 Pro 64-bit (17134.rs4_release.180410-1804)
使用ツール	Windows Subsystem for Linux
使用 OS	Ubuntu 16.04.4 LTS
使用言語	Python 3.5.2 および R version 3.4.4
使用ライブラリ	auto-sklearn 0.3.0, randomForest, rpart, MASS

差があるかについて検討を行った．t 検定においては，2 つの母集団の分散が等しくないと仮定した検定を行い，両側検定を用いている．それぞれの t 検定の結果として，有意確率 (p 値) を表 5 に示す．

表 5 モデル間の t 検定の結果 (p 値)

	dtree	lda	AS (30min)	AS (20min)	AS (10min)	AS (変数選択)	AS (RF)
R(RF)	0.011	0.337	0.754	0.616	0.783	0.765	0.861
dtree		0.055	0.019	0.023	0.018	0.021	0.015
lda			0.514	0.609	0.492	0.529	0.427
AS(30min)				0.863	0.970	0.999	0.889
AS(20min)					0.833	0.868	0.749
AS(10min)						0.972	0.918
AS(変数選択)							0.894

表 5 から有意水準を 5%とした場合，有意差があったのは dtree（決定木）とその他の手法の間においてである（ただし，dtree（決定木）と lda（線形判別分析）の間を除く）．

このことから，決定木以外の対照手法と auto-sklearn の予測精度には有意差はなく，auto-sklearn による予測精度の向上は特に見られなかったと言える．

また，auto-sklearn におけるフィッティングの時間 10 分，20 分，30 分の有意差は見られず，変数選択の有無による有意差もなかった．このことから，今回用いたデータセットにおいては，10 分かつ変数選択なしを採用しても問題ないといえる．

5.2 auto-sklearn で選ばれたモデル

auto-sklearn は，選択したモデル群を用いた集団学習を行うために，それぞれのモデルに重み付けを行っている．今回は auto-sklearn を使用し，上限時間を 30 分として各データセットに対して構築したモデルから各アルゴリズムやハイパーパラメータの組み合わせに対して設定された重み付けを合計し，予測アルゴリズムごとに平均使用率として算出した．結果を図 2 に示す．

図 2 より，auto-sklearn において予測に使用された割合が高いアルゴリズムは，Random Forest，AdaBoost，Passive Aggressive，LDA などのアルゴリズムであることがわかる．特に Random Forest については平均使用率が 18.7%であり，auto-sklearn による予測でも最適なアルゴリズムとして使用されていた割合が高かったと

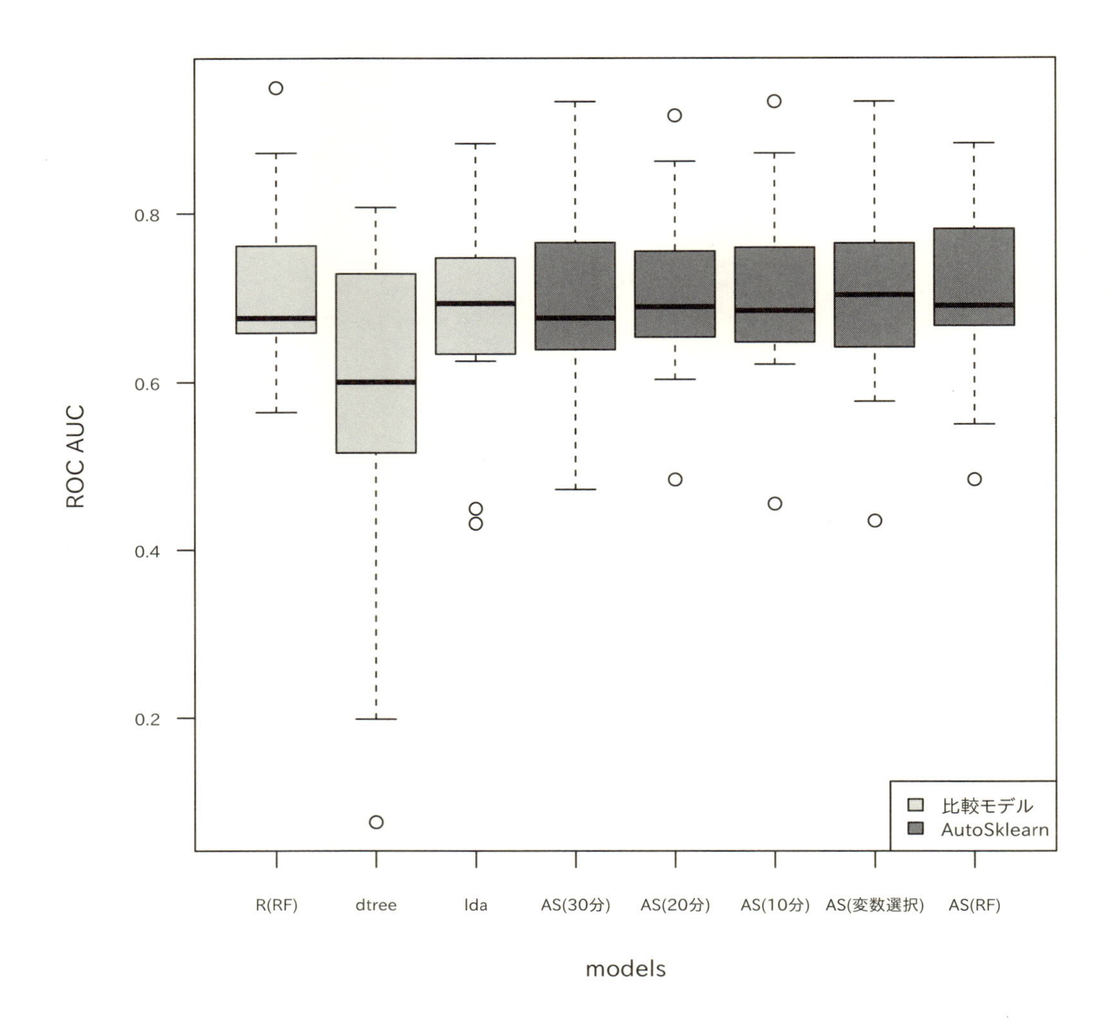

図1 モデルによる **ROC AUC** の比較

考えられる．

6 まとめ

本論文では，バグ予測における auto-sklearn による機械学習の自動化の効果を明らかにすることを目的として，20 件のオープンソースソフトウェアを対象とした評価実験を行った．その結果，auto-sklearn は，既存のアルゴリズム，特にランダムフォレストとほぼ同等の予測性能が得られることが分かった．このことから，予測性能という観点においては，必ずしも従来法を上回る効果が得られるとは限らないが，性能が低下するわけではないため，auto-sklearn を採用しても差支えないといえる．また，auto-sklearn におけるフィッティングの時間を 10 分，20 分，30 分と変化させた場合においても予測性能の有意差は見られず，変数選択の有無による有意差もなかった．このことから，auto-sklearn をバージョン間バグ予測に用いるのであれば，10 分かつ変数選択なしを採用しても問題ないといえる．

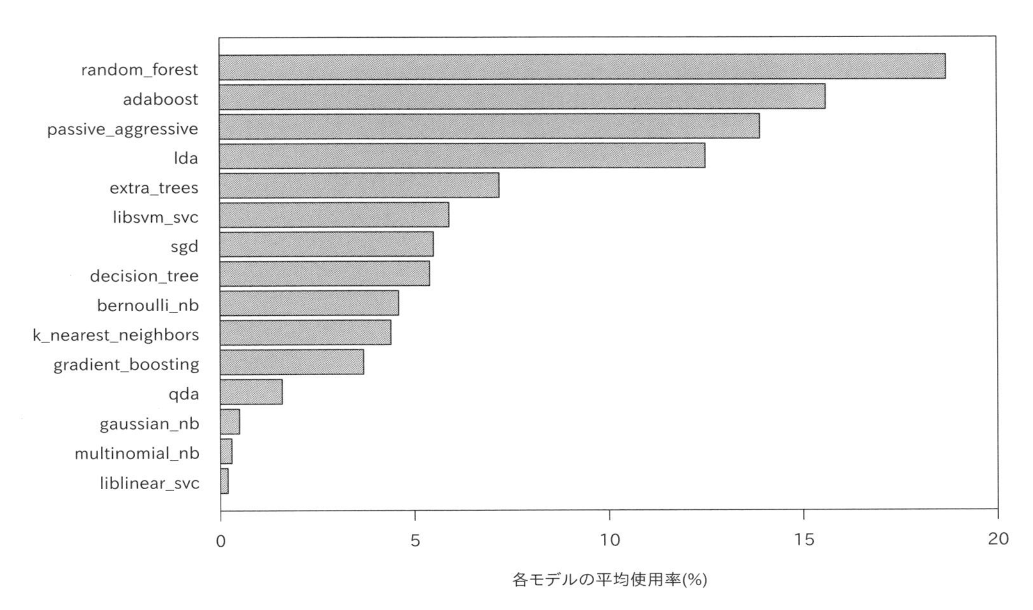

図 2　AS(30 分) の 20 データセットにおける各モデルの平均使用率

今後の課題として，auto-sklearn がランダムフォレストを上回る予測性能を示さなかった原因について分析していく予定である．現時点の考えられる原因として，ソフトウェア開発においては，バージョンの違いによるバグの傾向の違いが大きく，学習用データに適したモデルやパラメータが，予測対象データに必ずしも適していなかった可能性がある．またフィッティング時間の長さが予測精度にどのような影響を及ぼすのかについてのさらに詳細な分析，比較手法と auto-sklearn の予測精度をプロジェクトごとに比較した場合，両者の結果に顕著な差があるプロジェクトが存在しないかの調査が課題として考えられる．

参考文献

[1] A. Monden, T. Hayashi, S. Shinoda, K. Shirai, J. Yoshida, M. Barker, and K. Matsumoto. Assessing the cost effectiveness of fault prediction in ac-ceptance testing. *IEEE Transactions on Software Engineering*, Vol. 39, No. 1, pp. 1345–1357, 2013.

[2] Wei Fu, Vivek Nair, and Tim Menzies. Why is differential evolution better than grid search for tuning defect predictors? *CoRR*, Vol. abs/1609.02613, , 2016.

[3] Tianpei Xia, Rahul Krishna, Jianfeng Chen, George Mathew, Xipeng Shen, and Tim Menzies. Hyperparameter optimization for effort estimation. *CoRR*, Vol. abs/1805.00336, , 2018.

[4] Shahid Hussain, Jacky W. Keung, Arif Ali Khan, and Kwabena Ebo Bennin. Performance evaluation of ensemble methods for software fault prediction: an experiment. In *Proc. Australian Software Engineering Conference*, Vol. 2, pp. 91–95, 2015.

[5] Matthias Feurer, Aaron Klein, Katharina Eggensperger, Jost Springenberg, Manuel Blum, and Frank Hutter. Efficient and robust automated machine learning. In C. Cortes, N. D. Lawrence, D. D. Lee, M. Sugiyama, and R. Garnett, editors, *Advances in Neural Information Processing Systems 28*, pp. 2962–2970. Curran Associates, Inc., 2015.

[6] T. Menzies, A. Dekhtyar, J. Distefano, and J. Greenwald. Problems with precision: A response to comments on data mining static code attributes to learn defect predictors. *IEEE Transactions on Software Engineering*, Vol. 33, No. 9, pp. 637–640, 2007.

[7] Yasutaka Kamei, Akito Monden, and Kenichi Matsumoto. Empirical evaluation of an svm-based software reliability model. In *Proc. 5th International Symposium on Empirical Software*

Engineering (ISESE2006), Vol. 2, pp. 39–41, 2006.

[8] A. R. Gray and S. G. MacDonell. Software metrics data analysis: exploring the relative performance of some commonly used modeling techniques. *Empirical Software Engineering*, Vol. 4, No. 4, pp. 297–316, 1999.

[9] S. Lessmann, B. Baesens, C. Mues, and S. Pietsch. Benchmarking classification models for software defect prediction: A proposed framework and novel findings. *IEEE Transactions on Software Engineering*, Vol. 34, No. 4, pp. 485–496, 2008.

[10] Kwabena Ebo Bennin, Jacky Keung, Passakorn Phannachitta, Akito Monden, and Solomon Mensah. Mahakil: Diversity based oversampling approach to alleviate the class imbalance issue in software defect prediction. *IEEE Transactions on Software Engineering*, Vol. 44, No. 6, pp. 534–550, 2018.

[11] J. Vanschoren, J. van Rijn, B. Bischl, and L. Torgo. Openml: Networked science in machine learning. *SIGKDD Explorations*, Vol. 15, No. 2, pp. 49–60, 2013.

[12] R. Caruana, A. Niculescu-Mizil, G. Crew, and A. Ksikes. Ensemble selection from libraries of models. In *Proc. ICML'04*, p. 18, 2004.

[13] Gang Luo. A review of automatic selection methods for machine learning algorithms and hyper-parameter values. *Network Modeling Analysis in Health Informatics and Bioinformatics*, Vol. 5, pp. 1–16, 2016.

[14] Software engineering data repository for research and education. `http://analytics.jpn.org/SEdata/`, Software Measurement and Analytics Laboratory, Okayama University, 2018.

[15] A. Monden, J. Keung, S. Morisaki, Y. Kamei, and K. Matsumoto. A heuristic rule reduction approach to software fault-proneness prediction. In *Proc. Asia-Pacific Software Engineering Conference (APSEC2012)*, pp. 838–847, 2012.

[16] T. Menzies, R. Krishna, and D. Pryor. The promise repository of empirical software engineering data. `http://openscience.us/repo`, North Carolina State University, Department of Computer Science, 2015.

ソフトウェア信頼度成長モデルの適用結果モニタリングによる開発状況の理解

Analysis of Project Situations by Monitoring Application Results of Software Reliability Growth Model

本田 澄* 鷲崎 弘宜* 深澤 良彰* 多賀 正博† 松崎 明† 鈴木 隆喜†

あらまし ソフトウェア信頼度成長モデル (SRGM) は発見されたバグの数と発見した時間の関係を分析するし，残されているバグを予測することで，ソフトウェアの信頼を測ることに利用されている．例えば，開発マネージャが発見されたバグの数と発見した時間に SRGM を適用して残りの欠陥の数を予測する．しかし，時折 SRGM の適用結果はマネージャに間違った判断を引き起こす．なぜなら結果は一時的なスナップショットであり開発の進捗によって変化するためである．そこで，SRGM の適用結果をモニタリングすることでプロジェクトの品質の評価を支援する方法を提案する．我々は株式会社いい生活が提供する不動産業へ支援を行うクラウドサービスにおけるテスト工程で発見されたバグの数と時間を収集した．そのデータセットには 34 のクラウドサービスの機能が含まれる．我々の手法では 29 の機能について正しく評価でき，5 個の機能については誤った評価であった．また，実施したテストケース数を発見された欠陥の数で割った値について分析した．

1 はじめに

ソフトウェア信頼度成長モデル (SRGM) はソフトウェアの信頼性を計測する方法の一つである．SRGM は発見された欠陥の数と発見された時間の関係を分析することでソフトウェアに残る欠陥の数を予測することができる．しかし，SRGM の結果は一時的なスナップショットの結果であり，時々マネージャに間違えた判断をさせることがある．SRGM の結果がプロジェクトをリリースするために十分な欠陥を発見していると示すことで，開発者の誤解を招くいくつかの状況を見つけた．

そこで，我々は SRGM の適用結果をモニタリングすることによりプロジェクトの状況の評価を手助けする方法を提案した [1]．発見された欠陥の数と時間をそれぞれの日ごとのデータセットに分け，分けたデータセットに対して SRGM を適用する．得られた結果を時系列に並べなおし，プロジェクトの傾向を分析する．提案手法を評価するために，株式会社いい生活が提供するクラウドサービスにおける，テスト工程で発見された欠陥に関する情報を収集した．収集したデータセットは 34 の機能に関するものである．事例研究において，提案手法の確からしさが 85%であること，SRGM の結果をモニタリングすることで 4 タイプの傾向があることが分かった．提案手法における安定か不安定かについては，開発中及びリリース後に欠陥が発見される可能性があるかどうかを評価した．さらに，実施したテストケース数と発見された欠陥の数の関係を分析した．

---

*Kiyoshi Honda, Hironori Washizaki, Yoshiaki Fukazawa, 早稲田大学

†Masahiro Taga, Akira Matsuzaki, Takayoshi Suzuki, 株式会社いい生活

本論文は ISSRE 2018 Industry への投稿論文と同一のデータセットを対象とするが，ISSRE 2018 Industry では提案手法が不安定と評価した機能についての議論を主とする．本論文では提案手法が安定と評価した機能と不安定と評価した機能両方について議論する．また，テストケースと欠陥の数についての議論も深めている．

1.1 研究課題

本論文では以下の研究課題を提示する．

RQ1: SRGM の結果をモニタリングすることで，プロジェクトの状況について正確に理解できるか？

RQ2: SRGM の結果はどのように変化するか？

RQ3: 実施したテストケース数と発見された欠陥の数からプロジェクトの状況の判断は行えるか？

我々の貢献は以下である．

- 開発者へプロジェクトの状況を理解を助ける方法を導いた．
- 事例を用いた評価実験において我々の提案方法が有効であることを示した．

2 背景

ソフトウェアの信頼性を計測する方法がいくつも提案されてきた．一つは欠陥の成長をモデル化する方法であり，ソフトウェア信頼度成長モデル (SRGM) として知られている．ソフトウェア開発は開発プロセスや環境を考慮すると，多くの不確かな要素や時間変化を含んでいる．我々は一般化ソフトウェア信頼性モデル (GSRM) を，開発プロセスや環境を考慮した不確かさや時間変化を取り扱うために提案した [2]．GSRM を用いたリリース日の予測 [3] [4] [5] や，SRGM を用いた予期せぬ状況を検出する手法 [6] も提案している．

2.1 ソフトウェア信頼度成長モデル (SRGM)

さまざまなソフトウェア信頼度成長モデル [7] [8] [9] [10] [11] が提案されている．近年の研究では実データとの適合性を考慮すると Logistic モデルが最も良いモデルであると報告されている [12]．本研究では Logistic モデルを用いる．

以下が Logistic モデルである．

$$N(t) = \frac{N_{\max}}{1 + \exp\{-A(t - B)\}} \tag{1}$$

$N(t)$ は時刻 t に発見される欠陥の数を示す．もし $t \to \infty$ であれば，$N(t)$ は $N_{\max}$ の値を取り，予測される欠陥の数を示す．それぞれのパラメータ $N_{\max}$，A，B は R * における Levenberg-Marquardt 法を利用することで計算できる．

2.2 プロジェクトモニタリング

ソフトウェア開発プロジェクトのモニタリング手法がいくつか提案されている．Moser らはエンジニアリングコックピットを利用した，プロジェクトの特定の情報を提供することで，ソフトウェア開発プロジェクトの状況をモニタリングし管理する手法を提案した [13]．Nakai らはプロジェクトモニタリングと，Goal-Question-Metric(GQM) 法 [14] に基づいたプロジェクトの品質とプロジェクトの状態を分析する手法を提案した [15]．

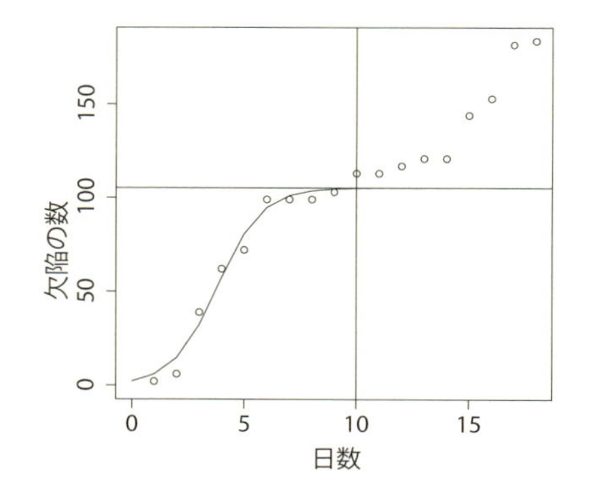

図 1 **Feature-23 に対して 10 日目に SRGM を適用**

2.3 研究動機

SRGM を実際のデータセットに適用する際に発生する問題を見つけた．図 1 はテストを始めてから 10 日までに発生した欠陥に対して SRGM を適用した結果を示す．x 軸は発見日を示し，y 軸は欠陥の数を示す．垂直線は

* “The R Project for Statistical Computing,” `http://www.r-project.org/`

SRGM を適用した日を示し，水平線は適用時に予測された欠陥の数を示す．

この結果は SRGM によって予測された欠陥数が発見された欠陥の数より少ないため，十分にテストされたことを示す．しかし，10 日以降にも多くの欠陥が発見されており，もし開発者がテスト開始から 10 日までの結果を用いれば，不適切な判断がされてしまう．

3 提案手法

SRGM の適用結果をモニタリングすることでプロジェクトの状況を評価支援する方法を提案する．図 2 に Feature-23 のデータを用いた概観を示す．本手法は分ける，モデル化，集約，分析の 4 ステップで構成される．

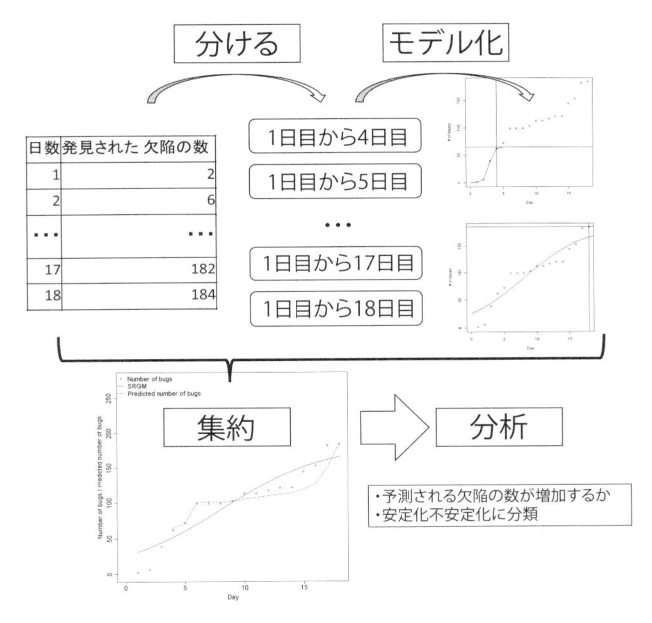

図 2 提案手法

分ける: 欠陥の数と時間をテスト開始日からそれぞれの発見された日まででで分ける．
モデル化: 分けられたデータに対して Logistic モデル，式 (1) を適用する．
集約: 予測された欠陥の数を日ごとに並べる．
分析: 集約したグラフを分析し，安定である状況と不安定である状況に分類する．

4 評価

株式会社いい生活が提供するクラウドサービスの 34 の機能におけるテスト工程にて発見された欠陥の数と発見された時間を収集した．それぞれの機能はウォーターフォールモデルで開発された．対象のクラウドサービスは不動産の賃貸・売買仲介業務，賃貸管理業務や，顧客管理を統合するサービスである．

4.1 評価方法と結果

表 1 に提案手法による評価とマネージャによる評価についてそれぞれのプロジェクトに対して示す．提案手法の正答率は，全体については 0.853，許容値より少ないプロジェクトについては 0.950，許容値より多いプロジェクトについては 0.714 であった．

表 1　データセットと結果

ID	日数	発見された欠陥の数	マネージャによる評価	提案手法	正誤
Feature-01	6	408	許容できる	安定	正
Feature-02	13	88	許容できない	不安定	正
Feature-03	19	91	許容できる	安定	正
Feature-04	22	137	許容できない	不安定	正
Feature-05	4	63	許容できない	不安定	正
Feature-06	10	16	許容できる	安定	正
Feature-07	12	47	許容できない	不安定	正
Feature-08	9	119	許容できる	不安定	誤
Feature-09	17	259	許容できる	不安定	誤
Feature-10	19	188	許容できる	安定	正
Feature-11	8	61	許容できる	安定	正
Feature-12	8	28	許容できる	安定	正
Feature-13	8	104	許容できる	安定	正
Feature-14	26	263	許容できる	安定	正
Feature-15	15	146	許容できる	不安定	誤
Feature-16	6	30	許容できる	安定	正
Feature-17	17	97	許容できる	安定	正
Feature-18	16	99	許容できる	安定	正
Feature-19	6	38	許容できる	安定	正
Feature-20	13	470	許容できない	不安定	正
Feature-21	6	42	許容できる	安定	正
Feature-22	12	23	許容できる	安定	正
Feature-23	18	184	許容できない	不安定	正
Feature-24	14	74	許容できる	安定	正
Feature-25	25	351	許容できる	安定	正
Feature-26	8	45	許容できる	安定	正
Feature-27	22	187	許容できる	不安定	誤
Feature-28	13	1408	許容できる	安定	正
Feature-29	8	27	許容できる	安定	正
Feature-30	34	331	許容できない	安定	誤
Feature-31	7	171	許容できない	不安定	正
Feature-32	10	176	許容できない	不安定	正
Feature-33	7	73	許容できない	不安定	正
Feature-34	18	752	許容できない	不安定	正

4.2　考察

表 2 は提案手法が示す安定と不安定なプロジェクトの数と，マネージャが評価したリリース後に報告された欠陥の数が許容値より少ないものと多いものの数を示す．

4.2.1　RQ1(SRGM の結果をモニタリングすることで，プロジェクトの状況について正確に理解できるか？)

本実験ではリリース後に報告された欠陥の数が許容値より少ない 20 プロジェクトと，許容値より大きい 14 プロジェクトを対象とした．提案手法ではすべてのプロジェクトに対しては 85%の正答率であった．リリース後に報告された欠陥の数が許容値より少ないプロジェクトに対してはおおよそ 95%と高い．一方で，リリース後に報告された欠陥の数が許容値より多いプロジェクトに対してはおおよそ 71%であった．これらの結果は，提案手法がリリース後に報告された欠陥の数が許容値より少ないプロジェクトに対して有効であることを示す．

表 2　マネージャによる評価と提案手法による評価結果

		マネージャによる評価		合計
		許容値より少ない	許容値より多い	
提案手法	安定	19	1	20
	不安定	4	10	14
合計		23	11	34

また，表 2 から提案手法とマネージャによる評価についてカッパ係数を評価した

結果は 0.69 であり，これは提案手法とマネージャによる評価について “かなりの一致”(0.61 ∼ 0.80) を示す．つまり，提案手法は精度が良いと考えられる．

4.2.2 RQ2(SRGM の結果はどのように変化するか？)

提案手法を用いることで，安定な状況について 1 タイプと，不安定な状況について 3 タイプを発見した．

安定なタイプ

安定な状況は予測される欠陥数が変化しない時に発生してる．図 3 の (a) は Feature-28 における結果を示し，6 日目以降，予測される欠陥の数は変化しないことを示す．

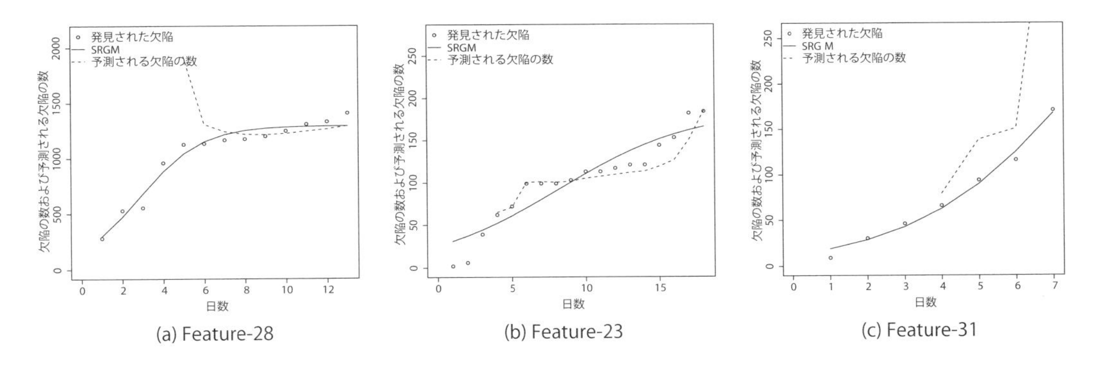

図 3　**Feature-28，Feature-23，Feature-31** における予測される欠陥の数．

不安定なタイプ

3 タイプの不安定な状況を発見した．**タイプ 1:**テスト終了時に発見された欠陥の数が予測される欠陥の数より少ない．**タイプ 2:**開発が進むにつれて予測される欠陥の数が大きくなる．図 3 の (b) は Feature-23 における結果を示し，15 日目以降に予測される欠陥の数が増加していることを示す．**タイプ 3:**予測される欠陥の数が発見された欠陥の数より大きい．図 3 の (c) は Feature-31 における結果を示し，7 日目において予測される欠陥の数が発見された欠陥の数より大きいことを示している．

4.2.3 RQ3(実施したテストケース数と発見された欠陥の数からプロジェクトの状況の評価できるか？)

発見した欠陥の数をテストケース数で割った値について差が見られた．図 4 に対象としたプロジェクトすべてにおける箱ひげ図と，マネージャによる評価において，リリース後 1 カ月以内に報告された欠陥の数が許容値より少ないプロジェクトの箱ひげ図，許容値より多いプロジェクトの箱ひげ図を示す．それぞれの中央値は，全体が 0.044，許容値より少ないプロジェクトでは 0.042，許容値より多いプロジェクトでは 0.085 である．許容値より多いプロジェクトは許容値より少ないプロジェクトより中央値が大きいことがわかるが，Student's t-test において統計的有意差は見られなかった．

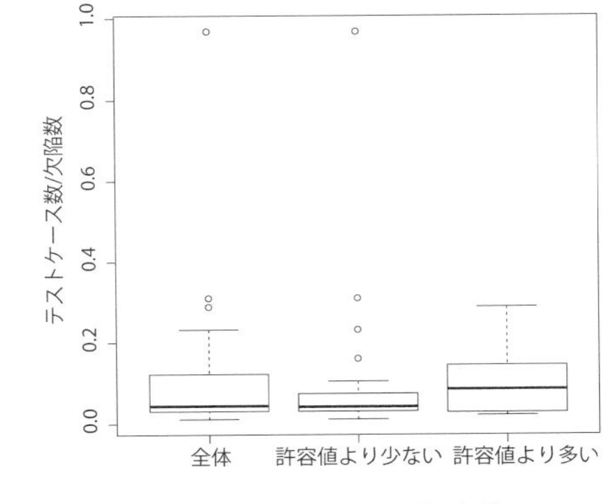

図 4　テストケース/欠陥数．

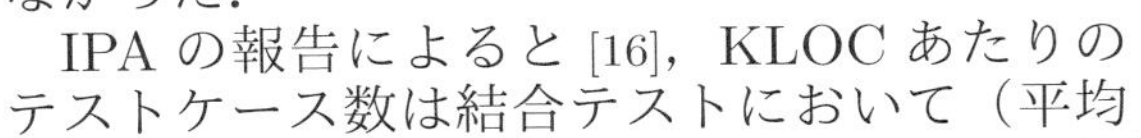

IPA の報告によると [16]，KLOC あたりのテストケース数は結合テストにおいて（平均値）232.774[#/KLOC]，KLOC あたりの検出バグ数は結合テストにおいて（平均値）24.212[#/KLOC] であることから，検出バグ数/テストケース数は結合テスト

においておおよそ（平均値）0.104[#/#] と考えられる．この点において対象としたデータセットは概ね一般的な開発に近いと考えられる．

5 関連研究

我々はSRGMの適用結果をモニタリングすることで予期せぬ状況を検知する研究を行った [6]．既存研究 [6] では，2つの大規模な組み込みソフトウェアのプロジェクトデータを分析し，開発中発生する予期せぬ状況を検知した．

6 まとめと今後の展望

SRGMの適用結果をモニタリングすることによりプロジェクトの品質を評価する支援方法を提案した．データセットは34の機能を含み，実験において提案手法が29機能に対して正しい評価ができ，5機能に対して評価を誤り，精度としてはおおよそ85%であった．今後，プロジェクトの状況が安定であるか不安定であるかを自動的に評価できるように提案手法を改善する．

参考文献

[1] K. Honda, et al. Empirical study on recognition of project situations by monitoring application results of software reliability growth model. In *2017 IEEE International Symposium on Software Reliability Engineering Workshops (ISSREW)*, pp. 169–174, Oct 2017.

[2] K. Honda, et al. A generalized software reliability model considering uncertainty and dynamics in development. In Jens Heidrich, Markku Oivo, Andreas Jedlitschka, and Maria Teresa Baldassarre, editors, *Product-Focused Software Process Improvement*, Vol. 7983 of *Lecture Notes in Computer Science*, pp. 342–346. Springer Berlin Heidelberg, 2013.

[3] K. Honda, et al. Predicting release time based on generalized software reliability model (gsrm). In *Computer Software and Applications Conference (COMPSAC), 2014 IEEE 38th Annual*, pp. 604–605. IEEE, 2014.

[4] H. Washizaki, et al. Predicting release time for open source software based on the generalized software reliability model. In *Agile Conference (AGILE), 2015*, pp. 76–81, Aug 2015.

[5] K. Honda, et al. Predicting time range of development based on generalized software reliability model. In *21st Asia-Pacific Software Engineering Conference (APSEC 2014)*, 2014.

[6] K. Honda, et al. Detection of unexpected situations by applying software reliability growth models to test phases. In *Software Reliability Engineering Workshops (ISSREW), 2015 IEEE International Symposium on*, pp. 2–5, Nov 2015.

[7] A.L. Goel. Software reliability models: Assumptions, limitations, and applicability. *Software Engineering, IEEE Transactions on*, Vol. SE-11, No. 12, pp. 1411–1423, Dec 1985.

[8] Shigeru Yamada, et al. S-shaped reliability growth modeling for software error detection. *Reliability, IEEE Transactions on*, Vol. R-32, No. 5, pp. 475–484, Dec 1983.

[9] Shigeru Yamada, et al. Software reliability measurement and assessment with stochastic differential equations. *IEICE transactions on fundamentals of electronics, communications and computer sciences*, Vol. 77, No. 1, pp. 109–116, 1994.

[10] Shigeru Yamada. Recent developments in software reliability modeling and its applications. In *Stochastic Reliability and Maintenance Modeling*, pp. 251–284. Springer, 2013.

[11] X. Cai and M. R. Lyu. Software reliability modeling with test coverage: Experimentation and measurement with a fault-tolerant software project. In *The 18th IEEE International Symposium on Software Reliability (ISSRE '07)*, pp. 17–26, Nov 2007.

[12] R. Rana, et al. Evaluating long-term predictive power of standard reliability growth models on automotive systems. In *Software Reliability Engineering (ISSRE), 2013 IEEE 24th International Symposium on*, pp. 228–237, Nov 2013.

[13] T. Moser, et al. Engineering project management using the engineering cockpit: A collaboration platform for project managers and engineers. In *Industrial Informatics (INDIN), 2011 9th IEEE International Conference on*, pp. 579–584, July 2011.

[14] Victor R. Basili, et al. The goal question metric approach. In *Encyclopedia of Software Engineering*, pp. 528–532. John Wiley & Sons, Inc, 1994.

[15] H. Nakai, et al. Initial industrial experience of gqm-based product-focused project monitoring with trend patterns. In *Software Engineering Conference (APSEC), 2014 21st Asia-Pacific*, Vol. 2, pp. 43–46, Dec 2014.

[16] 独立行政法人情報処理推進機構（IPA） 技術本部ソフトウェア高信頼化センター（SEC）（編）. ソフトウェア開発データ白書 2016-2017. 2016.

フォールト混入のリスク評価に向けたソースコード変更メトリクスの提案

A Proposal of Source Code Change Metrics for Evaluating Fault Injection Risk

川上 卓也* 阿萬 裕久† 川原 稔‡

あらまし 本論文では，ソースコードの変更におけるフォールト混入リスクの評価に向けて，“変更された箇所が変数の定義・参照を介して関係する範囲の広さ”を定量化するためのメトリクスを提案している．そして，7 種類のオープンソース開発プロジェクトを対象として既存メトリクスとの比較実験を行い，提案メトリクスがフォールト混入予測を行う上で有用なメトリクスとなることを示している．

1 はじめに

一般に，ソフトウェアの機能を発展させたり，品質を向上・維持させたりする上で，ソースコードの追加や修正は必要不可欠である．ただし，ソースコードの追加・修正は，機能の追加・変更をもたらすと同時にフォールトを混入させてしまう可能性もある [1]．それゆえ，コード変更におけるフォールト混入のリスクを的確に評価できることが望まれる．これまで，コード変更の行数や回数，変更の目的（フォールト修正なのか機能変更なのか）といった観点のメトリクスや変更を行った人物に着目したメトリクス等が提案され，それらを活用してフォールト混入のリスク評価を行う研究が行われてきている [2], [3], [4], [5]．例えば，コミット時にソースファイルに対して大きな変更が行われたかどうか，変更されたソースファイルにおける（それまでの）バグ修正頻度が高いかどうか，コミットを行った人物が経験豊富かどうか，といった観点に着目することの重要性が示されてきている．これらは重要な観点だが，これらに加えて，変更の内容やその影響にも着目する価値はあるのではないかと思われる．例えば，数行程度の変更であったとしても，それがプログラム内のさまざまな部分と関係している（影響がある）ようであれば，決して低リスクな変更であるとは言い難い．本論文では，そのような観点について，変数を介したデータ依存関係に着目し，それを用いた変更メトリクスを提案する．

2 ソースコード変更（コミット）メトリクス

本節では，ソースコードの変更（主としてその大きさ）に着目した既存のメトリクスについて概説し，その上で新たな視点を持ったメトリクスの提案を行う．

2.1 既存のソースコード変更メトリクス

これまで，フォールト混入リスクの評価にはさまざまなコード変更メトリクスが使われてきている [6]．それらのうち，コード変更量に関する主要なメトリクスを表 1 に示す．これらはいずれも，一つのコミットに対して一つの測定値を持つ．

これらのメトリクスは，フォールト混入リスク評価において有用な材料（説明変数）になりうるが，変更されたプログラムの構造や変更の影響度については十分に考慮されていないところがある．例えば，広い範囲に影響を及ぼす変更とそうでない変更があったとしても，変更行数が同じであれば両者は同等のものとして扱われ

*Takuya Kawakami, 愛媛大学大学院理工学研究科電子情報工学専攻

†Hirohisa Aman, 愛媛大学総合情報メディアセンター

‡Minoru Kawahara, 愛媛大学総合情報メディアセンター

表 1　既存の主要なコード変更（コミット）メトリクス

メトリクス名	内容
NS	変更されたサブシステムの数（重複を除く）
ND	変更されたディレクトリの数（重複を除く）
NF	変更されたファイルの数
Entropy	コード変更量のエントロピー（一様性）$(= -\sum_{k=1}^{n}(p_k \cdot \log_2 p_k))$
LA	追加されたコード行数の合計
LD	削除されたコード行数の合計
LT	変更された全ファイルの変更前でのコード行数の合計

Entropy の定義式において，n は同時に変更されたファイルの個数，p_k は変更内で k 番目のファイルが変更される割合（$\sum_{k=1}^{n} p_k = 1$）を意味する．

る．極端な例を挙げれば，メッセージを出力するだけの命令と複数の変数が関係する命令をそれぞれ 1 行ずつ変更した場合，両者は同等なものと見なされてしまう恐れがある．この場合，後者をよりリスクの高い変更として評価するべきと考える．そこで，フォールト混入予測技術の向上に向けて，変更の影響度を考慮した新たなメトリクスの提案を行うことにする．

2.2　提案メトリクス

議論の準備として，命令間での変数依存関係を定義しておく．ここでは便宜上，ソースプログラム 1 行の内容を 1 個の命令と見なす．いま，命令 s_i と s_j があり，s_i が変数 v の値を定義して，s_j で v を参照しているとする．この時，s_i により変数 v の値が設定・変更されるため，s_j の実行内容が s_i の影響を受ける可能性がある．この関係が成立する場合，本論文では s_i と s_j の間に “変数依存関係” があると定義する．つまり，変数 v についての変数依存関係分析は，v の定義または参照を行う命令を抽出することと等しい．また，本論文では変数 v について定義または参照を行う命令を変数 v の “関連命令” と呼び，逆に，命令 s で定義または参照が行われる変数を命令 s の “関連変数” と呼ぶ．

変数依存関係の例として，表 2 に示すプログラム断片を考える．これは整数 n と k を読み込み，n 個の中から k 個を選ぶ組合せの数を出力するものである．同表では，“*” 印を使って，各命令の関連変数（見方を変えると，各変数に対する関連命令）を示している．

表 2 に示す通り，命令が異なれば関連変数の数も異なる．例えば，8 行目の命令は関連変数が 1 個である．一方，2 行目や 5 行目の命令は関連変数がそれぞれ 2 個である．多くの関連変数を持つ命令は，他の命令と依存関係を持つ可能性が高く，それを変更する影響も大きいと考えられる．つまり，命令における関連変数の数は，その命令に対する変更の影響度を表す一つの指標となる．

表 2　変数依存関係の例

行番号	命令	変数						
		n	perm	k	fact	p	x	c
1	`int n, k, fact = 1, perm = 1, p, x, c;`	*	*	*	*	*	*	*
2	`scanf("%d %d", &n, &k);`	*		*				
3	`for ( x = 2; x <= k; x++ ){`			*			*	
4	`    fact *= x;`				*		*	
	`}`							
5	`p = n;`	*				*		
6	`for ( c = 0; c < k; c++ ){`			*				*
7	`    perm *= p;`		*			*		
8	`    p--;`					*		
	`}`							
9	`printf("choose(%d,%d) = %d\n", n, k, perm/fact);`	*	*	*	*			

次に，この指標を用いたコード変更量メトリクスについて説明する．本論文では，すべてのコード変更を命令の削除と追加の組合せとして定義する．つまり，命令の一部が書き換えられた場合，本論文では，その行が変更前のプログラムからいったん削除され，変更後のプログラムでは新たな内容で追加されたものと見なす．

いま，ファイル f に対してコード変更が行われ，変更前のプログラムから 0 個以上の命令が削除されたとする．便宜上，削除された命令の集合を $S_d(f)$ とする．変更前のコードにおける $s \in S_d(f)$ の関連変数の集合を $V(s)$ で表す．さらに，関連変数 $v \in V(s)$ に対して，その関連命令の集合を $S(v)$ で表す．このとき，$s \in S_d(f)$ と依存関係にある命令（s 自身を含む）の集合を $DS_d(f)$ とする：

$$DS_d(f) = \left\{ \bigcup_{s \in S_d(f)} \left(\bigcup_{v \in V(s)} S(v) \right) \right\} \cup S_d(f) \ .$$

同様にして，変更後のファイル f で新たな内容で追加されたいずれかの命令と依存関係にある命令の集合を $DS_a(f)$ とする[1]．ここで，変更されたソースファイル f に対し，次式で定義される $DS(f)$ がコード変更によって影響を受け，かつ，違いが生じている命令の集合である：

$$\Delta S(f) = \{ \ s \mid s \in (DS_d(f) \cup DS_a(f)) \ \wedge s \notin (DS_d(f) \cap DS_a(f)) \ \} \ .$$

直感的に言えば，$\Delta S(f)$ は，変更された命令と（変数の定義・参照を介して）関係しているすべての命令のうち，コミット前後で何らかの違い（差分）が生じている命令の集合である．$|\Delta S(f)|$ が大きいほど，そのファイルに対して施されたコード変更の影響は大きいと考えられる．そこで，一つのコミットにおけるこの値の合計と最大を本論文では新たなメトリクスとして提案する:

- メトリクス DSS: $\sum_{f \in F} |\Delta S(f)|$,
- メトリクス DSM: $\max_{f \in F} |\Delta S(f)|$,

ただし，F は当該コミットにおいて変更のあったソースファイルの集合を意味する．

3 評価実験

3.1 実験の目的と対象

本実験の目的は，プログラムの変更におけるフォールト混入のリスク評価について，提案メトリクスの有用性を示すことである．そこで，GitHub で公開されているオープンソース開発プロジェクトを対象としてデータ収集を行い，フォールト混入予測に関して，従来メトリクスと比較して提案メトリクスがどの程度有効に働くかを分析する．

本実験では次の 7 個のプロジェクトを対象として選定した：“`Arduino`”, “`emscripten`”, “`micropython`”, “`netdata`”, “`redis`”, “`tmux`”, “`vim`”.

これらはいずれも (i) C 言語を開発言語としたプロジェクトであり，(ii) 活発に開発が行われ，コミット数が比較的多いものとなっている．理由 (i) は，メトリクスデータ収集に使用した解析ツール（srcML/srcSlice[2]）に起因した制約である．理由 (ii) は，コード変更の事例をより多く収集することが狙いである．一般に，著名なプロジェクトほどユーザも多く，活発に開発・保守が行われている傾向にあると思われるため，本実験では GitHub においてプロジェクトを stars の降順で検索し，上位に位置していたものを選定した．コミット数について絶対的な基準は無いが，筆者が確認した範囲では，コミット数が 1000 未満のものは全体的に少ない方であったため，今回はこれを超えるプロジェクトに限定することとした．

---

[1]表現としては “削除” が “追加” に変わるだけで $DS_d(f)$ と同じかたちをしているため，定義式の詳細は割愛する．

[2]https://github.com/srcML/srcSlice

3.2 実験手順

本評価実験の手順を以下に示す．

（1） 各プロジェクトのリポジトリを取得し，そこで得られる各コミットについてメトリクスの測定を行う．
ここでは，提案メトリクスだけでなく，比較対象として先行研究 [6] で用いられていた 14 種の既存メトリクスについても測定を行う．既存メトリクスのうち 7 種（コード変更量に関するもの）は表 1 にて既に示した通りである．残りの 7 種（変更の目的や履歴，開発者に関するもの）を表 3 に示す．

（2） フォールト混入コミットを以下の手順で特定する．
（2-1） フォールト修正に関するキーワードがコミットメッセージに登場している場合，そのコミットをフォールト修正コミットと見なす．
（2-2） フォールト修正コミットで変更された行を特定する．ただし，空行やコメントのみの行を除く．空行やコメントのみの行に対する変更も追跡すると，不適切な多くのコミットをフォールト混入の可能性があると判断してしまうため，それらを追跡対象から除外した．
（2-3） （2-2）で特定された行について，その直前に変更を行ったコミットをフォールト混入コミットとする．
上の手順は基本的に SZZ アルゴリズム [7] に従ったものであるが，本実験での対象プロジェクトからはバグレポートを取得できなかったため，SZZ アルゴリズムにおけるバグ報告期間を用いたフィルタリングは行えていない．それゆえ，厳密にはフォールト混入の可能性のあるコミットの特定にとどまっている点に注意されたい．

（3） メトリクス間の相関を分析する．
一般に，強い相関関係にあるようなメトリクス対があった場合，両方を予測モデルの説明変数として使用するのは適切でない．本実験では，提案メトリクス及び既存メトリクス（合わせて 16 種）すべての組合せについてスピアマンの順位相関係数を計算し，その中で相関係数が 0.6 以上であるものを相関が強い対と判断する．そして，相関の強い対については，より容易に取得可能な（より単純なプログラム[3]で測定可能な）メトリクスを利用することにし，もう一方は除外する．

表 3　既存のコード変更（コミット）メトリクス（残りの 7 種）の概要

メトリクス名	内容
FIX	変更の目的がフォールト修正であるかどうか
NDEV	変更のあったファイルに携わったことのある開発者の数（注 1）
AGE	変更のあったファイルの直前の変更からの経過日数（注 2）
NUC	“直前の変更” に相当するコミットの数（注 3）
EXP	変更を行った開発者のそれまでのコミット回数
REXP	経過年数で重みを付けた EXP（注 4）
SEXP	今回の変更と同じサブシステムに対する変更に限定した EXP

（注 1） 複数のファイルが変更されたときは，それぞれの変更に携わった開発者数の中で最大のものを NDEV 値とする．
（注 2） 複数のファイルが変更されたときは，経過日数の平均を AGE 値とする．
（注 3） 変更されたファイル一つ一つについて，その “直前の変更” に相当するコミットを調べ，それらが重複を除いて全部で何個（何種類）あるかを NUC 値とする．なお，新規に作られたファイルについては，直前の変更は存在しないため，計上しない．
（注 4） 過去 1 年以内に行われたコミットはそのまま数え，それより古いコミット（経過年数が n 年以上 $n+1$ 年未満）については回数を $1/(n+1)$ 倍して数える．

[3]筆者による実装において，より短く，繰り返しの少ないプログラムを意味する．

(4) メトリクスの重要度を分析する．
ランダムフォレストを用いてメトリクスの重要度を定量的に分析する．そこでは，コミットが“フォールト混入コミットであるか否か”を目的変数とし，上の相関分析を経て残ったメトリクスを説明変数として使用する．

3.3 実験結果

実験対象の各プロジェクトについて，16 種類のメトリクスそれぞれの間での相関を分析した．その結果，すべてのプロジェクトに共通して次の 5 種のメトリクスが（他と相関が強いため）除外されることになった：NF, Entropy, REXP, SEXP 及び DSS[4]．さらに，`Arduino` プロジェクトではメトリクス LD，`netdata` プロジェクトでは LA，`tmux` プロジェクトでは LD，`vim` プロジェクトでは LD 及び EXP も他のメトリクスと強い相関関係にあったため除外した．それゆえ，予測モデルの説明変数には（残りの）メトリクス（プロジェクトによって異なるが 9 ～ 11 種類）を使用することになった．

次に，各プロジェクトについて，ランダムフォレストを用いて各メトリクスの重要度[5]を算出した結果を表 4 に示す．変数（メトリクス）の重要度は，その値が高いほどより大きな影響を判定に及ぼしていることを意味する．ただし，プロジェクトごとに重要度の合計は異なっており，ここではプロジェクト間で比較できるよう，合計値が 100 となるように正規化している[6]．

表 4 では，重要度の上位 3 件（平均値による）に対応するメトリクスを強調して表記してある．このうち，提案メトリクスである DSM の平均値は，LA 及び LT に次いで 3 位となっており，比較的高い重要度を示していた．また，DSM は最大値及び最小値においてもそれぞれ 3 位及び 4 位であり，全体的に高い重要度であったといえる．

上述したように，ランダムフォレストを用いて重要度を算出した結果，提案メトリクスの一つである DSM は，対象プロジェクトに関わらず，比較的高い重要度を持つことを確認できた．併せて，重要度の高い既存メトリクスは LA 及び LD であった．LA 及び LD はコードの追加及び削除行数であり，いわばコード変更の規模を表すメトリクスである．DSM は，変数の定義・参照関係に着目することで，コード変更の影響度を評価したものとなっている．すなわち，フォールト混入リスクの評価において，コード変更の規模は重要であるが，それだけでなく，変数の定義・参照に着目することもまた有用であることを示す結果となった．

表 4 実験結果：メトリクスの重要度（プロジェクトごとに正規化）

	プロジェクト									
メトリクス	Arduino	emscripten	micropython	netdata	redis	tmux	vim	最大	平均	最小
NS	0.02	0.67	1.01	1.15	1.55	0.22	0.01	1.55	0.6	0.01
NF	4.95	4.53	5.79	7.59	4.02	6.40	5.97	7.59	5.61	4.02
LA	12.85	18.06	16.54	—	19.89	22.78	31.50	31.50	**20.27**	12.85
LD	—	14.30	11.48	18.88	13.18	—	—	18.88	14.46	11.48
LT	24.31	15.03	13.68	16.91	16.06	16.05	26.51	26.51	**18.36**	13.68
FIX	1.89	2.20	1.49	2.04	1.61	1.45	2.08	2.20	1.82	1.45
NDEV	1.65	4.42	4.09	4.41	3.91	4.70	2.02	4.70	3.60	1.65
AGE	9.50	10.98	9.33	9.00	7.98	11.75	12.95	12.95	12.21	7.98
NUC	6.84	2.07	2.63	2.55	1.28	3.32	1.82	6.84	2.93	1.28
EXP	20.02	14.99	16.74	16.90	13.73	17.87	—	20.02	16.71	13.73
DSM	17.97	12.74	17.22	20.56	16.79	15.43	17.14	20.56	**16.83**	12.74

[4]提案メトリクスである DSS と DSM の間に強い相関があったが，両者の間で測定の容易さに大きな差はなかった．そこで，他の既存メトリクスで“合計”が使われていることが多いことを考慮し，DSS の方を除外することとした．

[5]ジニ係数によるものであり，R の randomForest パッケージでの importance 関数を利用した．

[6]表中の“—”は除外されたメトリクスに該当している．

4 おわりに

本論文では，リポジトリへのコミット（コード変更）におけるフォールト混入リスクの評価に向けて，変更の影響度を定量化したコード変更メトリクスの提案を行った．提案メトリクスは，変数の定義・参照を介した依存関係に着目し，変更されたコードがどれくらい広い範囲（多くのコード行）と関係しうるかを定量化するものとなっている．提案メトリクスの有用性を確認するため，既存の 14 種のメトリクスとの比較実験を行った．比較実験では，7 種類のオープンソースソフトウェアにおける各コミットについて，提案メトリクス及び既存メトリクスによる測定を行い，それがフォールト混入であったかどうかをランダムフォレストによって予測するモデルの構築を行った．その結果，ランダムフォレストにおける重要度評価を通じて，提案メトリクスはフォールト混入予測に有用なメトリクスの一つであることを確認できた．一般に，コード変更の規模（追加・削除行の多さ）は有用な指標であるが，これとともに用いても，提案メトリクスは比較的高い重要度を示していた．したがって，提案メトリクスで着目している変数の定義・参照関係は，フォールト混入リスク評価の精度向上に貢献できることが期待される．

今後の課題として，提案メトリクスの有用性に関してさらなる分析を行っていく必要がある．今回の実験は一部の既存メトリクスとの重要度の比較に留まっており，予測精度やメトリクスの選択・組合せの方法についても議論を深めていくことが重要であると考えられる．さらには，メトリクスの拡張も今後の課題である．本論文では変数の定義・参照に着目したが，関数呼出しの関係までは追えていない．今後，この観点についても考慮していく必要があると考えられる．さらには，より詳細な依存関係分析として，プログラムスライシング技術 [8] の活用も考えられる．本論文の観点は，プログラムスライスでいうところのデータ依存の追跡に対応しているが，プログラムスライスを使った場合との比較を行ってみる価値はあると考えられる．これに関連して，プログラムスライスを使った凝集度に関する研究 [9] があり，コード変更による凝集度の変化という観点についても検討すること等が考えられる．

謝辞 本研究は JSPS 科研費 16K00099 の助成を受けたものです．

参考文献

[1] Jones, C.: *Applied Software Measurement: Global Analysis of Productivity and Quality*, McGraw-Hill, 2008.
[2] Nagappan, N. and Ball, T.: Use of Relative Code Churn Measures to Predict System Defect Density, *Proc. 27th Int'l Conf. Softw. Eng.*, May 2005, pp.284–292.
[3] Zimmermann, T., Nagappan, N., Guo, P. J. and Murphy, B.: Characterizing and Predicting Which Bugs Get Reopened, *Proc. 34th Int'l Conf. Softw. Eng.*, May 2012, pp.1074–1083.
[4] Matsumoto, S., Kamei, Y., Monden, A., Matsumoto, K. and Nakamura, M.: An Analysis of Developer Metrics for Fault Prediction, *Proc. 6th Int'l Conf. Predictive Models in Softw. Eng.*, Oct. 2010, pp.18:1–18:9.
[5] Aman, H., Amasaki, S., Yokogawa, T. and Kawahara, M.: A Survival Analysis of Source Files Modified by New Developers, *Product-Focused Softw. Process Improvement*, Felderer, M., Méndez Fernández, D., Turhan, B., Kalinowski, M., Sarro, F. and Winkler, D.(eds.), Springer, 2017, pp.80–88.
[6] Kamei, Y., Shihab, E., Adams, B., Hassan, A. E., Mockus, A., Sinha, A. and Ubayashi, N.: A large-scale empirical study of just-in-time quality assurance, *IEEE Trans. Softw. Eng.*, Vol. 39, No. 6(2013), pp.757–773.
[7] Śliwerski, J., Zimmermann, T. and Zeller, A.: When Do Changes Induce Fixes?, *Proc. Int'l Workshop Mining Softw. Repositories*, May 2005, pp.1–5.
[8] 下村隆夫: プログラムスライシング技術と応用, 共立出版, 1995.
[9] Yang, Y., Zhou, Y., Lu, H., Chen, L., Chen, Z., Xu, B., Leung, H. and Zhang, Z.: Are Slice-Based Cohesion Metrics Actually Useful in Effort-Aware Post-Release Fault-Proneness Prediction? An Empirical Study, *IEEE Trans. Softw. Eng.*, Vol. 41, No. 4(2015), pp.331–357.

コードレビューを通じて行われるコーディングスタイル修正の分析

Analysis of Coding Style Fix through Code Review

上田 裕己* 伊原 彰紀† 石尾 隆‡ 松本 健一§

あらまし　オープンソースソフトウェア (以降，OSS) は，多数のパッチ開発者からソースコード変更提案の投稿を受け付けることで高機能・高品質なソフトウェアへと進化している．しかし OSS 開発では，パッチ開発者からの変更提案が必ずしもプロジェクトの実装方針に従っていないため，ソースコードのコーディングスタイルの検証に多くのコストがかかっている．検証コストの削減に向けて変更提案前にパッチ開発者が自らコーディングスタイルの問題に気付くためには，プロジェクトや検証者が指摘するコーディングスタイルの問題を事前に理解しておくことが必要であるが，スタイルの具体的な問題は明らかではない．本論文ではコードレビューを通して行われたスタイルの問題検出・修正の内容とその頻度を分析することで，スタイルの問題の検出・修正がコードレビューに与える影響を明らかにする．OpenStack プロジェクトのデータセットに対する分析の結果，コードレビューを通して行われる修正のうち 48.0%がスタイル修正であることを明らかにした．また，スタイル修正のうち13.4%は，パッチ開発者が変更提案前に，静的解析ツールを適用することで検出可能な Python 言語の規約違反の問題であった．本論文では，静的解析ツールで検出・修正が困難なスタイルの自動修正に向け，ソースコードの編集距離を用いたスタイル修正の自動検出手法を試行し，70%以上の予測精度で検出可能であることを確認した．

1　はじめに

コードレビューは，ソフトウェア開発プロセスの１つであり，パッチ開発者が機能追加，欠陥修正のために投稿したソースコード変更提案 (以降，**パッチ**) を，複数の開発者 (以降，**検証者**) が検証する作業である．コードレビューはソフトウェア開発の中で最もコストの高い作業であり，検証者が一度の検証でパッチに含まれる全ての欠陥やそのほかの問題を発見，また修正することが困難であるので，繰り返しの検証が必要である [1]．

コードレビューではソースコード中の欠陥の発見はもちろん，コーディングスタイルの問題の指摘も多数報告されている．特に，オープンソースソフトウェア開発では，多数のパッチ開発者が個々に有するコーディングスタイルをもってソースコードを記述し，投稿するため，プロジェクトの検証者は提出されたソースコードに一貫性をもたせるためにコーディングスタイルの検証が必要である．

Czerwonka ら [2] は，検証者がコードレビューで指摘する内容のうち，15%はパッチの機能的問題に関する内容であることを確認し，Rigby らは，コードレビューにおいてスタイルの問題に関しても指摘が含まれていることを確認している [3]．また，Bacchelli らは，コードレビューの目的について開発者 873 人にインタビューを行い，337 人 (39%) の開発者から，可読性の改善などのソースコードの品質向上が目的であると回答を得た [4]．従来研究では，コードレビューにおいてプログラムのスタイルに関する問題の発見が重要であることが述べられているが，具体的にどのような問題なのか，また，その発生頻度は明らかではない．

*Yuki Ueda, 奈良先端科学技術大学院大学

†Akinori Ihara, 和歌山大学

‡Takashi Ishio, 奈良先端科学技術大学院大学

§Ken-ichi Matsumoto, 奈良先端科学技術大学院大学

プロジェクトがコーディングスタイルの検証を容易にするために，コーディング規約を公開することがあり，パッチ開発者は一貫性をもったプログラムを提出できる．一部のプロジェクトではコーディング規約に違反したソースコードの検出，修正を自動化するために，ソースコード静的解析ツールを利用している．ソースコード静的解析ツールはプログラミング言語の仕様に基づく規約違反を検出する点で有用である一方で，ツールがコードレビューに与える貢献は明らかでない．本論文ではコードレビューにおいて検出されるプログラムに含まれるスタイルの問題とその発生頻度，また，それらがパッチ開発者が投稿前に検出できる問題であるか否かを明らかにする．ケーススタディとしてコードレビュー管理システム Gerrit を利用している OpenStack プロジェクトに投稿されたソースコードを対象に 2 つのリサーチクエスチョンを調査する．

RQ1: コードレビューにおいてスタイルの問題はどの程度検出されるか？

パッチ投稿後にコードレビューを通して修正されたソースコードの変更内容を目視で確認し，スタイルの修正の有無を調査する．コードレビューを通して修正されやすいスタイルの問題の内容とその頻度を明らかにする．

RQ2: 静的解析ツールを用いることでスタイルの問題をコードレビュー投稿前に検出可能か？

プロジェクトが定義したコーディングスタイルに違反したソースコードに対してソースコード静的解析ツールを利用して，レビュー前後のソースコードに対してツールによる警告数の増減を調査し，検出可能なコーディング規約違反の量とその規約内容を明らかにする．コーディング規約とツール導入によるレビューコストへの影響を示す．

以降，本論文では 2 節で関連研究について述べ，3 節で問題へのアプローチ，4 節で実験の内容と結果，5 節でスタイルの問題の自動修正にむけた追加実験，6 節で実験の妥当性についての議論，7 節でまとめを行う．

2 コードレビュー

2.1 コードレビュープロセス

昨今の OSS 開発ではコードレビューの一連の作業を管理するためにコードレビュー管理システムを利用している [5]．例えば Gerrit [1]や Review Board [2]は多くのソフトウェア開発プロジェクトでレビューを容易にし，パッチ開発者と検証者とのコミュニケーションを補助している．プロジェクトの検証者は，これらのコードレビューツールによって投稿されたパッチに対して自動的なテストと手動での検証を実行することでパッチをプロジェクトのバージョン管理システムに統合すべきか否かを判断する．図 1 に本論文が調査対象とする Gerrit Code Review でのコードレビュープロセス概要を示す．

(1) Gerrit を通してパッチ開発者がパッチを投稿する．本論文では，このときのパッチを $Patch_1$ とする．
(2) 検証者が $Patch_1$ を検証する．$Patch_1$ から欠陥を見つけた場合，修正に関するフィードバックをパッチ開発者に返す．
(3) パッチ開発者が修正後のパッチを再投稿する．このときのパッチを $Patch_2$ とし，検証者は再度 $Patch_2$ を検証する．検証者がパッチをプロジェクトに統合してもよいという判断するまで，パッチ開発者は修正と再投稿を繰り返す．本論文では修正されたパッチの最終版を $Patch_n$ とする．
(4) 最後にパッチ開発者が修正を完了させ，検証者が $Patch_n$ をプロジェクトのバージョン管理システムに統合する．

[1]Gerrit Code Review: `https://code.google.com/p/gerrit/`

[2]Review Board: `https://www.reviewboard.org/`

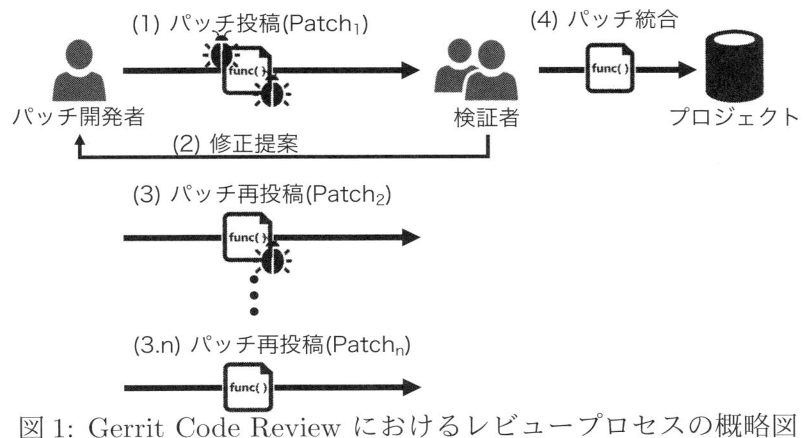

図 1: Gerrit Code Review におけるレビュープロセスの概略図

表 1: 各変更チャンクに付される属性

属性名	概要	図 2 の場合の例
変更内容*	目視での分析による変更の詳細	変数名の変更
IsStyle*	スタイルの修正であるか否か	True
IsConvention**	Pylint によって検出可能であるか否か	True
規約内容**	検出可能な場合 Pylint の警告内容	Invalid-name

* RQ1: コードレビューにおいてスタイルの問題はどの程度検出されるか？
** RQ2: 静的解析ツールを用いることでスタイルの問題をコードレビュー投稿前に検出可能か？

2.2 コーディング規約

コーディング規約とはプロジェクトが定義したソースコードの実装方法を統一するための規則であり，プロジェクトは開発に利用するプログラミング言語に基づくコーディング規約を定義している．パッチ開発者はコーディング規約に従って実装することが期待され，コードレビューでは検証者がコーディング規約に基づいた検証を行う．

自動的にコーディング規約に違反したソースコードを検出するために静的解析ツールを活用しているプロジェクトも存在する．静的解析ツールを利用することでパッチ開発者はパッチ投稿前にソースコードの問題を自動的に検出・修正することが可能である．

例えばPython 言語ではPylint[3]，pep8 [4]，flake8 [5]といったソースコード検証ツールを利用することによってスタイルの問題を自動的に検出する．Smit らは Subversion で管理している Java のプロジェクトのコーディング規約違反の検出に CheckStyle を利用し，マジックナンバーや括弧の有無が頻繁に問題となっていたことを確認した [6]．Panichella らはコードレビューにおいて静的解析ツールの導入がコードレビューでコーディング規則の修正に貢献していることを明らかにしている [7]．しかし，ソースコード静的解析ツールのみですべてのスタイルの問題を検出することは困難であるため，多くの問題は未だ手作業で検出されている．本論文は，ツール導入によるスタイルの問題の検出効果だけでなく，目視での分類によってツールだけでは検出できないスタイルの問題も明らかにする．

[3]pylint https://www.pylint.org/

[4]pep8 https://pypi.python.org/pypi/pep8

[5]flake8 https://pypi.python.org/pypi/flake8

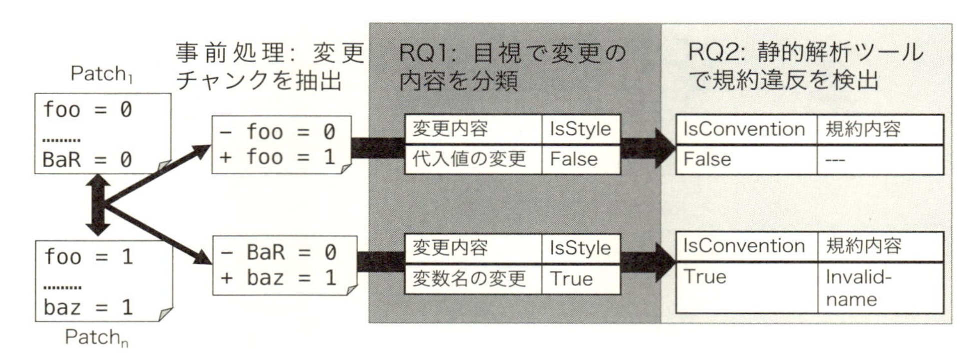

図 2: 変更チャンクとその属性の抽出方法

3 分析手法

本論文では Gerrit Code Review から収集した $Patch_1$，$Patch_n$ 間で行われた変更のまとまり (以降，変更チャンク) を分析し，変更チャンクごとに表 1 に示す属性を取得することで，リサーチクエスチョンを調査する．

図 2 に変更チャンクと変更チャンクに含まれる属性の取得を行うプロセスを示す．この例での $Patch_1$ は 2 つの変更チャンク "`foo = 0`" と "`BaR = 0`" を持っている．同様に，修正された $Patch_n$ も 2 つの変更チャンク "`foo = 1`" と "`baz = 1`" をもつ．

1. 事前処理: $Patch_1$，$Patch_n$ のペアに対して `diff` コマンドを実行し，コード片ごとの修正の組をそれぞれ変更チャンクとして抽出する．図 2 では，$Patch_1$ と $Patch_n$ から `foo = 0` が `foo = 1` に変更され，"`BaR = 0`" が "`baz = 1`" に変更されている 2 つの変更チャンクを抽出している．
2. RQ1: 目視で各チャンクの変更内容とその変更内容がスタイルの修正 (以降，スタイル修正) であるか否かを分類する．
3. RQ2: $Patch_1$，$Patch_n$ 時点のソースコードを復元し，静的解析ツールを実行することでコーディング規約違反を検出する．変更チャンク内に違反を検出した場合，その内容を出力する．図 2 では，変数名の命名規約違反である "Invalid-name" を検出している．

4 ケーススタディ

4.1 データセット

本論文では，コードレビューの管理には Gerrit Code Review を利用し，膨大なレビューの活動を公開している OpenStack プロジェクト (クラウド環境構築のためのソフトウェア群) を対象とする．また， OpenStack プロジェクトは Python 言語標準のコーディングスタイル PEP8 [6]をベースにした静的解析ツール Pylint を利用することによって，自動的に PEP8 に違反するコーディングルール違反を検出している．

対象とするソースコードとして，Yang らが作成した Gerrit データセットに記録された OpenStack のコードレビューデータ [8] と Gerrit REST API [7]を利用し，コードレビューを通して変更されたソースコードを収集した．データセットからは，2011 年から 2015 年に投稿された $Patch_1$ と $Patch_n$ の組 173,749 件からランダムに 382 件 (信頼区間 95%，信頼度 ±5%) を抽出したパッチセットとそれに含まれる 981 件

[6]PEP8: `https://www.python.org/dev/peps/pep-0008/`

[7]Gerrit REST API: `https://gerrit-review.googlesource.com/Documentation/rest-api.html`

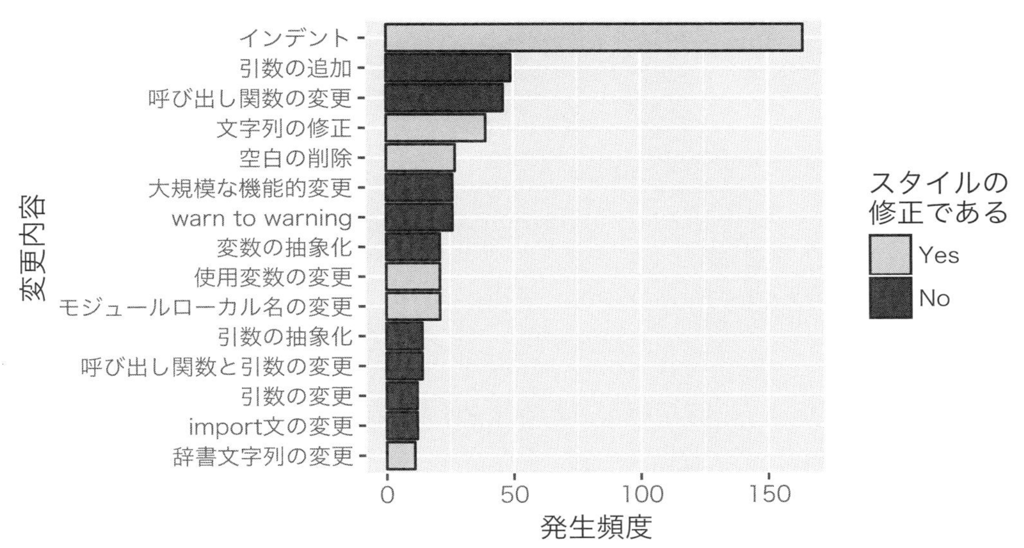

図 3: 目視での分析による変更内容の分布 (n= 981)

の変更チャンクを分析の対象とする．

4.2 RQ1:コードレビューにおいてスタイルの問題はどの程度検出されるか？

本章では，コードレビューで行われているスタイル修正の実施頻度とその内容を明らかにする．検証者の具体的な変更方法の指示内容とその変更から 382 件のパッチセットに含まれる 981 件の変更チャンクに対して変更内容の分類，またスタイル修正を含むかを目視で検出する．目視での検出では，まず第 1 著者が $Patch_1$ と $Patch_n$ 間での diff ファイルを生成，分析し，変更チャンクの内容を分類した．その後，第 2 著者と第 3 著者によって分類の整合性の確認を行った．このとき，変更チャンク中に動作に影響する変更が存在する場合は，他にスタイル修正が含まれていてもそれらをスタイル修正とはみなさない．例えば，変更内容 “空欄の追加” (スタイル修正) と “呼び出し関数の変更” (スタイル修正でない) が同一のチャンクに含まれている場合はその変更内容はスタイル修正でないものとする．

図 3 に目視での分析によって分類した変更内容の詳細とその発生頻度を示す．紙面の都合上，頻繁に出現した上位 15 種類の変更内容のみを出力している．RQ1 に対する答えは以下の通りである．

- **コードレビューを通して検出されるスタイルの問題：** 多くのスタイル修正は 1-2 行程度の小規模な修正である．“インデント” の変更以外に “文字列のタイプミス” や “空白の削除” など，容易に修正が可能である変更も頻繁に見つかった．“空白の削除” のような静的解析ツールで検出可能なスタイル修正だけでなく，“文字列の修正” のように，既存の解析ツールでは検出ができない修正も見つかった．タイプミスの内容は英単語の単純な綴り誤りの修正だけでなく，固有名詞の先頭を小文字から大文字へ修正するもの，また出力文字列の末尾にコンマを追加するものも出現した．現在多くのコーディング規約には変数の命名規則が定義されているが，プロジェクトの固有名詞や出力文字列の記法もプロジェクトごとに定義することでこれらの問題は予防できる．
- **スタイル修正内容別の頻度：** 本分析では，“変数の抽象化” のような動作に影響があるリファクタリングはスタイル修正から取り除いているものの，コードレビューで行われるソースコードの変更のうち 471 / 981 件 (48.0%) がスタイル修正であり，そのうち，164 件は Listing 1 のような “インデント” に関する変更である．パッチ開発者がコードレビュー投稿前にスタイル修正を検証する，または，CI ツールを活用し自動的に静的解析ツールを実行することで，約半分の検証作業の削減が期待できる．

Listing 1: 可読性向上のためのインデントの修正を行う例

```
# Source Code on Patch_1
def get_metrics_by_domain(self, project_id, domain_name, region, **
    extras):

# Source Code on Patch_n
def get_metrics_by_domain(self, project_id, domain_name, region,
                          **extras):
```

4.3 RQ2:静的解析ツールを用いることでスタイルの問題をコードレビュー投稿前に検出可能か？

本章では，静的解析ツールである Pylint を利用し，コードレビューを通して変更されたソースコードにおいて静的解析ツールによって検出することができるコーディングスタイルの問題を分析する．Pylint は OpenStack プロジェクトが定義したコーディングスタイルである PEP8 への違反を検出する．

はじめに，コードレビュー前のソースコード ($Patch_1$) において静的解析ツールが検出可能なスタイルの問題を明らかにするために，RQ1 で発見したコーディングスタイルの問題の中で，静的解析ツールにより警告が出力された内容を計測した．その結果，13.4% (132 / 981 件) の変更チャンクは，Pylint を実行することで事前に修正可能であるにもかかわらず，コードレビューを通して修正が行われていることが明らかになった．また，Pylint で検出できないスタイル修正である“文字列の修正”や“使用変数の変更”はコーディング規約の中には含まれていない．したがって，検証者は，Pylint の導入だけでスタイルの問題がなくなるというわけではないことを理解しておく必要がある．

次に，コードレビューを通して修正されたソースコード ($Patch_1$ から $Patch_n$ の変更内容) において，静的解析ツールが検出した問題の内容，また，その頻度を図 4 に示す．静的解析ツールが出力した警告のうち，コードレビューを通して解決された問題，修正されなかった問題，新たに検出された問題の発生頻度をそれぞれ示す．新たに検出された問題は，コードレビューを通して変更されたことによって追加されたスタイルの問題と示唆される．

最も多く検出した警告 (静的解析ツールが検出し，かつコードレビューで修正された変更チャンク) は “missing-docstring (関数，クラス定義にコメントが記述されていない) ” であった．この問題が発生する原因としては，パッチ開発者自身が定義した関数にコメントを記述し忘れただけでなく，パッチ開発者が投稿したパッチに，プロジェクトが定義したコメントを記述していない関数が含まれていた場合もあげられる．2 番目に多く検出した警告は “bad-continuation (可読性を下げるインデント) ” であった．インデントの追加削除のみで修正が容易なため，“missing-docstring” と比較して頻繁にコードレビューを通して解決されている．

Pylint が警告した問題の多くはコードレビューを通して検証者に指摘されないまま，プロジェクトに統合されている．この結果から OpenStack は Pylint で見つかる問題をプロジェクトのルールとして定義しているにもかかわらず，パッチ開発者だけでなく検証者も Pylint の実行をしていない，または，検証者が意図的に警告を無視していると考えられる．例えば，RQ1 で最も多く発見した “インデント” の修正と関係のある “bad-continuation” の殆どは $Patch_1$ から $Patch_n$ の間で修正が行われていない．Pylint で警告された問題の修正が行われない理由として，静的解析ツールはパッチ開発者のローカル環境で実行する必要があるため，修正が行われる

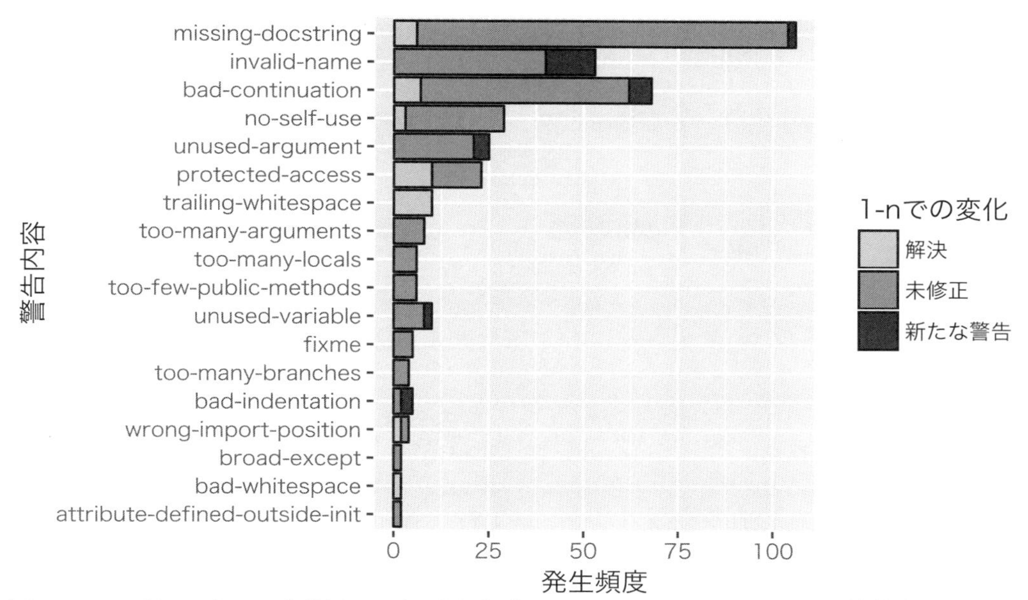

図 4: コードレビューを通して変更されたソースコードにおいて，静的解析ツールによって検出することができたコーディングスタイル問題の頻度

か否かはパッチ開発者や検証者に委ねられていることが考えられる．または，プロジェクトの方針に Pylint の警告方針が合っていないことも考えられる．

RQ2 に対する答えは以下の通りである．

- **静的解析ツールを用いることによるコーディングスタイルの問題検出への効果：** 13.4%の変更チャンクは静的解析ツールである Pylint の実行によりパッチ投稿前に検出・修正が可能である．しかし，Pylint で警告された問題の多くは，コードレビューを通して検証者に指摘されないままプロジェクトに統合されていた．検証者が問題と判断するコーディングスタイルに静的解析ツールの規約を更新した上で，パッチ開発者に静的解析ツールの利用を促すようにプロジェクトが徹底することで検証コストの削減が期待できる．

5 スタイル修正の自動化に向けて

本研究では，OpenStack プロジェクトのデータセットからランダムにパッチセット 382 件抽出して，スタイル修正を目視で分析した．今後，コーディングスタイルの自動修正に向けて，コードレビューを通して行われるスタイル修正の事例を大規模に収集，分析する必要がある．

RQ1 の分析から，多くのスタイル修正は 1 行〜2 行程度の小規模な変更であり，スタイル修正の一部は現在の静的解析ツールでは検出・修正が困難なものであることを確認した．また，RQ2 から，静的解析ツールを導入してスタイル修正の検出を自動化したプロジェクトであっても，静的解析ツールの警告は必ずしも従われるものではなく，最終的に検証者の目視によって修正の判断が下されていることを確認した．

これらの知見に基づき，追加実験としてコードレビュー中に行われた小規模な変更を収集し，そこからスタイル修正を自動的に抽出する方法を試行した．変更の規模の計測にトークンの変更，挿入，削除を 1 操作とした（空白を無視した） Levenshtein Distance [9] (以降，**編集距離**) と，変更されたソースコードトークンの種別 (以降，

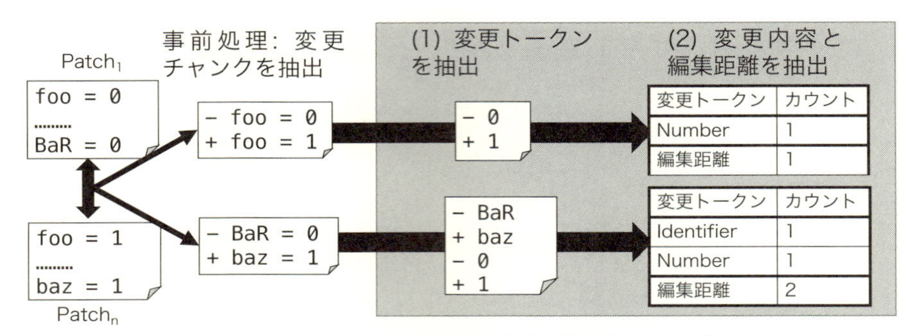

図 5: 変更トークンと編集距離の抽出方法

表 2: 変更トークンの分類

変更トークン	概要	変更前例	変更後例
String	文字列リテラルの変更	`print("str")`	`print("string")`
Identifier	識別子の変更	`foo = 0`	`bar = 0`
Number	数字リテラルの変更	`foo = 0`	`foo = 1`
Operator	演算子の変更	`foo != 0`	`foo >= 0`

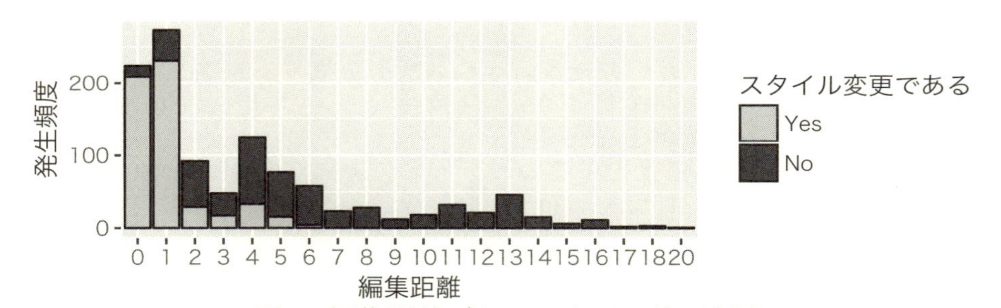

図 6: 編集距離ごとのスタイル修正割合

変更トークン) を利用した．図 5 に編集距離と変更トークンの抽出方法を示す．

(1) 各チャンクのペアから変更された文字列を抽出する．

(2) 変更された文字列を表 2 に示す変更トークンに分類する．分類には構文解析器の ANTLR [10] を利用して Python 言語で書かれたソースコードの変更トークンを分類し，変更トークンの合計から編集距離を計算している．図 5 では，Identifier (識別子) と Number (数字リテラル) の変更トークンと，編集距離を抽出している．

図 6 に編集距離ごとのスタイル修正の分布を示す．図 6 より，トークンに関する編集距離が 0，つまり空白やインデントの追加・削除のみの変更は 93.3%，また編集距離が 1 のときは 88.5%の変更がスタイル修正である．この結果から，編集距離を利用してスタイル修正を分類することが可能であると期待できる．

表 3 に，編集距離と変更トークンを利用して変更チャンクがスタイル修正であると予測した場合の精度を示す．表 3 に示すように変更トークンが “String” でありかつ編集距離が 3 以下のときの Precision 値 は 0.833 である．一方で， Recall 値 や F 値はそれぞれ 0.203，0.336 であり，変更トークンだけで全てのスタイル修正を検出することはできないが，文字列リテラルの変更があった場合はスタイル修正であると予測できる．理由として文字列を変更する原因の多くが RQ1 で検出したタイ

表 3: 変更トークンごと，変更距離ごとのスタイル修正予測精度

	編集距離 ≤ 1			編集距離 ≤ 2			編集距離 ≤ 3			すべて		
種別	Prec.	Rec.	F 値	Prec.	Rec.	F 値	Prec.	Rec.	F 値	Prec.	Rec.	F 値
String	0.975	0.203	0.336	0.851	0.234	0.367	0.833	0.244	0.377	0.468	0.283	0.353
Identifier	0.864	0.409	0.555	0.725	0.455	0.559	0.688	0.488	0.371	0.439	0.656	0.526
Number	0.571	0.010	0.020	0.571	0.010	0.020	0.534	0.012	0.025	0.127	0.018	0.032
Operator	0.000	0.000	NaN	0.143	0.003	0.005	0.143	0.005	0.010	0.109	0.043	0.062
合計	0.886	0.622	0.731	0.748	0.702	0.724	0.707	0.751	0.728	-	-	-

プミスであることが考えられる．

また，編集距離が3以下の変更チャンクの多くはスタイル修正である．編集距離 "≤ 3" かつ "合計" の予測では，Precision 値は 0.707 で "String" トークンを利用したときよりも低いが，Recall 値，F 値はそれぞれ 0.751，0.728 であり，"String" トークンを利用したときより多くのスタイル修正を検出することが期待できる．"Operator" や "Number" は Precision, Recall ともに低く，スタイル修正予測に適さない．

予測精度にはまだ改善の余地があるが，コードレビューで行われた変更がスタイル修正であるか否かをある程度の正確さで分類することが可能であることを確認した．特に文字列や，編集距離に関わる "文字列の修正" や "利用変数の変更" のようなスタイル修正の大規模な収集と分析を，目視による分類に頼らずに実行することが今後の課題である．

6 妥当性の脅威

内的妥当性: 目視によるソースコードの変更内容分析ではソースコードの差分，すなわち diff 形式のデータを使用して変更内容を分析している．ソースコードの差分情報の分析だけではソースコードの動作に与える影響の有無を確認できないパッチが存在するが，本論文では，変更がスタイル修正であるか否かを diff 形式のデータだけで判断できない場合には Gerrit に管理されているソースコード全体を確認した．

スタイル修正と判断した修正として "インデントの追加" や "使用変数の変更" のように修正方法によってはソースコードに影響を与える可能性のある修正が存在する．目視での検出で影響がないことを確認したが，外部ファイルからの参照などを調査することで影響が発見されることも考えられる．

外的妥当性: 本論文ではスタイルの問題検出に Pylint を利用している．Pylint と同様に PEP8 に違反したスタイルの問題を検出するツールとして flake8 が存在する．また，実験後に flake8 のプラグインとして OpenStack のコーディングスタイルガイドライン [8]に基づいて作成された hacking [9] が存在することを確認した．実験の正確性を向上させるために今後は hacking を利用し，pylint との出力の違いを検証する．

本論文では大規模 OSS プロジェクトである OpenStack プロジェクトのみを分析対象としている．OpenStack プロジェクトは複数のサブプロジェクトから構成されているため分析結果はプロジェクトに依存していない．しかし，本論文では Python 言語で構成されたソースコードのみを対象としているため．Java 言語のようなインデントに意味を持たないプログラミング言語を対象とした場合に異なる分析結果になることが考えられる．今後は言語による違いについても分析する．

---

[8] https://docs.openstack.org/hacking/latest/

[9] https://pypi.org/project/hacking/

7 おわりに

本論文ではコードレビューを通して行われるスタイル修正の発生頻度と修正内容の分析と，静的解析ツールによるスタイル修正への効果分析を行った．その結果，コードレビューで行われる変更のうち 48.0%はスタイル修正であることを明らかにした．特に "インデントの追加" のようなソースコードのフォーマットの修正をコードレビューでの変更 981 件中，162 件行っている．また，変数名，引数名の変更といったプロジェクト固有の問題の修正も多く発生しているが，既存の静的解析ツールでは検出できないことがわかった．

静的解析ツールによるスタイル修正の検出として，13.4%の変更は，レビューを行う前にツールで検出が可能である修正である．しかし，ツールの実行はパッチ開発者と検証者に委ねられるため，実行されなかった場合レビュー前，レビュー中での修正は行われない．

本論文では目視で分類できる範囲のデータに基づく分析を実施したことに加えて，編集距離と変更されたトークンを利用したスタイル修正の自動検出を試行した．今後はこの手法を拡張してスタイル修正の大規模な事例収集，分析を実施し，スタイル修正の自動化を目指す予定である．

謝辞 本研究はJSPS科研費 JP18H03221，JP17H00731，JP15H02683，JP18KT0013 及びテレコム先端技術研究支援センター SCAT 研究の助成を受けたものです．

参考文献

[1] Amiangshu Bosu and Jeffrey C Carver. Impact of peer code review on peer impression formation: A survey. In *Proceedings of the 7th International Symposium on Empirical Software Engineering and Measurement (ESEM'13)*, pp. 133–142, 2013.
[2] Jacek Czerwonka, Michaela Greiler, and Jack Tilford. Code reviews do not find bugs: How the current code review best practice slows us down. In *Proceedings of the 37th International Conference on Software Engineering (ICSE'15)*, pp. 27–28, 2015.
[3] Peter C. Rigby and Margaret-Anne Storey. Understanding broadcast based peer review on open source software projects. In *Proceedings of the 33rd International Conference on Software Engineering (ICSE'11)*, pp. 541–550, 2011.
[4] Alberto Bacchelli and Christian Bird. Expectations, outcomes, and challenges of modern code review. In *Proceedings of the 35th International Conference on Software Engineering (ICSE'13)*, pp. 712–721, 2013.
[5] Peter C. Rigby and Christian Bird. Convergent contemporary software peer review practices. In *Proceedings of the 9th Joint Meeting on Foundations of Software Engineering (FSE'13)*, pp. 202–212, 2013.
[6] Michael Smit, Barry Gergel, H James Hoover, and Eleni Stroulia. Code convention adherence in evolving software. In *Proceedings of the 27th IEEE International Conference on Software Maintenance (ICSM'11)*, pp. 504–507, 2011.
[7] Sebastiano Panichella, Venera Arnaoudova, Massimiliano Di Penta, and Giuliano Antoniol. Would static analysis tools help developers with code reviews? In *Proceedings of the 22nd International Conference on Software Analysis, Evolution, and Reengineering (SANER'15)*, pp. 161–170, 2015.
[8] Xin Yang, Raula Gaikovina Kulay, Norihiro Yoshida, and Hajimu Iida. Mining the modern code review repositories: A dataset of people, process and product. In *Proceedings of the 13th Working Conference on Mining Software Repositories (MSR'16)*, 2016.
[9] Beat Fluri, Michael Wuersch, Martin PInzger, and Harald Gall. Change distilling: Tree differencing for fine-grained source code change extraction. *IEEE Transactions on software engineering*, Vol. 33, No. 11, 2007.
[10] Terence Parr. *The definitive ANTLR 4 reference*. Pragmatic Bookshelf, 2013.

Webパフォーマンスとユーザビリティの相関関係分析

A Research on Relationships between Web Performance and Usability

道券 裕二* 岩田 一† 白銀 純子‡ 深澤 良彰§

あらまし ユーザビリティとパフォーマンスは, ソフトウェアの利用時のエンドユーザの作業のしやすさに大きく影響を与える品質であり, 関係性の定量化は課題である. 本研究では特にフロントエンドにおける Web パフォーマンスとユーザビリティの関連性について明らかにする. Web パフォーマンスとユーザビリティそれぞれ項目ごとのスコアを測定し, それらの値を基に相関を分析する. 関係性が定量化されることで, ユーザビリティ, パフォーマンスの両側面を特定の状況に合わせてチューニングでき, 目的に合った Web の体験を提供できる.

1 はじめに

Web パフォーマンスとは, ユーザの様々な振る舞いに対して Web ページが応答を返す速さのことである. ユーザは Web パフォーマンスの低い Web ページから離れる傾向にあり, Web パフォーマンスの低下はサービスの低下につながる. 従って, Web ページの開発者・提供者にとって, Web ページのパフォーマンスは重要な関心事であり, 高いパフォーマンスを発揮するよう考慮することが求められている.

一方, ソフトウェアの品質を表すものの一つとして, ユーザビリティがあげられる. ユーザビリティとはソフトウェアの使いやすさを意味し, その特性は多角的な構成要素を持つ. ニールセンはユーザビリティを学習しやすさ, 効率性, 記憶しやすさ, エラー発生率, 主観的満足度の 5 つの特性からなるとした [1]. この定義からユーザビリティの高いソフトウェアとは, 単に使いやすいだけでなく, 広い意味でユーザが利用する価値があり, 満足させるソフトウェアであることが必要とされる.

ユーザビリティと Web パフォーマンスはソフトウェアの利用時のエンドユーザの作業しやすさに大きく関わる品質であり, 関係性を定量化することで Web ページの開発の際品質の向上に必要な要素を把握でき, ユーザビリティ, パフォーマンスの両側面を特定の状況に合わせてチューニングできる. 目的に合った Web ページの提供はユーザにより良い Web 体験を提供することにつながる.

以前の研究では, フロントエンド Web パフォーマンスとユーザテストと SQuaRE による Web ページのユーザビリティ評価によって相関を分析した [2]. Web パフォーマンスの良さとユーザビリティの良さは相関が少ないという結果になった. しかし, 以前の研究では Web パフォーマンスの測定の精度が低く, ユーザテストではユーザによって利用する機能やページが異なり, 同じ Web サイトでも評価する部分が異なった. そこで本研究では, 以前の研究を踏まえた上で, フロントエンドにおける Web パフォーマンスとヒューリスティック評価によるユーザビリティの要素との相関関係について明らかにする.

*Yuji Doken, 早稲田大学
†Hajime Iwata, 神奈川工科大学
‡Junko Shirogane, 東京女子大学
§Yoshiaki Fukazawa, 早稲田大学

2 測定手法

本研究における測定は 4 つの段階に分けられる.1 段階目が Web パフォーマンス測定対象のサイトの選定, 2 段階目が Web パフォーマンスの測定, 3 段階目がユーザビリティ測定対象のサイトの選定, そして最後がユーザビリティの測定である.

2.1 測定対象サイトの選定

本項では, 本研究における測定対象のサイトについて述べる.

Web パフォーマンスの測定対象のサイトは, Web パフォーマンスに影響を与える要因の条件を持たないよう, なるべく無作為な抽出をもとにする. 加えて, ユーザビリティの測定でテキストのわかりやすさなど言語によった判断があるため, 筆者の母語である日本語のサイトを対象に測定を行う. その為 Alexa のランキング [3] トップ 100 万の内ドメインに ’.jp’ が含まれているものを抽出し, その上で稼働しているサイトか確認した. その結果が 21569 件となった. またランキングが高い場合, パフォーマンスが良いサイトが集まるというバイアスを考慮し, 上位 TOP100, 5000 番目から 100 件,10000 番目から 100 件を抽出し,300 件に対して Web パフォーマンスの測定対象とし, 各サイトの URL に対してアクセスした際のパフォーマンスに関して測定を行った.

次に Web パフォーマンスの測定の結果を元にユーザビリティ測定の対象となるサイトを選択する.Web パフォーマンスの測定結果をもとにパフォーマンスが異なり, 類似したカテゴリのサイトを 5 つ選択した. この選択したサイトを対象にユーザビリティをヒューリスティックな手法で評価した.

2.2 Web パフォーマンス測定

第 1 章で述べた通り, Web パフォーマンスとは, ユーザの様々な振る舞いに対して Web ページが応答を返す速さのことである. Web パフォーマンスは測定場所によって主に 3 つに分類される. クライアント側, サーバー側, そしてネットワークである. 本研究では, ユーザと Web ページの関わりにおけるパフォーマンスを調査することを目的としている. そのため,HTML, CSS, JavaScript, 画像などに代表される主にクライアント側で測定される Web パフォーマンスである, フロントエンド Web パフォーマンスに注目していく.

フロントエンド Web パフォーマンスの測定は, まずブラウザで測定対象の Web ページにアクセスし, アクセスの開始から Web ページの準備が完了するまでの過程で行われる. この過程のなかでブラウザの API もしくは JavaScript を用い各パフォーマンスのメトリクス算出に必要なデータをとり, パフォーマンスをメトリクスのスコアとして算出する.

2.3 ユーザビリティ測定

第 1 章で述べた通り, ユーザビリティとはソフトウェアの使いやすさを意味し, その特性は多角的な構成要素を持つ. ニールセンは開発者にとって使いづらいユーザビリティガイドラインを緩和すべく, インターフェースに対する基本的なユーザビリティの原則として, 幅広いヒューリスティック評価法を簡単にするよう 10 項目にまとめている [4]. これはニールセンの 10 ヒューリスティックと呼ばれ, ユーザインタフェースの評価に広く用いられている. 本研究ではこの評価法を元にユーザビリティの比較を行う. またこのニールセンによるヒューリスティック評価の基準の他複数の文献 [5][6][7][8] を参考に評価項目 (192 項目) を選定した. ヒューリスティック評価基準の例を以下に示す.

内容 (1)
- ファーストビューを意識しすぎて視認性が悪い, すし詰めデザインになっていないか
  - ボタンなどが過剰
  - 情報が多すぎて, 目的の情報が見つけづらい
  - テキスト情報ばかりで読む量が多い

基準
- トップページかつスクロールせずに見れる範囲

各 1 点分 (加点式)
- ボタンなどが過剰でない (1 点)
  - ボタンの数が多すぎない
  - 1 セクションのボタンが 4+-2 個
- 情報が多すぎて, 目的の情報が見つけづらいことがなく, 興味を持たれる情報を置いている (1 点)
  - 提示されている目的の数 (ジャンル/セクションの数) 4+-2
- テキスト情報ばかりで読む量が多くならない (1 点)
  - 人間がぱっと認識できる量 10 15 文字程度
  - ニールセンが最初の 10 秒が重要という
    - = 多くて 100 文字程度
- ゆったりとしたレイアウト. 余白がとられているか (1 点)

評価項目では, 程度を表すような項目は 5 段階 (1,2,3,4,5), 条件にたいして, 満たすか否かを判断する項目は 3 段階 (1,3,5) で評価する. この評価項目をニールセンの 10 ヒューリスティックに当てはめ, 各項目の平均のスコアで評価する. ただし, 評価項目の条件の前提を満たさないような場合はスコアに含めず, また項目の内容が, 複数のヒューリスティック評価基準に影響すると判断したものは共通のスコアとして扱った.

3 測定結果

本章では, 各段階における測定結果を示す.

3.1 Web パフォーマンス測定結果

Web パフォーマンスの測定方法は WebPageTest[9] をローカルにプライベートインスタンスを構築し, 測定実行スクリプトを作り測定を行った. メトリクスはユーザが Web の利用する際に影響があると思われる Web パフォーマンスメトリクス (Speed Index, first Paint, first Meaningful Paint, first Contentful Paint, fully loaded, bytes in) について測定を行った. 測定環境は, OS が Ubuntu16.04 で, CPU が Intel Core i3-2370M, メモリが 9.7Gib の PC を用い, ブラウザは GoogleChrome(64bit) を利用し, 拡張機能として追加のプラグインは何も入れていない状態で行った. ネットワークは wifi(144.4Mps) を用い, すべて同じ場所で測定した. また, この結果をもとにユーザビリティ測定対象となるサイトを選択した. 選択したサイトのパフォーマンスを以下の表 1 に示す.

表 1 選択したサイトのパフォーマンス

ID	URL	Speed Index	First Paint	First Contentful	First Meaningful	Fully Loaded	BytesIn
Test 1	https://goo.gl/qtnyTq	748.3333	603.87	604	604	2510	705840.33
Test 2	https://goo.gl/rLD1jx	3407	859.47	859.7	1320	6429.33	2486665
Test 3	https://goo.gl/KUEm2T	5128	2558.0	2558	2558	5334.33	2342281
Test 4	https://goo.gl/oh1gdh	15115.33	1797.9	1798	2403	44278.7	24339871
Test 5	https://goo.gl/J7S2eC	18494.33	4395.7	4396	4396	27683	15437164

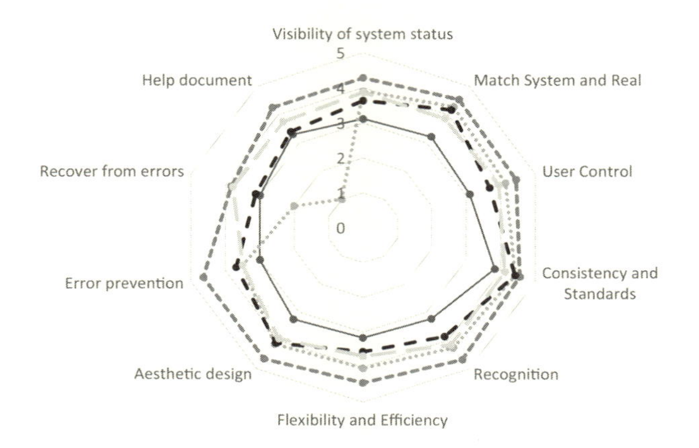

図 1 ヒューリスティック評価結果 メトリクスごとの平均値

3.2 ユーザビリティ測定結果

次にユーザビリティ測定の結果について述べるまずメトリクスごとの評価の平均値をグラフ化したものを図 1 に示す. このグラフからやや Test3 が優れた結果であり, Test1 が劣る結果であることがわかる. また, ヘルプとドキュメントに関する値がサイトごとの分散が一番大きく, 一貫性と標準化に関する項目が一番分散が小さいという結果になった.

次に各サイトの評価全体の集計について以下の表 2 に示す.

表 2 ユーザビリティ測定結果 全体の集計

	Test 1	Test 2	Test 3	Test 4	Test 5
評価項目数	150	128	123	153	142
全平均値	3.346666667	4.1328125	4.504065041	3.954248366	3.85915493
分散	2.199822222	1.80267334	1.014211118	1.573070187	1.585796469

4 分析

次にユーザビリティメトリクスと Web パフォーマンスのメトリクスに対してピアソンの相関係数 [12] を算出した結果を以下の図 2 に示す.

この結果から, Web パフォーマンスメトリクスの内,FirstPaint, FirstContentful-Paint, FirstMeaningfulPaint はユーザビリティ測定のメトリクスと全体的に正の相関の傾向がみられる. 特にエラー時にユーザが認識診断回復が可能であることとは強い相関が見られる (相関係数>0.7). また, システム状態が視覚的に分かること, ユーザ制御と自由度, 記憶よりも見た目の分かり易さでは, やや相関がみられる (相関係数>0.4). FullyLoaded と BytesIn は大きい相関が見られないが他のメトリクスに比べ, 全体的にユーザビリティメトリクスとは負の方向に相関を持つ傾向が見られる

5 考察

本章ではまず, 相関の原因について考察を行う.

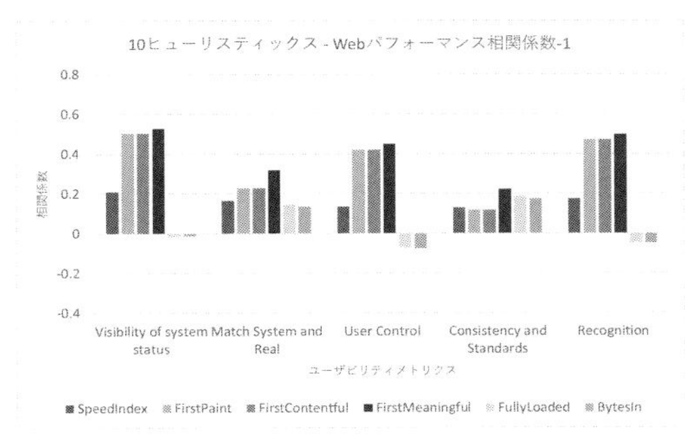

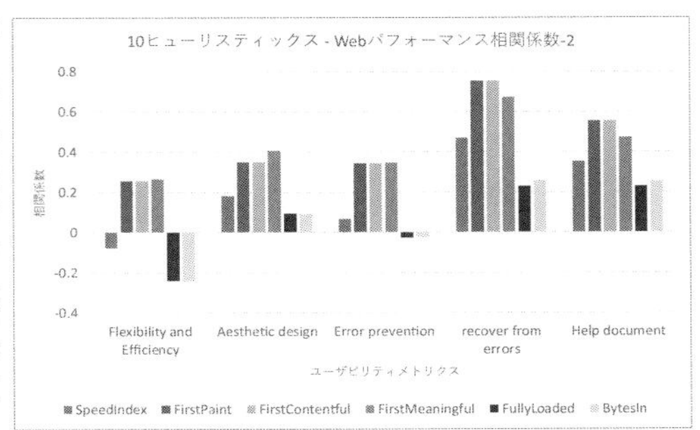

図 **2**　ピアソンの相関係数 ヒューリスティック評価・**Web** パフォーマンス

まず,FirstPaint, FirstContentfulPaint, FirstMeaningfulPaint は特にエラー時にユーザが認識診断回復が可能であることとは強い相関が見られた. また, システム状態が視覚的に分かること, ユーザ制御と自由度, 記憶よりも見た目の分かり易さでは, やや相関がみられた. これは各表示時間が遅い時, ユーザビリティが良いという関係を表している. 一方で, FullyLoaded と BytesIn は大きい相関が見られないが他のメトリクスに比べ, 全体的にユーザビリティメトリクスとは負の方向に相関を持つ傾向が見られた. これは, ダウンロード量が多いとユーザビリティが悪いという関係を表している. これらのことから, 単純にコンテンツ (画像・動画など) を増やすことで表示が遅くなることはユーザビリティに悪影響を及ぼし, 同じダウンロード量でも, JavaScript の実行など表示処理に関する時間をかける場合, ユーザビリティに良い効果がでるという結果を表していると考えられる.

次に測定方法の妥当性と結果の信頼性について考える.

本研究で Web パフォーマンスの測定は, 統一した環境をもとに実施している. 本来開発で必要とされるのは様々な利用状況に対応したものである. つまり, ある側面における Web パフォーマンス測定としては信頼できるものであるが, 本質の Web パフォーマンスをすべて表している測定は実現できていないと考える. より本質に近い Web パフォーマンスの測定では条件を固定できるだけでなく, 変数として変えながら測定できるような環境をつくる必要があると考える. ヒューリスティックの評価項目に関しては, メトリクスごとに評価項目の数に開きがあった. 特にエラーに関する評価を外部からの観察のみで判断するのは難しく, 仕様書のないブラックボックステストと化しており, 評価項目も少なく評価数の分散も大きい調査となった.

6　関連研究

Web パフォーマンスに影響を与える要因は数多く存在する. 中野らの研究では,14 種の測定対象である Web パフォーマンスの要因に関して, 様々なサイト構造 (ホスト側), 様々なマシンと場所 (クライアント側) のもとで Web サイトにアクセスし計測を行っている [10]. その結果をもとに因果分析を行い, Web パフォーマンスに最も影響のある要因は Web ページの構造とクライアントマシンの性能という結論を導いている.

Butkiewicz らの研究では複雑さの影響と Web ページの複雑さを特徴づけるメトリクスを特定し, それのパフォーマンスへの影響への調査を行っている [11]. 複雑さのメトリクスはダウンロードするオブジェクトの数やオブジェクトの種類などコンテンツレベルのメトリクスと, ダウンロード元となるサーバーの数やサードパーティーのコンテンツの数などサービスレベルのメトリクスについて調査を行っている. 結果として, Web ページのアクセスランキングは複雑さに影響を及ぼさないが, Web ページのカテゴリは複雑さに影響を及ぼすという結論を導いている.

この研究ではユーザビリティは単純なレンダリングの速さのみで評価されており，ユーザにとって使いやすく価値があるという観点からのユーザビリティと Web パフォーマンスとの関係については述べられていない．

7 おわりに

ユーザビリティと Web パフォーマンスはソフトウェアの利用時のエンドユーザの作業しやすさに大きく関わる品質である．この関係性が定量化されることで，Web ページの開発の際，両側面を特定の状況に合わせてチューニングできる．これによって目的に合う Web ページの提供ができ，ユーザにより良い Web 体験を提供することにつながる．

本研究では，フロントエンドにおける Web パフォーマンスとヒューリスティック評価によるユーザビリティの要素との相関関係について明らかにする．

測定と分析の結果から，Web パフォーマンスメトリクスの内,FirstPaint, FirstContentfulPaint, FirstMeaningfulPaint はユーザビリティ測定のメトリクスと全体的に正の相関の傾向が見られた．特にエラー時にユーザが認識診断回復が可能であることとは強い相関が見られた．また，システム状態が視覚的に分かること，ユーザ制御と自由度，記憶よりも見た目の分かり易さでは，やや相関が見られた． FullyLoaded と BytesIn は大きい相関が見られないが他のメトリクスに比べ，全体的にユーザビリティメトリクスとは負の方向に相関を持つ傾向が見られた．これらのことから，単純にコンテンツ (画像・動画など) を増やすことで表示が遅くなることはユーザビリティに悪影響を及ぼし，同じダウンロード量でも，JavaScript の実行など表示処理に関する時間をかける場合，ユーザビリティに良い効果がでるという結果を表していると考えられる．

今後の課題としては，Web パフォーマンスの測定ではより本質に近い Web パフォーマンスの測定をするために各種条件を固定できるだけでなく，変数として変えながら測定できるような環境をつくることが必要である．ユーザビリティ測定では，評価に客観性を持たせるため，より多くのデータを集める．またその為に必要な測定の手法の変更方法について検討する．最後に今回の結果をもとに目的の品質を向上できるような指標，手法の提案の検討を行っていく．

参考文献

[1] ヤコブ・ニールセン著, 篠原 稔和監訳, 三好 かおる訳: ユーザビリティエンジニアリング原論, 東京電気大学出版, 2002.
[2] 道券 裕二, 岩田 一, 白銀 純子, 深澤 良彰: Web パフォーマンスとユーザビリティの相関関係分析, 情報処理学会第 80 回全国大会, 2018.
[3] Alexa https://www.alexa.com/ 2018 年 9 月 22 日アクセス
[4] Jakob Nielsen, 10 Usability Heuristics for User Interface Design, https://www.nngroup.com/articles/ten-usability-heuristics/ 2018 年 9 月 22 日アクセス
[5] 石田 優子, 有限会社アルファサラボ: Web ユーザビリティ・デザイン Web 製作者が身につけておくべき新・100 の法則。, インプレスジャパン, 2007.
[6] ヤコブ・ニールセン著, 篠原 稔和監修, グエル訳: ウェブ・ユーザビリティ 顧客を逃さないサイトづくりの秘訣, エムディエヌコーポレーション, 2000.
[7] Jeff Johnsen 著, 武舎 広幸, 武舎 るみ訳: UI デザインの心理学 わかりやすさ・使いやすさの法則, インプレス, 2015.
[8] 香西 睦: だから、そのデザインはダメなんだ。 Web サイトの UI 設計・情報デザイン良い・悪いが比べてわかる, エムディエヌコーポレーション, 2016.
[9] WebPageTest, http://www.webpagetest.org/ 2018 年 9 月 22 日アクセス.
[10] 中野 雄介, 上山 憲昭, 塩本 公平, 長谷川 剛, 村田 正幸: Web パフォーマンスの因果分析, 電子情報通信学会技術研究報告, Vol. 115, No. 404, pp.87-92, 2016.
[11] Michael Butkiewicz, Harsha V. Madhyastha, and Vyas Sekar: Understanding Website Complexity:Measurements, Metrics, and Implications, Proceedings of the 2011 ACM SIGCOMM conference on Internet measurement conference, pp.313-328, 2011.
[12] 東京大学教養学部統計学教室編: 基礎統計学 I 統計学入門, 東京大学出版会, 1991.

ブロックチェーンを用いたソフトウェア情報の組織間共有

A Framework for Sharing Software Information Using Blockchain

幾谷 吉晴* 石尾 隆† 吉上 康平‡ 畑 秀明§ 松本 健一¶

あらまし ソフトウェア・トレーサビリティは，ソフトウェア製品が持つ重要な品質のひとつである．近年，複数企業の協力が不可欠な分野において，ソフトウェア・トレーサビリティを担保するための情報を組織間で共有する必要性が指摘されている．本論文では，ブロックチェーンを用いて，企業間および製品ユーザーへ向けて，ソフトウェア情報を改ざんなく検証可能な形で共有するための手法を提案し，期待される効果とその限界について考察する．

1 はじめに

ソフトウェア・トレーサビリティは，ソフトウェア製品が持つ重要な品質のひとつである．Center of Excellence for Software & Systems Traceability (CoEST) の定義によれば，ソフトウェア・トレーサビリティとは「ソフトウェア製品を構成する一意に識別可能な人工物を相互に関連付け，必要なリンクを維持し、それらのネットワークを使用して，ソフトウェア製品とその開発プロセスの両方の質問に答える能力」である[1]．ソフトウェア・トレーサビリティは，なんらかの問題が発生した際の原因究明に活用されるだけでなく，訴訟による紛争解決時の有力な証拠としても利用される [1]．そのため，ソフトウェア内に潜在する欠陥が，人命や環境に大きな脅威を与えうる領域において，特に重要視されている．

従来，ソフトウェア・トレーサビリティは個々の企業内で管理・保管され，組織内のプロセス改善や公的な認証取得のために活用されてきた．一方，近年では自動運転分野に代表される複数企業の協力が不可欠な分野において，複数の企業間において「ソフトウェア・トレーサビリティを担保するための情報（以降，ソフトウェア情報）」を統合・共有する必要性が指摘されている [2]．しかし，立場の異なる複数の企業間で，ソフトウェア情報を改ざんの恐れなく，検証可能な形で共有するのは困難であると考えられる．したがって，企業間で共有されたソフトウェア情報が正確で改ざんがないことを，関係者それぞれの善意に依存せず，システムとして保障することが求められる．

CoEST の定義から，ソフトウェア情報は「あるソフトウェア製品に関連する人工物（例: 要求仕様書，設計書，ソースコード）」および「人工物間の関係性を定義するリンク」 の２つの組み合わせで表現される．しかし，企業内部に大量に蓄積された人工物の間のリンクを手作業で作成することは，コストが大きく，投資効果が小さいことが指摘されている [1]．そのため，従来研究の多くは，組織内部に蓄積された情報群から，自動的に関連リンクを生成する技術を開発してきた [3] [4]．しかし，これらの技術は主としてひとつの企業内部でのトレーサビリティの利用を前提としており，複数組織間における共有については想定していないと考えられる．

*Yoshiharu Ikutani, 奈良先端科学技術大学院大学

†Takashi Ishio, 奈良先端科学技術大学院大学

‡Kohei Yoshigami, 奈良先端科学技術大学院大学

§Hideaki Hata, 奈良先端科学技術大学院大学

¶Kenichi Matsumoto, 奈良先端科学技術大学院大学

[1] http://www.coest.org/

ブロックチェーンは，信頼の拠り所となる第三者機関なしに，任意の2者間の電子的なやりとりの存在を保証するための仕組みである [5]．ブロックチェーンが持つ特性として，非中央集権性（特定の管理者に依存しないこと），透明性（取引の履歴が誰にも公平に公開されること），不変性（記録内容の変更・改ざんが困難であること）がある．これらの特性は，国際送金や決済など，複数の立場の異なる組織が情報を頻繁にやりとりする必要がある分野において有効性が認められている [6]．

本研究の目的は、開発組織が積極的に情報開示を行い，ソフトウェア・トレーサビリティを保ち続けることで，協力企業および製品ユーザーからの信頼向上を実現できるような環境を構築することである．目的達成のためのアプローチとして，ハッシュ化したソフトウェア情報をブロックチェーン上に記録することで，企業間および製品ユーザーに向けたソフトウェア情報の共有を，改ざんの恐れなく，検証可能な形で実現するためのフレームワークを提案する．

2 関連研究

2.1 ソフトウェア・トレーサビリティ

ソフトウェア・トレーサビリティはソフトウェア製品が持つ重要な品質のひとつであるが，その担保には多大な時間的・金銭的なコストが必要となる．したがって，これまでソフトウェア・トレーサビリティの確保にかかるコストを軽減するための手法が多数提案されてきた．例えば，Asuncion らはトピックモデリングを用いてソフトウェア製品のユースケース，設計書，およびソースコード間のリンクを自動生成することを提案している [4]．また Ali らは，SVN/Git で管理されたレポジトリのマイニングから，ソフトウェア製品の要件と，それぞれの実装ソースコード間のリンクを推定する手法を開発している [3]．しかし，これらの技術は主として単一企業でのトレーサビリティの確保支援を目的としており，複数組織間における共有については想定していないと考えられる．

実社会におけるソフトウェア・トレーサビリティ確保の取り組みとして，規格化した複数のソフトウェアメトリクスの組み合わせを，開発期間全体を通して継続的に計測し，その結果を利用者に開示することが行われてきた．例えば，StagE project[2] では，41 のソフトウェア情報をまとめたものを「ソフトウェアタグ」と定義し，プロジェクトの成果物にソフトウェアタグを付与した上でユーザーに届けることを提案している [7]．

2.2 ブロックチェーン

Bitcoin は，信頼の拠り所となる第三者機関なしに，任意の 2 者間で決済処理を行うことを目的として作られたシステムであり，ブロックチェーンはその中核技術として開発された [5]．ブロックチェーンの特徴は，(i) Peer-to-Peer ネットワーク上の任意の 2 点間のトランザクションの全履歴を，各ネットワーク参加者（ノード）が個別に保有するという構造，および，(ii) 各ノードが持っているトランザクションの全履歴を，特定の管理者に依存せずに，全体で同期しながら更新するためのプロトコルという 2 点から説明できる．特に Bitcoin における (ii) のプロトコルには，Proof of Work (PoW) と呼ばれる方式が採用されている [5]．

ブロックチェーンは，P2P ネットワークで発生した複数のやりとりをひとつにまとめて「ブロック」とし，それらを時系列で繋げていくことで，やりとりの存在を記録していく．PoW の仕組みでは，各ブロックにその内容を証明するためのハッシュ値と，計算に大きな手間のかかる乱数列 (nonce) が付与される．ある時点で記録されたブロックのハッシュ値は，1 つ前のブロックのハッシュ値に依存するように構成される．そのため，あるブロックの内容が改ざんされると，直ちにそれ以降のブロックとの整合性が失われる．加えて，ハッシュ値の整合性が失われると，各ブロッ

[2]The Software Traceability and Accountability for Global Software Engineering Project

クに付与された nonce も整合性を失うが，nonce の再計算には実現困難なほど大きな計算能力が必要となるため，現実的には記録内容の改ざんは不可能となる．

ブロックチェーンは，その非中央集権性，透明性，および改ざん耐性の高さから，送金や決済以外の分野でも活用が進められている．特に，立場の異なる複数の組織が共同で情報を共有・蓄積するための仕組みとして，医療情報やサプライチェーン管理の分野での活用が積極的に検討されている [8]．ソフトウェア工学分野においても，例えばブロックチェーンベースのシステムの脆弱性分析など，ブロックチェーンの活用・分析が始まっている [9]．

医療情報や食品情報と比較して，ソフトウェアは次の 2 つの特徴を持つと考えられる: (1) ソフトウェア製品は多数（数百-数万以上）の人工物の集合から構築される, (2) ソフトウェア製品を構成する人工物（特にソースコード）はコピーや流用のリスクが高い．これらのソフトウェア固有の特徴は，医療情報や食品を対象にしたトレーサビリティ確保の手法を，そのままソフトウェア製品に適用することを困難にすると考えられる．

3 ブロックチェーンを用いたソフトウェア情報の記録と共有

3.1 想定するユースケース

本研究では，提案システムの想定ユースケースとして，販売元の企業（クライアント）が外部企業（ベンダー）に，ソフトウェア開発を委託する状況を考える．想定ユースケースの全体像を図 1 に示す．このユースケースでは，ソフトウェア・トレーサビリティを確保するために，事前に規定したソフトウェア情報の組を，クライアント-ベンダー間で定期的に共有することが義務付けられている．また両者の間では秘密保持契約が締結されており，開発中の製品のソフトウェア情報を第三者にリリース前に開示することは禁止されているものとする．一方で，製品へのプロセス認証の取得およびユーザーの信頼向上を目的に，開発中に得られたソフトウェア情報の記録を，リリース後に開示することを予定している．

想定ユースケースにおいて発生しうるソフトウェア情報改ざんには，2 つのシナリオが考えられる．1 つ目は，ベンダーもしくはクライアントのどちらかが，共有後のソフトウェア情報を自らの都合の良いように内部的に書き換えるというシナリオである．2 つ目は，ベンダーとクライアントが結託して，自らの都合の良いように改ざんしたソフトウェア情報を，製品ユーザーに開示するというシナリオである．これらのシナリオにおける企業のモチベーションとしては，対外的な信頼を損なわないために，実際の開発履歴を納期や予算に合うように書き換えることが考えられる．また，リスク管理プロセスが妥当であったことを示すために，規定から逸脱して実行された一部の開発活動を隠蔽することが考えられる．

3.2 想定ユースケースの抱える問題点と困難

1 つ目のシナリオでは，秘密保持契約によりベンダーおよびクライアント以外のところに情報が存在しない場合に，真の改ざん原因の特定が難しくなるという問題が発生する．例えば，過去に共有したソフトウェア情報をクライアント-ベンダー間で照合したところ，一部の記述が両者の間で一致しなかった場合を考える．このとき改ざんの原因としては，(a) ベンダーによる改ざん，(b) クライアントによる改ざん，(c) ベンダーとクライアントの両方による改ざんという 3 つの可能性が論理的に存在する．しかし，ベンダーおよびクライアント以外のところに情報が存在せず，個々のファイルへの改ざん対策を講じていない場合，真の原因究明は困難となる．

2 つ目のシナリオでは，開発中の製品のソフトウェア情報にユーザーがアクセスすることは一般に困難であるため，ユーザーの立場からは，開示情報に改ざんがないことを検証できないという問題がある．この場合，製品ユーザーは開示された情報をその通りに信用する以外の手立てがそもそも存在しない．この状況は，積極的

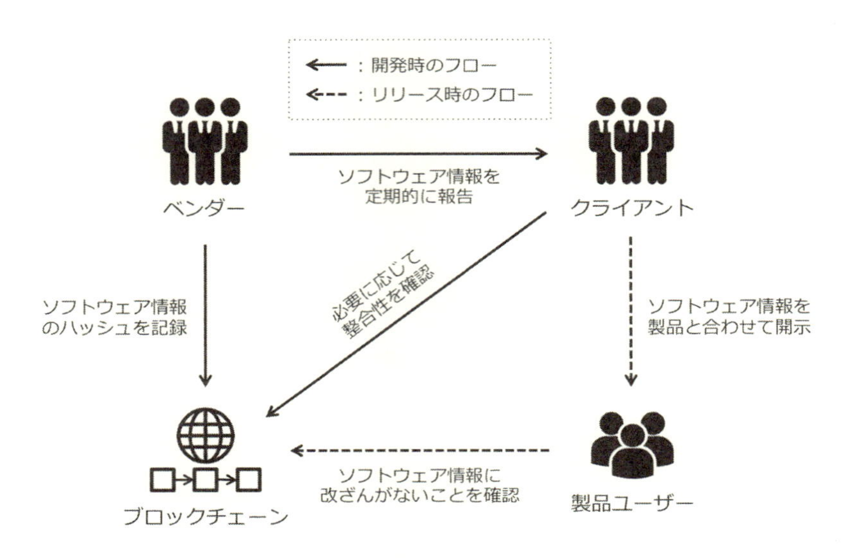

図 1　提案システムが想定するユースケースの全体像

な情報開示によって自らへの信頼を向上させたいベンダー・クライアント側と，安心して製品を利用したいユーザー側のどちらにとっても望ましくないと考えられる．

いずれのシナリオにおいても，ベンダーとクライアント以外の第三の場所に，信頼の拠り所となる情報源が存在しないことが問題の根本であると考えられる．したがって，単純な解決策としてはベンダーとクライアント以外の第三者機関にソフトウェア情報を保管しておくことが考えられる．しかし，情報漏洩のリスクが増大することに加えて，ソフトウェア情報の保管費用が開発コストに上乗せされることから，第三者機関による信頼担保は現実的な解決策になりにくいと考えられる．

3.3　ブロックチェーンを用いたソフトウェア情報の記録

本研究の目的は，想定ユースケースにおいて，記録されたソフトウェア情報に改ざんがないことを当事者および第三者が事後的に検証できる仕組みを構築することである．この目的を達成するために，提案システムは以下の要件を満たす必要があると考えられる．

- 記録されたソフトウェア情報に改ざんがないことを，当事者および第三者が事後的に検証できる
- どのようなソフトウェア情報の組が，いつ記録されたかが，当事者および第三者がいつでも確認できる
- ブロックチェーンには，事後的な検証を可能にするための必要最小限の情報のみを記録する

1 つ目の要件は，提案システムの基本機能を規定するものである．2 つ目の要件は，ソフトウェア情報が複数の時点で記録されることを前提に，記録された時点とその記録内容の対応を取りやすくするために必要となる．3 つ目の要件は，ブロックチェーンを構築する P2P ネットワークに過度な負荷を与えないためのものである．

これら 3 つの要件を満たすために，ある時点に取得されたソフトウェア情報の組を，マークル木 [10] を使ってひとつのまとまりとしてハッシュ化し，全ファイルを代表する値をブロックチェーンに記録するシステムを提案する．記録方法の概要を図 2 に示す．まず，ある時点において取得されたソフトウェア情報の記録ファイルをすべて収集する（手順 1）．次に，各記録ファイルを入力としたハッシュ値を計算する（手順 2）．手順 2 で計算したハッシュ値を 2 つにまとめて入力として，新たな

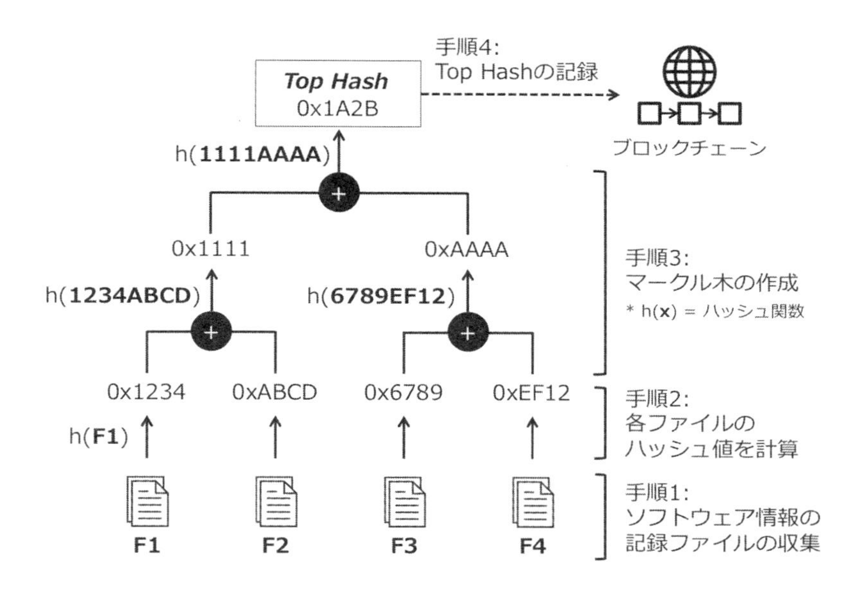

図 2　ソフトウェア情報の記録方法

ハッシュ値を計算することを繰り返し，全ファイルを代表するハッシュ値として Top Hash を得る（手順 3）．最後に Top Hash をブロックチェーンに記録する（手順 4）．

一度ブロックチェーンに記録された Top Hash の値の改ざんは，現実的には非常に困難となる [5]．加えて，計算根拠となったソフトウェア情報の記録ファイルに改ざんがあれば，直ちに対応する Top Hash との整合性が失われる．したがって，特定のソフトウェア情報の組に対応する Top Hash を確認することで，その記録内容に改ざんがないことを，当事者および第三者が事後的に検証できる．またソフトウェア情報自体ではなく，代表値として計算された Top Hash のみをブロックチェーンに記録するため，開発企業はリリース前に情報を開示する必要がなくなるだけでなく，ブロックチェーンを運用する P2P ネットワークに与える負荷も小さくなると考えられる．

4　提案システムに期待される効果とその限界

提案システムにより，開発側だけでなく製品ユーザー側からも，開示されたソフトウェア情報に改ざんがないことを事後的に検証することが可能になる．これにより，従来から正直にソフトウェア情報を記録してきた企業は，内容の保証を持って情報の開示を行うことができるようになる．一方で，悪意ある企業については，ソフトウェア情報の事後的な改ざんが困難となるため，根本的なプロセス改善が要求される．したがって，提案システムの効果として，事後的な改ざんを前提とした悪意あるソフトウェア情報の共有コストが増大することで，正直な報告をすることのコストが相対的に低下すると期待される．

ブロックチェーンが 2 者間のやりとりの「存在」を保証する一方で，そのやりとりの「内容」について何も保証しない点が，提案システムの限界を規定すると考えられる．つまり，一度ブロックチェーンに記録された内容を改ざんすることは非常に困難であるが，最初から改ざんを含んだ情報を記録することは可能である．例えば，ライセンス違反が起こりそうなソフトウェアをあらかじめ隠した上で，ソフトウェア情報を出力し，その結果をブロックチェーンに記録される可能性が存在する．

加えて，ブロックチェーン自体には記録内容に改ざんが含まれているか否かを確かめる機構は含まれていない．ブロックチェーンに記録する前のソフトウェア情報に含まれる改ざんを予防もしくは検知する仕組みの開発については今後の課題とする．

5 おわりに

本論文では，立場の異なる複数の開発企業および製品ユーザーの間で，ソフトウェア情報を改ざんなく，検証可能な形で共有するための手法を提案した．具体的には，ある時点に取得されたソフトウェア情報の組を，マークル木を使ってひとつのまとまりとしてハッシュ化し，全ファイルを代表する値をブロックチェーンに記録することで，事後的に改ざんの有無を検証できる仕組みを提案し，その効果と限界を考察した．提案システムを利用することで，一度ブロックチェーンに記録したソフトウェア情報を改ざんすることは非常に困難になる．一方で，ブロックチェーンに記録する前のソフトウェア情報が改ざんされる場合については，追加の対応が必要になることが明らかになった．

ブロックチェーンは，第三者機関なしに任意の 2 者間の電子的なやりとりの存在を保証できるという点で，大きなポテンシャルを持った技術である．特に，複数の組織の協調が不可欠であるソフトウェア開発において，情報の完全性をいつでも検証できることは，大きな活用可能性を秘めている．しかし，ソフトウェア工学におけるブロックチェーン活用の取り組みはまだ始まったばかりで，多様な立場からの考察が必要になると考えられる．今後，本論文で提案したシステムの実装と実証実験を進めることで，ブロックチェーンがどのようにソフトウェア開発の抱える問題を解決できそうかを調査・考察する予定である．

謝辞 本研究は JSPS 科研費 JP18H03221，JP17H00731 の助成を受けて行われた．

参考文献

[1] Jane Cleland-Huang, Orlena CZ Gotel, Jane Huffman Hayes, Patrick Mäder, and Andrea Zisman. Software traceability: trends and future directions. In *Proceedings of the on Future of Software Engineering*, pp. 55–69. ACM, 2014.

[2] Salome Maro, Jan-Philipp Steghöfer, and Miroslaw Staron. Software traceability in the automotive domain: Challenges and solutions. *Journal of Systems and Software*, Vol. 141, pp. 85 – 110, 2018.

[3] Nasir Ali, Yann-Gaël Guéhéneuc, and Giuliano Antoniol. Trustrace: Mining software repositories to improve the accuracy of requirement traceability links. *IEEE Transactions on Software Engineering*, Vol. 39, No. 5, pp. 725–741, 2013.

[4] Hazeline U Asuncion, Arthur U Asuncion, and Richard N Taylor. Software traceability with topic modeling. In *Software Engineering, 2010 ACM/IEEE 32nd International Conference on*, Vol. 1, pp. 95–104. IEEE, 2010.

[5] Satoshi Nakamoto. Bitcoin: A peer-to-peer electronic cash system. `https://bitcoin.org/bitcoin.pdf`, 2008.

[6] Massimo Bartoletti and Livio Pompianu. An empirical analysis of smart contracts: platforms, applications, and design patterns. In *the International Conference on Financial Cryptography and Data Security*, pp. 494–509, 2017.

[7] S. Yamada, M. Ugumori, and S. Kusumoto. A software tag generation system to realize software traceability. In *Asia Pacific Software Engineering Conference*, pp. 423–432, 2010.

[8] Peng Zhang, Jules White, Douglas C Schmidt, and Gunther Lenz. Applying software patterns to address interoperability in blockchain-based healthcare apps. *arXiv preprint arXiv:1706.03700*, 2017.

[9] G. Destefanis, M. Marchesi, M. Ortu, R. Tonelli, A. Bracciali, and R. Hierons. Smart contracts vulnerabilities: a call for blockchain software engineering? In *the International Workshop on Blockchain Oriented Software Engineering*, pp. 19–25, 2018.

[10] Ralph C Merkle. A digital signature based on a conventional encryption function. In *Conference on the theory and application of cryptographic techniques*, pp. 369–378, 1987.

Java Stream APIによるストリーム操作の停止性検査のための型システム

A Type System for Detecting Non-Terminating Stream Operations with Java Stream API

長谷川 健太[*] 桑原 寛明[†] 國枝 義敏[‡]

Summary. In this paper, we propose a type system to detect non-terminating stream operations in Java programs using Stream API. Java Stream API makes it possible to write programs processing data collections in a declarative manner. Although Java Stream API has many stream operations and these operations are able to be applied to both finite and infinite streams, some operations on an infinite stream do not or may not terminate. Our proposed type system can detect these non-terminating operations. We prove the soundness of our type system and implement a type checker based on our type system with Checker Framework.

1 はじめに

Java Stream API（以下，単に Stream API）は，コレクションなどに含まれるデータ群をストリームとして扱うことで処理を行う API である．Stream API を用いることでデータ列に対する繰り返し処理や条件分岐処理，並列処理を簡潔に記述できる．Stream API は，データ群からストリームを生成する生成操作，ストリーム中の各要素を加工して新たなストリームに変換する中間操作，ストリーム中の各要素から何らかの結果を生成してストリーム操作を終了する終端操作の 3 種類の操作に分類できる．生成操作で生成されるストリームには，ストリーム中の要素数が有限個のストリーム（以下，有限ストリーム）と無限個のストリーム（以下，無限ストリーム）が存在する．Stream API はこれらのストリームを区別しないが，一部の中間操作と終端操作は無限ストリームに対して適用すると処理が停止しない．そのため，正常にコンパイルできるプログラムであっても実行が停止しないなどの予期せぬ事態が発生する可能性がある．無限ストリームに対する停止しない操作の適用をプログラムの実行前に静的に検出できることが望ましい．

本稿では，無限ストリームに対する停止しない操作の適用を検出する型システムを提案する．型システムを構築するために，Java の型システムのモデル化に用いられる Featherweight Java（以下，FJ）[1] に Stream API の要素を追加した言語 FJ^s を定義する．FJ^s の型として，無限ストリームを表す Inf 型と有限ストリームを表す Fin 型を定義し，これらの型に基づく型付け規則を定義する．型付け可能な FJ^s プログラムでは，無限ストリームに対して停止しない操作が適用されないことが保証される．提案する型システムを，Java プログラム向けの型検査器を作成するためのフレームワークである Checker Framework [2] を用いて実装し，簡単なプログラムに対して無限ストリームに対する停止しない操作の適用を検出できる例を示す．

本稿の構成は以下の通りである．2 章で Java Stream API とその問題点について述べ，3 章で Stream API によるストリーム操作の停止性を検査する型システムを提案し，健全性を示す．4 章で提案する型システムを実現する型検査器の実装について述べ，型検査器の適用例を示す．5 章で関連研究を挙げ，6 章でまとめる．

[*]Kenta Hasegawa, 立命館大学大学院情報理工学研究科

[†]Hiroaki Kuwabara, 南山大学情報センター

[‡]Yoshitoshi Kunieda, 立命館大学情報理工学部

2 Java Stream API

2.1 概要

Java Stream APIは，コレクションなどに含まれるデータ群をストリームとして扱って処理を行うAPIであり，Java 8で標準ライブラリに導入された．Stream APIは主にjava.util.streamパッケージのStream<T>，IntStream，DoubleStream，LongStreamインタフェースで構成される．各インタフェースはそれぞれ型引数Tが表すオブジェクト参照型，int，double，long型の値からなるストリームを表す．

Stream APIの各インタフェースが持つ様々なメソッドは，ストリームの生成操作，ストリーム中の各要素を加工して新たなストリームに変換する中間操作，ストリーム中の各要素から何らかの結果を生成してストリーム操作を終了する終端操作の3種類に分類できる．Stream APIによる一連のストリーム操作は，最初に1回の生成操作，次に0回以上の中間操作，最後に1回の終端操作からなる．Stream APIは遅延評価に基づいており，中間操作の適用時点では処理は行われず，終端操作が適用された時点で全体の処理が開始される．プログラム中の記述としては一連のストリーム操作によりストリームが順次変換されるように見えるが，実際には，ストリーム中のある要素に対してすべての中間操作と終端操作を適用してから次の要素に対して再度すべての操作を適用するというように処理が進行する．

2.2 生成操作

生成操作に分類されるメソッドの一覧を表1に示す．表1の3列目は，生成されるストリームが有限であるか無限であるかを表す．of，ofNullable，stream，empty，rangeは有限ストリーム，generare，iterateは無限ストリームを生成する．2つのストリームを連結するconcatも生成操作の一種だが，生成されるストリームが連結対象のストリームに依存して有限にも無限にもなり得るため本稿では扱わない．

2.3 中間操作

中間操作に分類されるメソッドの一覧を表2に示す．mapと同様の処理を行うmapToInt，mapToDouble，mapToLongは省略している．表2の3列目は，無限ストリームに対して適用した場合に，1つ以上かつ有限個の要素を消費して操作が完了し停止するか否かを表す．停止すれば次の操作の適用に進む．表2の4列目は，無限ストリームに対して適用した結果返されるストリームが有限であるか無限であるかを表す．sortedは無限個の要素をソートできないため停止せずストリームを返さない[1]．distinct，filter，dropWhileは適切な要素を発見できるまでストリームを走査するため，無限ストリーム中に適切な要素が存在しない場合は停止しない．map，skip，peek，takeWhileはストリーム中の1要素から結果を生成するため常に停止し，任意の要素に適用できるため無限ストリームを返す．limitはストリーム

表1 生成操作のメソッド一覧

メソッド名	説明	結果
of	指定された要素からなるストリームを生成	有限
ofNullable	指定された単一の要素からなるストリームを生成	有限
stream	データ集合からストリームを生成	有限
empty	空のストリームを生成	有限
range	指定された範囲の値からなるストリームを生成	有限
generate	固定値の無限ストリームを生成	無限
iterate	指定された値を基点に無限ストリームを生成	無限

[1]実際にはOutOfMemoryErrorで停止するがこれは操作の正常な完了ではない．

表 2　中間操作のメソッド一覧

メソッド名	説明	停止性	結果
sorted	自然順序に従いソート	停止しない	—
distinct	重複する値の削除	場合による	無限
filter	条件に基づくフィルタリング	場合による	無限
dropWhile	先頭要素から条件を満たす間除外	場合による	無限
map	条件に基づく要素の変換	停止する	無限
skip	ストリーム先頭要素の個数指定除外	停止する	無限
peek	指定された処理を実行	停止する	無限
takeWhile	先頭要素から条件を満たす間取得	停止する	無限
limit	ストリーム長の制限	停止する	有限

表 3　終端操作のメソッド一覧

メソッド名	説明	停止性
forEach	繰り返し操作	停止しない
count	ストリーム中の要素数の返却	停止しない
min	ストリーム中の要素の最小値の返却	停止しない
max	ストリーム中の要素の最大値の返却	停止しない
reduce	要素の集約	停止しない
collect	可変なオブジェクトに対する簡約操作	停止しない
toArray	ストリームの要素からなる配列の返却	停止しない
anyMatch	条件を満たす要素が存在するか判定	場合による
allMatch	全要素が条件を満たすか判定	場合による
noneMatch	全要素が条件を満たさないか判定	場合による
findFirst	ストリームの先頭要素の返却	停止する
findAny	ストリームの任意要素の返却	停止する

の先頭から指定された数の要素を返すため結果は有限ストリームとなる．表 2 のメソッドを有限ストリームに対して適用した場合は常に停止し有限ストリームを返す．

ストリーム中の各要素からストリームを生成して連結する flatMap も中間操作に分類できる．map と同様に 1 要素から結果を生成するため常に停止するが，返されるストリームは各要素から生成されるストリームに依存して有限にも無限にもなり得る．flatMap は有限ストリームに対する動作が異なるため本稿では扱わない．

2.4　終端操作

終端操作に分類されるメソッドの一覧を表 3 に示す．forEachOrdered は forEach の特殊な場合であるため省略している．表 3 の 3 列目に無限ストリームに対して適用した場合の停止性を示す．forEach，count，min，max，reduce，collect，toArray はストリーム中の全要素を走査するため停止しない．anyMatch，allMatch，noneMatch は，指定した条件を満たすあるいは満たさない要素がストリーム中に存在する場合は停止し，存在しない場合は停止しない．findFirst はストリーム中の先頭要素を，findAny はストリーム中の任意の要素を返すため停止する．有限ストリームに適用した場合はすべての終端操作が停止する．

2.5　Stream API の問題点

Stream API には，無限ストリームに対して適用すると停止しない中間操作と終端操作が存在する．このような操作がプログラム中に存在しても検出する手段がなく，ストリーム操作が停止するかしないかは実際に実行されるまでわからない．

2.5.1 停止しない中間操作

sorted はソートを行うためにストリーム中のすべての要素を必要とするが，無限ストリームは要素が無限に存在するため操作が完了しない．filter はストリームから指定された条件を満たす要素を選別する操作であるが，条件を満たす要素が見つかるまでストリームを走査し続けるため，無限ストリームに条件を満たす要素が存在しなければ操作が完了しない．distinct と dropWhile も同様である．中間操作が完了しない場合，次の中間操作あるいは終端操作の適用へと処理が進まない．

無限ストリームに対して sorted を適用するプログラム例をソースコード 1 に示す．このプログラムは，iterate を用いて 0 以上の整数の無限ストリームを生成し，sorted によりストリーム中の全要素をソートし，limit によりストリームの先頭 10 個の要素を含む有限ストリームに変換し，最後にストリーム中の要素を標準出力する．無限ストリームを有限ストリームに変換する limit が適用されるため終端操作の forEach は停止することが期待されるが，limit の前の sorted が無限ストリームに適用されるために停止せず，limit の適用まで処理が進行しない．

ソースコード 1 停止しない中間操作の例

```
Stream.iterate(0,i->i+1).sorted().limit(10).forEach(System.out::println);
```

2.5.2 停止しない終端操作

ストリーム中のすべての要素を走査する終端操作を無限ストリームに対して適用すると，無限個の要素を処理するため操作が完了せず，結果として実行が停止しない．

プログラムの例をソースコード 2 に示す．このプログラムは，iterate を用いて生成される無限ストリームに対して forEach を適用してストリーム中の全要素を標準出力する．iterate は要素を無限に生成するため，forEach は停止しない．

ソースコード 2 停止しない終端操作の例

```
Stream.iterate(0,i->i+1).forEach(System.out::println);
```

3 型システム

Stream API によるストリーム操作の停止性を検査する型システムを提案する．FJ [1] からキャストを除き Stream API の要素を導入した言語 FJ^s に対して型付け規則を定義し，ストリーム操作の停止性に関する健全性，すなわち型付け可能な FJ^s プログラムでは無限ストリームに対して停止しない操作が適用されないことを示す．

3.1 FJ^s と Stream API との対応関係

生成，中間，終端操作に分類できる Stream API を，さらに操作結果のストリームの有限性および無限ストリームに対する停止性に着目して以下の 7 種類に分類する．

- 有限ストリームの生成操作
- 無限ストリームの生成操作
- 無限ストリームに対して停止しない中間操作
- 無限ストリームに対して停止し，有限ストリームに変換しない中間操作
- 無限ストリームに対して停止し，有限ストリームに変換する中間操作
- 無限ストリームに対して停止しない終端操作
- 無限ストリームに対して停止する終端操作

有限ストリームの生成操作として fin，無限ストリームの生成操作として inf，その他 5 種類の操作それぞれの代表として $sorted$，map，$limit$，$forEach$，$findFirst$ を FJ^s に導入する．$sorted$，map，$limit$，$forEach$，$findFirst$ はそれぞれ Stream API の同名のメソッドに対応する．中間操作の distinct，filter，dropWhile については，FJ^s として形式化する上では，停止する場合は map，停止しない場合は $sorted$ とみなすことができるため，FJ^s に対応する操作を導入しない．終端操作の anyMatch，allMatch，noneMatch についても，形式化する上では停止する場合は

$$\begin{aligned}
CL &::= \text{class}\, C \text{ extends}\, C\{\overline{\tau}\,\overline{f};\ K\ \overline{M}\} \\
K &::= C(\overline{\tau}\,\overline{f})\{\text{super}(\overline{f});\ \text{this}.\overline{f} = \overline{f};\} \\
M &::= \tau\ m(\overline{\tau}\,\overline{x})\{\text{return}\, t;\} \\
\tau &::= C \mid Unit \mid Inf \mid Fin \\
t &::= x \mid t.f \mid t.m(\overline{t}) \mid \text{new}\, C(\overline{t}) \mid unit \mid stream \\
stream &::= st \mid st.findFirst \mid st.forEach \\
st &::= st.sorted \mid st.map \mid st.limit \mid inf \mid fin
\end{aligned}$$

図 1　FJ^s の構文

$$fields(\text{Object}) = \bullet \qquad \frac{\text{class}\, C \text{ extends}\, D\{\overline{\psi}\,\overline{f};\ K\ \overline{M}\} \qquad fields(D) = \overline{\phi}\,\overline{g}}{fields(C) = \overline{\phi}\,\overline{g}, \overline{\psi}\,\overline{f}}$$

$$\frac{\text{class}\, C \text{ extends}\, D\{\overline{\psi}\,\overline{f};\ K\ \overline{M}\} \qquad \tau m(\overline{\tau}\,\overline{x})\{\text{return}\, t;\} \in \overline{M}}{mtype(m,\ C) = \overline{\tau} \rightarrow \tau}$$

$$\frac{\text{class}\, C \text{ extends}\, D\{\overline{\psi}\,\overline{f};\ K\ \overline{M}\} \qquad m \notin \overline{M}}{mtype(m,\ C) = mtype(m,\ D)}$$

$$\frac{\text{class}\, C \text{ extends}\, D\{\overline{\psi}\,\overline{f};\ K\ \overline{M}\} \qquad \tau\ m(\overline{\tau}\,\overline{x})\{\text{return}\, t;\} \in \overline{M}}{mbody(m,\ C) = \overline{x}.t}$$

$$\frac{\text{class}\, C \text{ extends}\, D\{\overline{\psi}\,\overline{f};\ K\ \overline{M}\} \qquad m \notin \overline{M}}{mbody(m,\ C) = mbody(m,\ D)}$$

図 2　補助関数

$findFirst$，停止しない場合は $forEach$ とみなせばよい．

3.2　構文と補助関数

FJ^s の構文を図 1 に示す．以下，メタ変数 C，D，E はクラス名，τ，ψ，ϕ は型名，f，g はフィールド名，m はメソッド名，x は仮引数名を表す．$\overline{f}$ は $f_1, \ldots, f_n$ の略記，$\overline{M}$ は $M_1 \ldots M_n$ の略記，$\overline{\tau}\,\overline{f};$ は $\tau_1 f_1; \ldots \tau_n f_n;$ の略記，$\overline{\tau}\,\overline{f}$ は $\tau_1 f_1, \ldots, \tau_n f_n$ の略記，this.$\overline{f} = \overline{f};$ は this.$f_1 = f_1; \ldots$ this.$f_n = f_n;$ の略記である．列 $\overline{f}$ の長さを $\#(\overline{f})$ と表す．f が $\overline{f}$ に含まれることを $f \in \overline{f}$ と表す．

クラス定義 CL は，親クラスの指定，フィールド宣言，コンストラクタ宣言 K，メソッド宣言列 $\overline{M}$ を含む．同一クラス内でフィールド名，メソッド名の重複はなく，親クラスが持つフィールドと同名のフィールドは宣言できないとする．super は親クラスのフィールドを初期化するコンストラクタ，this はレシーバオブジェクトを参照する変数である．コンストラクタは，クラスが持つ各フィールドに対応する引数を受け取り，各フィールドを対応する引数の値で初期化する．メソッド宣言中の τ は戻り値の型，$\overline{\tau}\,\overline{x}$ は仮引数の型と変数名，t はメソッドが返す式である．

型 τ はクラス C，$Unit$，Inf，Fin である．$Unit$ 型は Java の void 型に相当し，$unit$ が唯一の値である．Inf，Fin 型はそれぞれ無限，有限のストリームを表す．

式 t は，変数参照 x，フィールドアクセス $t.f$，メソッド呼び出し $t.m(\overline{t})$，オブジェクト生成 new $C(\overline{t})$，$unit$，ストリーム操作 $stream$ である．ストリーム操作はストリーム st に対する終端操作 $findFirst$，$forEach$ の適用 $st.findFirst$，$st.forEach$ である．ストリームは中間操作 $sorted$，map，$limit$ の適用 $st.sorted$，$st.map$，$st.limit$，あるいは無限ストリームの生成式 inf，有限ストリームの生成式 fin である．

FJ^s の補助関数を図 2 に示す．$fields(C)$ は，クラス C とその親クラスで定義される全フィールドの型と名前の列を返す．$mtype(m, C)$ と $mbody(m, C)$ は，それぞれクラス C のメソッド m の仮引数の型の列と戻り値の型の組，仮引数の列と本体

$$\frac{}{C <: C}\text{[T-Refl]} \quad \frac{\text{class } C \text{ extends } D\{\cdots\}}{C <: D}\text{[T-Extends]}$$

$$\frac{C <: D \quad D <: E}{C <: E}\text{[T-Trans]} \quad \frac{}{Unit <: Unit}\text{[T-UnitRefl]}$$

$$\frac{}{Fin <: Fin}\text{[T-FinRefl]} \quad \frac{}{Inf <: Inf}\text{[T-InfRefl]} \quad \frac{}{Fin <: Inf}\text{[T-Stream]}$$

図 3　部分型規則

$$\frac{}{\Gamma \vdash x : \Gamma(x)}\text{[T-Var]} \quad \frac{\Gamma \vdash t_0 : C_0 \qquad fields(C_0) = \overline{\tau}\,\overline{f}}{\Gamma \vdash t_0.f_i : \tau_i}\text{[T-Field]}$$

$$\frac{\Gamma \vdash t_0 : C_0 \qquad \Gamma \vdash \overline{t} : \overline{\psi} \qquad mtype(m, C_0) = \overline{\phi} \to \tau \qquad \overline{\psi} <: \overline{\phi}}{\Gamma \vdash t_0.m(\overline{t}) : \tau}\text{[T-Invoke]}$$

$$\frac{fields(C) = \overline{\phi}\,\overline{f} \qquad \Gamma \vdash \overline{t} : \overline{\psi} \qquad \overline{\psi} <: \overline{\phi}}{\Gamma \vdash \text{new } C(\overline{t}) : C}\text{[T-New]} \quad \frac{}{\Gamma \vdash unit : Unit}\text{[T-Unit]}$$

$$\frac{}{\Gamma \vdash inf : Inf}\text{[T-Inf]} \quad \frac{}{\Gamma \vdash fin : Fin}\text{[T-Fin]} \quad \frac{\Gamma \vdash st : Fin}{\Gamma \vdash st.sorted : Fin}\text{[T-Sorted]}$$

$$\frac{\Gamma \vdash st : \tau \quad \tau \in \{Fin, Inf\}}{\Gamma \vdash st.map : \tau}\text{[T-Map]} \quad \frac{\Gamma \vdash st : \tau \qquad \tau \in \{Fin, Inf\}}{\Gamma \vdash st.limit : Fin}\text{[T-Limit]}$$

$$\frac{\Gamma \vdash st : Fin}{\Gamma \vdash st.forEach : Unit}\text{[T-ForEach]} \quad \frac{\Gamma \vdash st : \tau \qquad \tau \in \{Fin, Inf\}}{\Gamma \vdash st.findFirst : Unit}\text{[T-FindFirst]}$$

図 4　式の型付け規則

の式の組を返す．いずれも m が C で宣言されていなければ親クラス D を検索する．

3.3　型付け規則

FJ^s の部分型規則を図 3 に示す．T-Refl は部分型の反射律，T-Extends はクラスの継承関係，T-Trans は部分型の推移律を表す．T-UnitRefl，T-FinRefl，T-InfRefl はそれぞれ $Unit$，Fin，Inf 型の部分型関係における反射律を表す．T-Stream は Inf 型と Fin 型の関係を表し，Fin 型の式に Inf 型の式が代入できないことを示す．

FJ^s の式の型付け規則を図 4 に示す．環境 Γ は，変数から型への有限の写像であり，$\overline{t} : \overline{\tau}$ で表す．$\Gamma \vdash \overline{t} : \overline{\tau}$ は $\Gamma \vdash t_1 : \tau_1, ..., \Gamma \vdash t_n : \tau_n$ の略記であり，$\overline{C} <: \overline{D}$ は，$C_1 <: D_1, ..., C_n <: D_n$ の略記である．T-Var は変数参照 x，T-Field はフィールドアクセス $t_0.f_i$，T-Invoke はメソッド呼び出し $t_0.m(\overline{t})$，T-New はオブジェクト生成式 new $C(\overline{t})$ の型付け規則である．T-Inf，T-Fin はそれぞれストリーム生成式 inf，fin の型付け規則である．T-Sorted は $st.sorted$ の型付け規則である．$sorted$ は無限ストリームに対して停止しないため，st が Fin 型の場合のみ型が付けられる．T-Map は $st.map$ の型付け規則である．map はストリームの有限性，無限性を変更しない中間操作であるため，st の型が Fin か Inf であれば，$st.map$ は st の型で型付けされる．T-Limit は $st.limit$ の型付け規則である．$limit$ はストリーム長を有限長に制限する中間操作であるため，st の型が Fin か Inf であれば，$st.limit$ は Fin 型で型付けされる．T-FindFirst は $st.findFirst$ の型付け規則である．$findFirst$ は先頭の要素を返して停止する終端操作であるため，st の型が Fin か Inf であれば，$st.findFirst$ は $Unit$ 型で型付けされる．返す値の具体的な型は重要ではないので，$st.findFirst$ の型を $Unit$ 型としている．T-ForEach は $st.forEach$ の型付け規則である．$forEach$ は無限ストリームに対して停止しないため，st が Fin 型の場合のみ型が付けられる．$st.forEach$ は値を返さないため，型を $Unit$ 型とする．

FJ^s のメソッド宣言とクラス定義の型付け規則は FJ と同じであるため省略する．

$$\frac{t_0 \to t_0'}{t_0.f \to t_0'.f} \qquad \frac{fields(C) = \overline{\tau}\ \overline{f}}{(\text{new } C(\overline{t})).f_i \to t_i}\text{[E-Proj]} \qquad \frac{t_0 \to t_0'}{t_0.m(\overline{t}) \to t_0'.m(\overline{t})}$$

$$\frac{t_i \to t_i'}{t_0.m(\ldots, t_i, \ldots) \to t_0.m(\ldots, t_i', \ldots)} \qquad \frac{t_i \to t_i'}{\text{new } C(\ldots, t_i, \ldots) \to \text{new } C(\ldots, t_i', \ldots)}$$

$$\frac{mbody(m, C) = \overline{x}.t_0}{(\text{new } C(\overline{t})).m(\overline{d}) \to [\overline{x} \mapsto \overline{d}, \text{this} \mapsto \text{new } C(\overline{t})]t_0}\text{[E-Invoke]} \qquad \frac{}{fin.sorted \to fin}$$

$$\frac{}{fin.forEach \to unit} \qquad \frac{st \to st'}{st.forEach \to st'.forEach} \qquad \frac{st \to st'}{st.sorted \to st'.sorted}$$

$$\frac{}{inf.findFirst \to unit} \qquad \frac{}{fin.findFirst \to unit} \qquad \frac{st \to st'}{st.findFirst \to st'.findFirst}$$

$$\frac{}{inf.map \to inf} \qquad \frac{}{fin.map \to fin} \qquad \frac{st \to st'}{st.map \to st'.map}$$

$$\frac{}{inf.limit \to fin} \qquad \frac{}{fin.limit \to fin} \qquad \frac{st \to st'}{st.limit \to st'.limit}$$

図 5　簡約規則

3.4　意味論

FJ^s の操作的意味論を図 5 に示す小ステップの簡約規則で与える．以降で参照する規則のみ規則名を示している．1 ステップの簡約を $t \to t'$ と表し，$\to$ の反射的推移的閉包を $\to^*$ と表す．$[\overline{x} \mapsto \overline{d}, \text{this} \mapsto \text{new } C(\overline{t})]t_0$ は，式 t_0 中の $x_1, x_2, \ldots, x_n$ を $d_1, d_2, \ldots, d_n$ で置換し，this を new $C(\overline{t})$ で置換した式を表す．$forEach$ と $sorted$ は無限ストリームに対して適用すると停止しないため，有限ストリーム fin に対して適用する場合のみ簡約規則を定義する．FJ^s の意味論では Stream API の停止しない呼び出しを簡約の不正な停止として表現する．

3.5　型システムの健全性

簡約規則から分かるように，無限ストリームに対する $forEach$ と $sorted$ の適用は簡約できない．型付け可能な FJ^s プログラムは，このような簡約できないストリーム操作を含まない．以下では，提案する型システムが健全であること，すなわち型付け可能な FJ^s プログラムは最終的な値まで正しく簡約できることを示す．

FJ^s における値と正規形を以下のように定義する．

定義 1. 値 v を以下のように定義する．

$$v \quad ::= \quad \text{new } C(\overline{v}) \mid unit \mid inf \mid fin$$

定義 2. 簡約できない式は正規形である．

この時，型付け可能な正規形は値に限られることが示される．

定理 1. 型付け可能な正規形は値である． □

FJ^s の型システムは停止性に関して健全であり，型付け可能な式は値に到達するまで簡約できる．健全性は以下に示す進行性と保存性から証明できる．

定理 2 (進行性)**.** t を型付け可能な式とする．

1. t が部分式として new $C_0(\overline{t}).f$ を持つならば，$fields(C_0) = \overline{\tau}\ \overline{f}$ なる $\overline{\tau}$ と $\overline{f}$ が存在して $f \in \overline{f}$．

2. t が部分式として new $C_0(\overline{t}).m(\overline{d})$ を持つならば，$mbody(m, C_0) = \overline{x}.t_0$ なる $\overline{x}$ と t_0 が存在して $\#(\overline{x}) = \#(\overline{d})$．

3. t が部分式として $st.sorted$，$st.forEach$ を持つならば，$st \to^* fin$． □

定理 3 (保存性)**.** $\Gamma \vdash t : \tau$ かつ $t \to t'$ ならば，ある $\tau' <: \tau$ に対して $\Gamma \vdash t' : \tau'$． □

進行性は，型付け可能な式に含まれるフィールドアクセス，メソッド呼び出し，ストリーム操作は簡約できることを表す．フィールドアクセスの場合，規則 T-Field からレシーバオブジェクトはアクセスされるフィールドを持っており，規則 E-Proj により簡約できる．メソッド呼び出しの場合，規則 T-Invoke から呼び出されるメソッドの仮引数と実引数の個数は等しく，規則 E-Invoke により簡約できる．$st.sorted$ と $st.forEach$ の st の型はそれぞれ規則 T-Sorted と規則 T-ForEach から Fin であり，この場合 $st \rightarrow^* fin$ であることは容易に示される．よって，$st.sorted$ と $st.forEach$ はともに簡約規則に従って簡約できる．保存性は，型付け可能な式を 1 ステップ簡約すると，簡約後の式も適切な型で型付け可能であることを示している．

定理 4 (健全性)**.** $\emptyset \vdash t : \tau$ の時，t' を正規形として $t \rightarrow^* t'$ ならば，t' は以下のいずれかを満たす．

1. $\tau = C$ ならば $D <: C$ なる D が存在して $\emptyset \vdash v : D$ となる値 v である．

2. 値 $unit$，inf，fin のいずれかである． □

4　型検査器の実装

提案する型システムに基づく型検査器を Checker Framework（以下，CF）を用いて実装した．型検査器はコンパイラにプラグインされてコンパイル時に起動される．

4.1　Checker Framework

CF は，Java に対して型システムに基づく型検査器を構築するためのフレームワークであり，型を型アノテーションとして定義し，型付け規則を構文木を走査する Visitor として定義する．ライブラリなど既存のプログラムに型を付与するために，型アノテーションで注釈されたメソッドシグネチャが含まれる stub ファイルを作成する．型検査器を利用したい開発者は，必要な型を型アノテーションを利用してプログラム中に記述する．Java コンパイラに対して利用したい型検査器をプラグインすることで，Java コンパイラによる型検査と独立して別の型検査が実行される．

4.2　型アノテーション

提案する型システムの型を表現するために，`@Infinite`，`@Finite`，`@Preserved` の 3 つの型アノテーションを定義する．`@Infinite`，`@Finite` アノテーションはそれぞれ無限ストリーム，有限ストリームを表す型アノテーションである．stub ファイルにおいて，`@Infinite` アノテーションは無限ストリームを生成し得るメソッドの戻り値の型に付与される．`@Finite` アノテーションは有限ストリームを生成するメソッド，無限ストリームを有限ストリームに変換するメソッドの戻り値の型，引数に有限ストリームを指定するメソッドの引数の型に付与される．`@Preserved` アノテーションは，ストリームの有限性および無限性を変更しないメソッドの戻り値の型を注釈する．FJ^s に直接対応する型は存在しないが，map 操作のように返すストリームの型が適用対象のストリームの型と同じであることを表すために必要である．

これらの型アノテーションを用いて注釈された Stream API のメソッドシグネチャを含む stub ファイルを作成する．例えば，`sorted` のメソッドシグネチャは`@Preserved Stream<T> sorted() @Finite;` のように注釈される．`@Preserved` は戻り値の型が適用対象の型と同じであること，`@Finite` は有限ストリームに対してのみ適用できることを表す．ユーザプログラムにもこれらの型アノテーションを記述できるが，記述がなければ CF が推論するため，実際には記述しなくてよい．

4.3　型検査器

型検査器は図 3，4 に示す型付け規則に基づいて実装されており，規模は 500 行程度である．Stream API のメソッドのうち，`concat`，`flatMap` 以外のメソッドに対応している．`filter` など一部のメソッドは，適用するストリーム中の要素と操作の内容によって操作が停止するか否かが決まる．しかし，FJ^s では操作の内容や対象を形式化の対象とせず，操作が停止するか否かはわかるものとして形式化している．今回の実装では単純に，`distinct`，`filter`，`dropWhile` は `sorted` とみなし，

anyMatch，allMatch，noneMatch は forEach とみなして実装することとした．無限ストリームに適用されるこれらのメソッドはストリーム中の要素や操作の内容によらず常に停止しないと判断されることになるため，停止するケースについては正しく判定できない．

4.4　適用例

無限ストリームに対して停止しない操作を適用する簡単な Java プログラムをソースコード 3 に示す．@Infinite で注釈された変数 st は全要素が整数 1 である無限ストリームを保持する．st に対して中間操作 filter を用いてストリーム中の整数 0 のみを選別し，最後に終端操作 forEach を適用して選別した要素を標準出力する．filter はストリーム中に整数 0 を探すが，全要素が整数 1 であるため停止しない．

ソースコード 3　正しく判定できる停止しない操作の例

```
@Infinite Stream<Integer> st = Stream.iterate(1, i -> i);
st.filter(i -> i == 0).limit(5).forEach(System.out::println);
```

ソースコード 4　ソースコード 3 に対応する FJ^s プログラム

```
class A extends Object {
  Inf st;
  A(Inf st) { super(); this.st = st; }
  Unit m() { return this.st.sorted.limit.forEach; }
}
new A(inf).m();
```

$$\dfrac{\dfrac{\Gamma(this) = A \qquad fields(A) = Inf\ st}{\Gamma \vdash this.st\colon Inf}\,[\text{T-Field}]}{\Gamma \vdash this.st.sorted\colon ???}\,[???]$$

図 6　$this.st.sorted$ の型導出木

ソースコード 3 に対応する FJ^s プログラムをソースコード 4 に示す．ここで，filter を $sorted$ とみなしている．$this.st$ の値は inf であるが $inf.sorted$ に対する簡約規則は存在しないため，メソッド本体の式の簡約は $inf.sorted.limit.forEach$ までで停止する．$this.st.sorted$ に対する型導出木を図 6 に示す．ここで，$\Gamma = this\colon A$ である．$this.st$ の型が Inf であるため規則 T-Sorted を適用できず，$this.st.sorted$ は型が付けられない．

実装した型検査器を用いてソースコード 3 を検査した結果を図 7 に示す．このエラーは，filter メソッドが呼び出されるレシーバオブジェクトについて期待される型と実際の型が一致しないことで発生している．st に対し無限ストリームを表す@Infinite アノテーションが付与されているため st は Inf 型と判断されるが，filter メソッドのレシーバの型には有限ストリームを表す@Finite アノテーションが付与されており，Fin 型が期待されているためエラーとなる．

一方，filter の条件を i -> i == 1 とすると，ストリーム中のすべての要素が条件を満たすので，limit により先頭から 5 つ選別し，forEach により標準出力に表示して終了する．停止するストリーム操作となっているが，対応する FJ^s プログラムは型付け不能なソースコード 4 と同じであり，停止性を正しく判定できない．

```
エラー: [method.invocation.invalid] call to filter(java.util.function.Predicate<?
  super T>) not allowed on the given receiver.
        st.filter(i -> i == 0).limit(5).forEach(System.out::println);
                ^
  found    : @Infinite Stream
  required: @Finite Stream
エラー1個
```

図 7　型検査器が発行するエラーメッセージ

5 関連研究

IntelliJ IDEA 2018.1 には Stream API の無限ストリームを検出する機能が導入されている．この機能は，無限ストリームに対し要素数を制限する操作が適用されていないことを検出する．ソースコード 1 のような要素数を制限する操作が含まれていても停止しない場合も検出できる．本研究の提案手法と検出能力は同程度であると思われるが，健全性などは議論されていない．

FJ [1] は Java の型システムを定式化するためのサブセット言語であり，FJ を用いて Java の拡張をモデル化する研究が行われている．五十嵐らは [1] の中で FJ に総称型を導入する拡張を行っている．伊奈らは，漸進的型付け [3] を FJ に導入して形式化し，オブジェクト指向言語における漸進的型付けの基盤を構築している [4]．

CF を用いて型検査器を作成する研究が行われている．例えば，Kechagia らによる API に対する不正な値の入力の検査 [5]，Mackie らによる Java プログラムにおける符号ありあるいは符号なし整数の値に関するエラーの検査 [6]，Weitz らによる Java プログラムにおけるフォーマット文字列の不正使用の検査 [7] などが型検査器として CF を用いて実装されている．CF にも null チェックを行う Nullness Checker [8] や，エイリアス関係がないことを検査する Aliasing Checker が含まれている．

6 おわりに

本稿では，Java Stream API によるストリーム操作の停止性を検査する型システムを構築し，その健全性を証明した．無限ストリームに対する停止しない操作の適用を型検査により静的に検出できる．提案する型システムに基づく型検査器を Checker Framework を用いて実装し，簡単なプログラムに対して適用した．

今後の課題として，本稿の対象から除外した `concat` と `flatMap` に対応する必要がある．停止性がストリーム中の要素や操作の内容に依存する操作に対応することや，実装した型検査器を実際のソフトウェアのプログラムに対して適用し評価することも今後の課題である．

謝辞 本研究の一部は JSPS 科研費 JP15K00112，JP17K12666，JP18K11241 および 2018 年度南山大学パッヘ研究奨励金 I-A-2 の助成による．

参考文献

[1] Igarashi, Atsushi and Pierce, Benjamin C. and Wadler, Philip. Featherweight Java: A Minimal Core Calculus for Java and GJ. *ACM Trans. Program. Lang. Syst.*, Vol. 23, No. 3, pp. 396–450, May 2001.

[2] Matthew M. Papi, Mahmood Ali, Telmo Luis Correa Jr, Jeff H. Perkins, and Michael D Ernst. Practical pluggable types for Java. In *Proceedings of the 2008 international symposium on Software testing and analysis*, pp. 201–212. ACM, 2008.

[3] Jeremy G. Siek and Walid Taha. Gradual Typing for Functional Languages. In *Scheme and Functional Programming Workshop*, Vol. 6, pp. 81–92, 2006.

[4] 伊奈林太郎, 五十嵐淳. Featherweight Java のための漸進的型付け. コンピュータソフトウェア, Vol. 26, No. 2, pp. 2_18–2_40, 2009.

[5] Maria Kechagia and Diomidis Spinellis. Type Checking for Reliable APIs. In *Proceedings of the 1st International Workshop on API Usage and Evolution*, pp. 15–18. IEEE Press, 2017.

[6] Christopher A Mackie. Preventing Signedness Errors in Numerical Computations in Java. In *Proceedings of the 2016 24th ACM SIGSOFT International Symposium on Foundations of Software Engineering*, pp. 1148–1150. ACM, 2016.

[7] Konstantin Weitz, Siwakorn Srisakaokul, Gene Kim, and Michael D Ernst. A format string checker for Java. In *Proceedings of the 2014 International Symposium on Software Testing and Analysis*, pp. 441–444. ACM, 2014.

[8] Werner Dietl, Stephanie Dietzel, Michael D Ernst, Kivanç Muşlu, and Todd W Schiller. Building and using pluggable type-checkers. In *Proceedings of the 33rd International Conference on Software Engineering*, pp. 681–690. ACM, 2011.

情報流解析における制約付き機密度パラメータ

Bounded Secrecy Parameters in Information Flow Analysis

桑原 寛明* 國枝 義敏†

Summary. This paper proposes bounded secrecy parameters in information flow analysis. Although secrecy parameters make it possible to define classes or functions without specifying a concrete secrecy for each data, programs that include secrecy parameters are required to satisfy noninterference with any substitution for secrecy parameters. Bounded secrecy parameters relax this too restrictive requirement and make more programs typable. We show a type system for information flow analysis of imperative programs with bounded secrecy parameters and a simple example of type checking.

1 はじめに

プログラムの静的解析により機密情報が外部に漏れないことを検査する手法として，型検査に基づく情報流解析が提案されている [1] [2] [3] [4]．型検査に基づく情報流解析では，データの機密度を型として利用し，型付け可能なプログラムが非干渉性を満たすように型システムを構築する．非干渉性は，機密度の低いデータが機密度の高いデータに直接および間接的に依存しないことを表し，機密データ自体に加え機密データを推測できる情報も漏らさないという意味でよい性質である．

型検査に基づく情報流解析では，プログラム中の変数や関数の返り値の型として機密度を指定する．変数の機密度は，その変数に格納可能なデータの機密度の上限を表す．型として機密度を指定する際，一般には具体的な機密度を指定する必要がある．そのため，扱うデータの機密度を事前に決定できない汎用的なコレクションフレームワークのようなプログラムの場合，指定する機密度を変えながら同じようなプログラムを記述することになる．これは，出現する機密度のみが異なるクローンを多数作り出すことに相当するため望ましくない．

この問題に対し，機密度のパラメータ化が提案されている [5]．この手法では，Java 言語におけるジェネリックなクラスのように，機密度を表す機密度パラメータを用いてクラスを定義し，機密度パラメータに具体的な機密度を割り当ててクラスのインスタンスを生成する．これにより，機密度のみが異なるクローンを多数記述する必要はない．[5] では，機密度パラメータに対応した情報流解析のための型システムも提案されており，型付け可能なプログラムは機密度パラメータにどのような機密度を割り当てても非干渉性を満たすことが保証されている．

しかし，任意の機密度の割り当てに対して非干渉性を満たす必要があることは強い制限となっている．例えば，2 段階の機密度のもとで 2 種類の機密度パラメータを含むプログラムを考えると，機密度の割り当て方は 4 通りあり，そのすべてについて非干渉性を満たすことが求められる．この制限を満たしながら実用的なプログラムを作成することは容易ではない．非干渉性を満たさない機密度の割り当て方が残ることは許容しつつ，そのような割り当て方が実際に行われていればそれを検出する方が現実的である．

本稿では，情報流解析における制約付き機密度パラメータを提案し，対応する型システムを構築する．非干渉性を満たす機密度の割り当てと満たさない割り当てを区別するために，機密度パラメータに対して制約を与える．制約を満たす機密度の割り当てに対して非干渉性を満たせばよいとする．さらに，機密度の具体的な割り当て方が制約を満たしているか検査する．以上により，従来手法における制限が緩

*Hiroaki Kuwabara, 南山大学情報センター
†Yoshitoshi Kunieda, 立命館大学情報理工学部

和されプログラムが作成しやすくなることが期待される．

2 制約付き機密度パラメータ

型検査に基づく情報流解析では，プログラム中の変数や関数の返り値の型として機密度を指定する．例えば，機密度がLとHの2段階でLよりHの方が高いとすると，2つの引数の値が等しいか判定する関数の1つは

```
L equalsLL(L x1, L x2) { return x1 == x2; }
```

のように定義できる．この関数は，2つの引数の機密度がともにLと指定されており，返り値の機密度もLとなっている．機密度が2種類あるため，この他に

```
H equalsLH(L x1, H x2) { return x1 == x2; }
H equalsHH(H x1, H x2) { return x1 == x2; }
```

の2つの関数も必要である[1]．返り値の機密度は引数の機密度に依存するため，いずれの関数も返り値の機密度はHである．これら3つの関数は引数と返り値の機密度は異なるが，いずれも本体は同じコードで実装されており，一種のコードクローンとなっている．

これら3つの関数は，2つの引数と返り値の機密度それぞれに機密度パラメータX1，X2，Yを用いると

```
Y equals(X1 x1, X2 x2) { return x1 == x2; }
```

のように定義できる．3つの機密度パラメータすべてにLを割り当てればequalsLLに相当する関数が得られる．機密度の割り当て方は全部で8通りあるが，X1，X2の一方か双方にHを割り当て，YにLを割り当てた場合，この関数定義は非干渉性を満たさない．非干渉性を満たさない機密度の割り当て方が存在するため，従来手法では型付け不能である．2つの変数[2]が依存関係にあれば，それらの機密度の間には順序が存在するが，このような変数の機密度をともに機密度パラメータで表した場合には順序を守らないような機密度の割り当て方が存在し得る．

そこで，機密度間の順序を機密度パラメータ間に反映するために，機密度パラメータに制約を与えられるように拡張する．例えば，equals関数の返り値は2つの引数に依存していることから，返り値の機密度はx1の機密度以上かつx2の機密度以上でなければならないため，

```
<X1⊑Y, X2⊑Y> Y equals(X1 x1, X2 x2) { return x1 == x2; }
```

のように定義する．ここで，X1 ⊑ YはYに割り当てられる機密度はX1に割り当てられる機密度以上でなければならないことを表す．機密度パラメータに対する制約を満たす割り当てについてのみ非干渉性が満たされればよいとすれば，X1，X2にH，YにLを割り当てるような非干渉性を満たさない割り当ては制約を満たさないため除外できる．

3 型システム

3.1 対象言語

本稿では[6]の簡単な手続き型言語の変種を対象に，関数定義に制約付き機密度パラメータを導入する．機密度パラメータを提案した[5]では，クラスベースのオブジェクト指向言語を対象としてクラス定義に機密度パラメータを導入しているが，本稿では制約付き機密度パラメータのみに着目するため，仕様の簡潔な手続き型言語を対象とする．簡単のために機密度定数はLとHの2種類とし，$L \sqsubseteq H$を満たす機密度束$(\{L, H\}, \sqsubseteq)$を仮定する．機密度定数と機密度パラメータをまとめて機密度と呼ぶ．

対象言語の文法を図1に示す．ηは機密度定数，Xは機密度パラメータを表し，機

---

[1] equalsLH(L,H)とequalsHL(H,L)は一方で他方を置換可能なので一方のみでよい．

[2] returnは返り値を表す特殊な変数への代入とみなす．

$$
\begin{aligned}
\eta &::= L \mid H \\
\tau &::= \eta \mid X \\
\rho &::= \tau \mid \rho \sqcup^{*} \rho \mid \rho \sqcap^{*} \rho \\
P &::= \overline{F} \\
F &::= \overline{\langle \Gamma \rangle\ \tau}\ f(\overline{\tau\ x})\ B \\
\Gamma &::= \overline{\tau \sqsubseteq \tau} \\
B &::= \{\overline{\tau\ x;}\ \overline{S;}\} \\
S &::= x = e \mid \text{if } (e)\ B \text{ else } B \\
e &::= x \mid \text{true} \mid \text{false} \mid e \odot e \mid f[\overline{X \mapsto \tau}](\overline{e})
\end{aligned}
$$

図 1 対象言語の文法

密度 τ は機密度定数か機密度パラメータのいずれかである．データ型を bool 型のみに限定して記述を省略し，変数や関数の返り値の型には機密度のみを記述する．$\sqcup^{*}$ は機密度パラメータに拡張された結び演算子であり，$\rho_1 = \eta_1, \rho_2 = \eta_2$ ならば $\rho_1 \sqcup^{*} \rho_2 = \eta_1 \sqcup \eta_2$，$\rho_1 = \rho_2$ ならば $\rho_1 \sqcup^{*} \rho_2 = \rho_1$ と定義する．$\sqcap^{*}$ は拡張された交わり演算子であり同様に定義される．ρ はプログラム中には出現しないが，型付け規則の中に出現する．プログラム P は関数定義の並びである．$\overline{A}$ は長さ 0 以上の有限リストを表す略記である．F は関数定義であり，f が関数名を表す．Γ は F 中に出現する機密度パラメータに対する制約のリストである．F は制約がなく Γ に出現しない機密度パラメータを含む場合もある．機密度パラメータのスコープは F 内に限られる．B はブロック，S は文，e は式である．ブロックの先頭でローカル変数を宣言可能である．x は変数，true と false は真偽値リテラルである．関数の返り値は予約変数 *result* への代入によって設定する．$\odot$ は適当な 2 項演算を指す．$f[\overline{X \mapsto \tau}](\overline{e})$ は関数 f を呼び出す式であるが，f の定義中に出現する機密度パラメータ X_i に機密度 τ_i を割り当てて呼び出すことを表す．

3.2 型付け規則

型付け規則を図 2 に示す．PROGRAM 規則がプログラム全体，FDEC 規則が関数定義，BLOCK 規則がブロック，ASSIGN，IF，SUB-S 規則が文，その他が式の型付け規則である．Δ は型環境であり，変数名からその機密度への関数である．Γ は機密度パラメータに対する制約のリスト，*result* は関数の返り値を表す変数，*ftype* は関数のシグネチャを取得する関数である．関数のシグネチャは機密度パラメータに対する制約のリストも含む．$\mathrm{sat}(\Gamma)$ は，Γ 中のすべての制約を同時に満たすように Γ 中の各機密度パラメータに機密度定数を割り当てられること，すなわち Γ が充足可能であることを表す．機密度パラメータに対する制約 c に対し，$\Gamma \triangleright c$ は図 3 の規則に従って Γ から c を導出できることを表す．$\Gamma \triangleright c$ ならば，Γ を充足するような割り当ての下で c は満たされる．割り当て $\sigma = [\ldots, X \mapsto \tau, \ldots]$ に対し，$\eta\sigma = \eta$，$X\sigma = \tau$，$Y\sigma = Y$（ただし $Y \neq X$），$(\tau_1 \sqsubseteq \tau_2)\sigma = \tau_1\sigma \sqsubseteq \tau_2\sigma$，$\Gamma\sigma = \overline{(\tau_1 \sqsubseteq \tau_2)\sigma}$（ただし $\Gamma = \overline{\tau_1 \sqsubseteq \tau_2}$）とする．

プログラムを構成するすべての関数定義が型付け可能であればプログラムは型付け可能である．引数と返り値に関する型環境および機密度パラメータに対する制約リストの下で関数本体が型付け可能，かつ制約リストが充足可能であれば関数定義は型付け可能である．プログラムと関数定義は型付けできるか否かが重要であり，プログラムと関数定義の具体的な型は定義しない．ブロックの型判定式 $\Delta; \Gamma \vdash B : \rho$ および文の型判定式 $\Delta; \Gamma \vdash S : \rho$ は，それぞれ型環境 Δ と制約リスト Γ の下で B あるいは S の実行によって変更される変数の機密度が ρ 以上であることを表す．式の型判定式 $\Delta; \Gamma \vdash e : \rho$ は，型環境 Δ と制約リスト Γ の下で式 e の機密度が ρ 以下であることを表す．

いくつかの型付け規則には条件が存在する．例えば ASSIGN 規則の $\Gamma \triangleright \rho_e \sqsubseteq \tau_x$

$$\frac{\vdash F_i \quad i \in \{1, \ldots, n\}}{\vdash F_1 \ldots F_n} \text{[PROGRAM]} \qquad \frac{\overline{x : \tau_x}, \mathit{result} : \tau_r; \Gamma \vdash B : \rho_B \quad \mathrm{sat}(\Gamma)}{\vdash \langle \Gamma \rangle \; \tau_r \; f(\overline{\tau_x \; x}) \; B} \text{[FDEC]}$$

$$\frac{\Delta, \overline{x : \tau_x}; \Gamma \vdash S_i : \rho_i \quad i \in \{1, \ldots, n\}}{\Delta; \Gamma \vdash \{\overline{\eta_x \; x;} \; S_1; \ldots S_n;\} : \boxast_i \, \rho_i} \text{[BLOCK]}$$

$$\frac{\Delta; \Gamma \vdash e : \rho_e \quad \tau_x = \Delta(x) \quad \Gamma \rhd \rho_e \sqsubseteq \tau_x}{\Delta; \Gamma \vdash x = e : \tau_x} \text{[ASSIGN]}$$

$$\frac{\begin{array}{l}\Delta; \Gamma \vdash e : \rho_e \quad \Delta; \Gamma \vdash B_t : \rho_t \quad \Delta; \Gamma \vdash B_f : \rho_f \\ \Gamma \rhd \rho_e \sqsubseteq \rho_t \quad \Gamma \rhd \rho_e \sqsubseteq \rho_f\end{array}}{\Delta; \Gamma \vdash \text{if } (e) \; B_t \text{ else } B_f : \rho_t \boxast \rho_f} \text{[IF]}$$

$$\frac{\Delta; \Gamma \vdash S : \rho \quad \Gamma \rhd \rho' \sqsubseteq \rho}{\Delta; \Gamma \vdash S : \rho'} \text{[SUB-S]} \qquad \frac{\Delta; \Gamma \vdash e : \rho \quad \Gamma \rhd \rho \sqsubseteq \rho'}{\Delta; \Gamma \vdash e : \rho'} \text{[SUB-E]}$$

$$\frac{\tau = \Delta(x)}{\Delta; \Gamma \vdash x : \tau} \text{[VAR]} \quad \frac{t \in \{\text{true,false}\}}{\Delta; \Gamma \vdash t : L} \text{[CONST]} \quad \frac{\Delta; \Gamma \vdash e_1 : \rho_1 \quad \Delta; \Gamma \vdash e_2 : \rho_2}{\Delta; \Gamma \vdash e_1 \odot e_2 : \rho_1 \boxast \rho_2} \text{[OP]}$$

$$\frac{\begin{array}{l}\Delta; \Gamma \vdash e_i : \rho_{e_i} \quad i \in \{1, \ldots, n\} \\ y_1 : \tau_1, \ldots, y_n : \tau_n \to \tau_r; \Gamma_f = \mathit{ftype}(f) \\ \sigma = [\overline{X \mapsto \tau}] \quad \Gamma \rhd \rho_{e_i} \sqsubseteq \tau_i \sigma \quad \forall c \in \Gamma_f \sigma \,.\, \Gamma \rhd c\end{array}}{\Delta; \Gamma \vdash f[\overline{X \mapsto \tau}](e_1, \ldots, e_n) : \rho_r \sigma} \text{[CALL]}$$

図 2 型付け規則

は，代入文の型付けの条件として右辺式の機密度が代入先変数の機密度以下でなければならないことを表す．ρ_e や τ_x には機密度パラメータが含まれる可能性があり，これらの機密度パラメータに対する制約を表す Γ の下で条件が満たされるか検査する．関数呼び出し式に対する CALL 規則では 2 種類の検査を行う．1 つは，実引数を仮引数に代入するために実引数の機密度が仮引数の機密度以下になっていることの検査である．この時，仮引数の機密度が機密度パラメータで表されている可能性があるため，機密度パラメータに関数呼び出し時に指定された機密度を割り当ててから検査する．もう 1 つは，関数定義時の機密度パラメータに対する制約が関数呼び出し時に指定された割り当てを適用しても充足されることの検査である．この時，呼び出し先関数の機密度パラメータに対して呼び出し元関数における機密度パラメータが割り当てられる可能性があるため，呼び出し元関数における機密度パラメータに対する制約リスト Γ の下で各制約が充足されるか検査する．

3.3 適用例

提案する型システムの適用例として図 4 のプログラムを考える．ここで，X_1, X_2, Y および A_1, A_2, A_3, B は機密度パラメータである．== は等価判定演算，&& は論理積演算であり，いずれも型付けには OP 規則が適用される．equals2 は 2 引数の値が等しいか判定する関数である．引数と返り値の機密度はすべて機密度パラメータを用いて表されている．2 引数はともに返り値に影響を与えるため，2 引数の機密度パラメータと返り値の機密度パラメータの間には制約が存在する．equals3 は 3 引数の値が等しいか判定する関数であり，equals2 関数を使って実装されている．equals3

$$\frac{\rho \sqsubseteq \rho' \in \Gamma}{\Gamma \triangleright \rho \sqsubseteq \rho'} \qquad \frac{}{\Gamma \triangleright L \sqsubseteq H} \qquad \frac{}{\Gamma \triangleright \rho \sqsubseteq \rho}$$

$$\frac{\Gamma \triangleright \rho \sqsubseteq \rho' \quad \Gamma \triangleright \rho' \sqsubseteq \rho''}{\Gamma \triangleright \rho \sqsubseteq \rho''} \qquad \frac{\Gamma \triangleright \rho' \sqsubseteq \rho \quad \Gamma \triangleright \rho'' \sqsubseteq \rho}{\Gamma \triangleright \rho' \sqcup \rho'' \sqsubseteq \rho} \qquad \frac{\Gamma \triangleright \rho \sqsubseteq \rho' \quad \Gamma \triangleright \rho \sqsubseteq \rho''}{\Gamma \triangleright \rho \sqsubseteq \rho' \sqcap \rho''}$$

図 3　制約の導出規則

$\langle X_1 \sqsubseteq Y, X_2 \sqsubseteq Y \rangle\ Y\ \mathrm{equals2}(X_1\ x_1,\ X_2\ x_2)\ \{$
　　$\mathrm{result} = x_1 == x_2;$
$\}$

$\langle A_1 \sqsubseteq B, A_2 \sqsubseteq B, A_3 \sqsubseteq B \rangle\ B\ \mathrm{equals3}(A_1\ a_1,\ A_2\ a_2,\ A_3\ a_3)\ \{$
　　$\mathrm{result} = \mathrm{equals2}[Y \mapsto B, X_1 \mapsto A_1, X_2 \mapsto A_2](a_1,\ a_2)$
　　　　$\&\&$
　　　　$\mathrm{equals2}[Y \mapsto B, X_1 \mapsto A_2, X_2 \mapsto A_3](a_2,\ a_3);$
$\}$

図 4　例題プログラム

についても equals2 と同様に，3 引数の機密度パラメータと返り値の機密度パラメータの間に制約が存在する．equals2 関数の呼び出し時に，equals2 関数の機密度パラメータと equals3 関数の機密度パラメータの対応が指定されている．

equals2 関数の本体に対する型導出木を図 5 に示す．ここで，$\Delta = x_1 : X_1, x_2 : X_2, \mathrm{result} : Y$，$\Gamma = X_1 \sqsubseteq Y, X_2 \sqsubseteq Y$ である．代入の右辺は x_1, x_2 から構成されるため機密度は $X_1 \sqcup X_2$，左辺の result の機密度は Y である．代入文の右辺の機密度は左辺の機密度以下でなければならないため $X_1 \sqcup X_2 \sqsubseteq Y$ が成り立つ必要があるが，機密度パラメータに対する制約リスト Γ の下で図 3 の規則から導出できる．そのため，代入文は型付け可能であり，関数本体も型付け可能である．

equals3 関数における 1 つ目の equals2 呼び出し式の型導出木を図 6 に示す．ここで，$\Delta = a_1 : A_1, a_2 : A_2, a_3 : A_3, \mathrm{result} : B$，$\Gamma = A_1 \sqsubseteq B, A_2 \sqsubseteq B, A_3 \sqsubseteq B$ である．Γ' は equals2 関数における機密度パラメータに対する制約リストであり，σ は equals2 関数における機密度パラメータに対する割り当てである．関数呼び出し式において，実引数の機密度は仮引数の機密度以下でなければならない．1 つ目の引数の場合，実引数の機密度は A_1，仮引数の機密度は X_1 であり，X_1 に対する割り当てが A_1 であるため，$A_1 \sqsubseteq X_1\sigma$ すなわち $A_1 \sqsubseteq A_1$ は成り立つ．2 つ目の引数についても同様である．さらに，equals2 関数における機密度パラメータに対する割り当てが Γ' で表される制約リストを充足する必要があるが，制約リストに割り当てを適用すると $\Gamma'\sigma = A_1 \sqsubseteq B, A_2 \sqsubseteq B$ が得られ，この中のすべての制約が Γ に含まれているため Γ の下で充足される．以上より，1 つ目の equals2 関数の呼び出し式は型付け可能であり，型は $Y\sigma = B$ である．同様にして 2 つ目の equals2 関数の呼び出し式も型 B で型付けできる．以下，$B \sqcup B = B \sqsubseteq B$ から equals2 関数の本体の型付けと同様にして equals3 関数の本体も型付け可能であることがわかる．

4　おわりに

本稿では，情報流解析における制約付き機密度パラメータと，対応する型システムを提案した．機密度パラメータにより機密度のみが異なる多数のプログラムの作

$$\dfrac{\dfrac{\dfrac{\dfrac{\Delta(x_1)=X_1}{\Delta;\Gamma\vdash x_1:X_1}\quad\dfrac{\Delta(x_2)=X_2}{\Delta;\Gamma\vdash x_2:X_2}}{\Delta;\Gamma\vdash x_1==x_2:X_1\boxast X_2}\qquad\Delta(\mathrm{result})=Y\qquad\dfrac{\dfrac{X_1\sqsubseteq Y\in\Gamma}{\Gamma\triangleright X_1\sqsubseteq Y}\quad\dfrac{X_2\sqsubseteq Y\in\Gamma}{\Gamma\triangleright X_2\sqsubseteq Y}}{\Gamma\triangleright X_1\boxast X_2\sqsubseteq Y}}{\Delta;\Gamma\vdash \mathrm{result}=x_1==x_2:Y}}{\Delta;\Gamma\vdash\{\mathrm{result}=x_1==x_2;\}:Y}$$

図 5 equals2 関数本体の型導出木

$$\dfrac{\dfrac{\Delta(a_1)=A_1}{\Delta;\Gamma\vdash a_1:A_1}\qquad\dfrac{\Delta(a_2)=A_2}{\Delta;\Gamma\vdash a_2:A_2}\qquad\begin{array}{l}\mathit{ftype}(\mathrm{equals2})=x_1:X_1,x_2:X_2\rightarrow Y;\Gamma'\\ \Gamma'=X_1\sqsubseteq Y,X_2\sqsubseteq Y\\ \sigma=[Y\mapsto B,X_1\mapsto A_1,X_2\mapsto A_2]\\ \Gamma\triangleright A_1\sqsubseteq X_1\sigma\quad\Gamma\triangleright A_2\sqsubseteq X_2\sigma\\ \Gamma'\sigma=A_1\sqsubseteq B,A_2\sqsubseteq B\\ \Gamma\triangleright A_1\sqsubseteq B\quad\Gamma\triangleright A_2\sqsubseteq B\end{array}}{\Delta;\Gamma\vdash\mathrm{equals2}[Y\mapsto B,X_1\mapsto A_1,X_2\mapsto A_2](a_1,a_2):B}$$

図 6 equals3 関数における 1 つ目の equals2 呼び出し式の型導出木

成を回避できるが，機密度パラメータに対してどのような機密度が割り当てられるか事前にはわからないため，任意の機密度の割り当てに対して非干渉性を満たすことが要求される．機密度パラメータに対して制約を与え，任意の機密度ではなく制約を満たす機密度の割り当てに対して非干渉性を求めることで，型付け可能なプログラムの範囲が拡大される．制約を満たさない機密度の割り当ては排除されるため，実行時に不正な情報流が発生することはない．

提案する型システムが非干渉性に対して健全であることの証明は今後の課題である．[2] と同様に，型付け可能なプログラムを機密度の高いデータのみが異なる 2 つの初期状態から実行すると，実行後の 2 状態において機密度の低いデータは等価であることを示す．型検査アルゴリズムの構築や，クラスベースのオブジェクト指向言語に対する制約付き機密度パラメータの導入も今後の課題である．データ構造に対する制約付き機密度パラメータの効果を確認する必要がある．

謝辞 本研究の一部は JSPS 科研費 JP15K00112，JP17K12666，JP18K11241 および 2018 年度南山大学パッヘ研究奨励金 I-A-2 の助成による．

参考文献

[1] Anindya Banerjee and David A. Naumann. Secure Information Flow and Pointer Confinement in a Java-like Language. In *Proceedings of the 15th IEEE Computer Security Foundations Workshop*, pp. 253–267, 2002.

[2] 黒川翔, 桑原寛明, 山本晋一郎, 坂部俊樹, 酒井正彦, 草刈圭一朗, 西田直樹. 例外処理付きオブジェクト指向プログラムにおける情報流の安全性解析のための型システム. 電子情報通信学会論文誌 D, Vol. J91-D, No. 3, pp. 757–770, 2008.

[3] Andrei Sabelfeld and Andrew C. Myers. Language-Based Information-Flow Security. *IEEE Journal on Selected Areas in Communications*, Vol. 21, No. 1, pp. 5–19, 2003.

[4] Dennis Volpano, Geoffrey Smith, and Cynthia Irvine. A Sound Type System for Secure Flow Analysis. *Journal of Computer Security*, Vol. 4, No. 2, pp. 167–187, 1996.

[5] 吉田真也, 桑原寛明, 國枝義敏. オブジェクト指向言語の情報流解析における機密度のパラメータ化. In *FOSE 2017*, pp. 83–92, 2017.

[6] 桑原寛明. 型検査に基づく手続き型言語向け情報流解析における型エラースライシング. コンピュータソフトウェア, Vol. 27, No. 4, pp. 221–227, 2010.

再帰的な構造体を用いたプログラムに対するSAWを用いた振る舞い等価性検証手法の考案と評価

Proposal and Evaluation for Equivalence Checking for Programs with Recursive Data Using SAW

辛島 凜* 原内 聡† 岡野 浩三‡ 小形 真平§

あらまし ソフトウェア開発においてソースのリファクタリングを行う機会は多いが，思わぬバグの発生を避けるため新しい関数と古い関数の振る舞いの等価性や，関数が意図通りの動作をしているかを検証する必要がある．一般的な検証手法としてテストケースを用いた人力での確認が挙げられるが，確認にかかる時間と正確性の観点から見て問題がある．その解決のため形式手法に基づいた様々なプログラム検証ツールが開発されている．本稿では SAW (Software Analysis Workbench) と呼ばれる検証ツールを用いた，データ構造を扱うプログラムの有界検査法を具体的に提案する．そしてデータサイズによる検証時間の評価実験結果を示し，有効性を確認する．

Summary. In software development, there are many opportunities to refactor the source code such as optimization. In order to avoid bugs, it is needed to verify the equivalence of the new function and the behavior of the old function. As a general verification method, human inspection using a test case can be applyed. There are, however, problems from the viewpoint of the time and accuracy required for confirmation, and various program verification tools have been developed to solve the problem. In this paper, we propose concretely bounded verification method for programs dealing with data structures using verification tool called SAW (Software Analysis Workbench). We show the experimental results of the verification time by the data size and confirm the effectiveness.

1 まえがき

ソフトウェア開発においてソースのリファクタリングを行う機会は多いが，思わぬバグの発生を避けるため新しい関数と古い関数の振る舞いの等価性や，関数が意図通りの動作をしているかを検証する必要がある．一般的な検証手法としてテストケースを用いた人力での確認 (回帰テスト) が挙げられるが，確認にかかる時間と正確性の観点から見て問題がある．そのような問題の解決のため形式手法に基づく様々なプログラム検証ツールが開発されている．検証ツールを用いることで効率的かつ正確なプログラムの検証が可能となるが，一般的に再帰的な構造体を用いたプログラムの検証を行うことは困難であるため，そのような場合は有界検証法を用いて検証を行うことが多い [1].

本稿ではプログラム検証ツールの 1 つである SAW (Software Analysis Workbench) に着目する．SAW は極めて有望な技術であるが開発途上の技術であり，今後，技術の追加・更新が多くなされると想定される．しかし，現時点は，その検証時間を検証した例は極めて少ない．実際に C 言語で記述したデータ構造を扱うプログラムに対し，データサイズによる検証時間の評価実験を行いその有効性を確認した結果について報告する．また，本研究の目的の一つは一般的な SAW の検証時間評価プログラムを実現することである．具体的には再帰構造を扱う関数について，有界検証

*Rin Karashima, 信州大学
†Satoshi Harauchi, 三菱電機
‡Kozo Okano, 信州大学
§Shinpei Ogata, 信州大学

法のアプローチをとる中で，SAWScript を自動生成するために実現した手法ならびにツールを報告する．

2 関連研究

本研究に使用した SAW (Software Analysis Workbench) と，SAT/SMT ソルバについて以下に述べる

2.1 SAW

SAW(Software Analysis Workbench) とは，Galois 社により開発されているオープンソースのツールであり，C，Java 及び Cryptol で記述されたソースコードを形式的に検証する [2]．C 言語で記述したプログラムを検証する場合，llvm のフォーマットに変換した後，SAW に読み込み，SAT/SMT ソルバを用い検証を行う．この過程は，SAWScript と呼ばれる独自のスクリプトを用いて記述される．また，SAW では検証を行う際，サポートされている SAT/SMT ソルバを用いて任意の関数について検証が行えるが，現時点の SAW はデータ構造を持つプログラムの有界検査を明示的にはサポートしていない．

2.2 SAT/SMT ソルバ

SAT (SATisfiability problem) は論理式における充足可能性問題を指し，SMT (Satisfiable Modulo Theories) は背景理論付き SAT を指す [3] [4]．SAW では様々な SAT/SMT ソルバのセットを使用して検証を行うことができる．SAW がサポートするソルバは Levent Erkök によって決定され，現在では ABC [5], Boolector [6], CVC4 [7], MathSAT [8], Yices [9], Z3 [10] をサポートしている [2]．ただし，ABC は SAT/SMT ソルバではなく別の理論 (ブール式を表すデータ構造を用いた同値性判定) に基づくソルバである．ABC は SAW のデフォルトのソルバとなっている．

3 提案手法

再帰構造を用いた関数を検証する際，検証を行うデータ構造の終端を定義しなければ再帰が止まらず，検証が終了しない問題が発生する．従って，本稿ではこの問題を解決するため，構造体のデータに対し有界検証法を用いる．一般の有界検証法では，ループなどの繰り返し構造に対し，その繰り返し回数に上限をおき，ループの unwinding により有限の検証式を生成し，検証を行う．本稿で対象にしているようなデータ構造を持つ再帰的な振る舞いを持つ関数に対して有界検査を行う場合は，関数に対し与えるデータの要素数に対して上界を定め，それを満たす範囲の要素数について検証を行うことで関数の検証を行う．SAW を用いて有界検査を行うためには，SAWScript の仕様上，必要なデータ構造の個数に応じ，変数とその値の定義，構造体の定義，定義した構造体の中身，先頭となる構造体，比較を行う返り値が順に記述される．研究グループの先行研究では SAWScript の生成を手動で行っており，研究を進めるうえで多量のデータについて検証を行う際にスクリプト記述の手間が生じていた．本稿では，要素数をパラメーターを与えることで線形リスト構造や二分木構造を検証するための SAWScript を自動で生成するプログラムをそれぞれ Ruby で作成し，検証を行った．このプログラムは線形リスト構造と二分木構造の検証を行うスクリプトを生成するものをそれぞれ作成した．リスト 1 に示す線形リスト構造の検証スクリプトでは，2 から 5 行目が変数とその値の定義，7 から 10 行目が構造体の定義，12 から 20 行目が定義した構造体の中身に関する記述である．21 行目の記述は検証において先頭となる構造体を示し，22 行目には比較を行う返り値が定義される．ここで定義した返り値が検証を行うプログラムと等しい場合，SAW での検証が成功する．リスト 2 に示す二分木構造の検証スクリプトも基本的な構造は同様であるが，10 行目からの構造体の中身に関する記述は二分木構造

に対応した記述となる．繰り返し処理を用いて証明に必要なだけの記述を生成する動作を実現した．また，ポインタを含むプログラムを扱うため，証明にはSAWの`crucible_llvm_verify`という検証パッケージを用いている．

Listing 1　SAWScript for list

```
let spec = do{
  val1<-crucible_fresh_var "val1" (llvm_int 32);
  val2<-crucible_fresh_var "val2" (llvm_int 32);

  val10<-crucible_fresh_var "val10" (llvm_int 32);

  st1<-crucible_alloc (llvm_struct "struct.suji");
  st2<-crucible_alloc (llvm_struct "struct.suji");

  st10<-crucible_alloc (llvm_struct "struct.suji");

  crucible_points_to st1 (
    crucible_struct [ crucible_term val1, crucible_null ]
  );
  crucible_points_to st2 (
    crucible_struct [ crucible_term val2, st1 ]
  );
  crucible_points_to st10 (
    crucible_struct [ crucible_term val10, st9 ]
  );
  crucible_execute_func [st10];
  crucible_return(crucible_term{{1 : [32]}});
};

print "llvm_load start";
m <- llvm_load_module "minnumber.bc";
crucible_llvm_verify m "minsuji" [] false spec abc;
print "Done.";
```

Listing 2　SAW Script for binary Tree

```
let spec = do {
 val1 <- crucible_fresh_var "val1" (llvm_int 32);
 val2 <- crucible_fresh_var "val2" (llvm_int 32);
 val3 <- crucible_fresh_var "val3" (llvm_int 32);

 st1 <- crucible_alloc (llvm_struct "struct.BTREE");
 st2 <- crucible_alloc (llvm_struct "struct.BTREE");
 st3 <- crucible_alloc (llvm_struct "struct.BTREE");

 crucible_points_to st1(
  crucible_struct [
   crucible_term val1,
   st2,
   crucible_null
  ]
```

```
  );

  crucible_points_to st2(
   crucible_struct [
    crucible_term val2,
    st3,
    crucible_null
   ]
  );

  crucible_points_to st3(
   crucible_struct [
    crucible_term val3,
    crucible_null,
    crucible_null
   ]
  );

  crucible_execute_func [st1];
  crucible_return(crucible_term{{val1+val2+val3 : [32]}});
};

print "llvm_load start";
m <- llvm_load_module "btree.bc";
crucible_llvm_verify m "pre_order" [] false spec mathsat;
print "Done.";
```

4 評価実験

評価実験内容について以下で述べる.

4.1 実験環境

今回の実験に用いた PC のスペックを以下に示す.

- OS: Windows 10 64bit
- CPU:Intel Core i7 4510U
- RAM: 8GB

llvm，SAW と使用した各ソルバのバージョンを以下に示す．本稿の実験では, 前記ソルバのうち，Boolector を除く 5 つのソルバを用いた．llvm: 3.8.0, SAW: 0.2, ABC: 1.01, CVC4: 1.5, Z3: 4.6.0, Yices: 2.5.4, MathSAT: 5.5.1,

4.2 検証例題

本稿で使用したデータ構造とその振る舞いについて以下に述べる．実験は各ソルバごとに 10 回ずつ行い，Measure-Command コマンドを用いて検証時間を計測した.

4.3 線形リスト構造

線形リスト構造内の符号無し 32bit 整数値の最小値を返す関数を作成した.

要素数は 10 とし，SAWScript の記述を簡略化するため，関数 isMinLinearCorrect の返り値の値について，値が 1 となるか SAW で検証を行った.

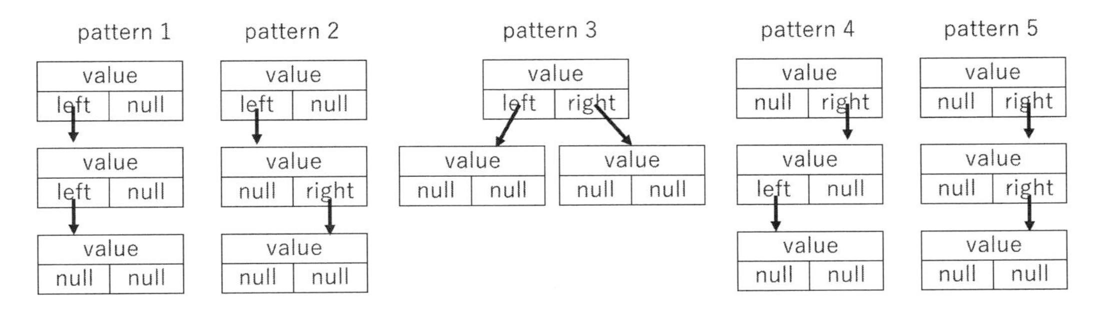

図 1　要素数 3 の二分木のパターン

表 1　線形リスト平均検証時間 (Sec.)

SAT/SMT ソルバ	ABC	CVC4	Z3	Yices	MathSAT
平均検証時間	6.981	1.132	59.110	307.307	291.854

表 2　二分木構造 1 平均検証時間 (Sec.)

SAT/SMT ソルバ	ABC	CVC4	Z3	Yices	MathSAT
pattern 1	0.685	0.502	0.484	0.471	0.571
pattern 2	0.682	0.530	0.483	0.467	0.575
pattern 3	0.673	0.491	0.478	0.469	0.604
pattern 4	0.649	0.490	0.465	0.469	0.580
pattern 5	0.646	0.489	0.461	0.501	0.570

4.4　二分木構造

二分木構造内における符号無し 32bit 整数の総和を返す関数を作成した．

要素数は 3 とし，関数 pre_order の返り値の値について返り値が全てのデータの総和となるかについて SAW で検証を行った．要素数を 3 として検証を行ったため，図 1 の 5 パターンを要した．

5　実験結果

実験結果をここで述べる．

5.1　線形リスト構造

線形リスト構造についての検証結果を表 1 に示す．

5.2　二分木構造

図 1 のパターン番号昇順に検証スクリプトを順次実行するバッチファイルを作成し，検証時間を計測した結果を表 2 に示す．

6　考察

6.1　線形リスト構造

今回の実験結果では，使用した全てのソルバにおいて検証が可能であったが，1.132 秒で検証が完了した CVC4 に対し Yices では 307.307 秒と，各 SAT/SMT ソルバごとの線形リスト構造の取り扱いにおける性能の差が顕著に示される結果となった．研究グループの先行研究における検証では，ABC 以外の SAT/SMT ソルバにおいてエラーにより検証が失敗したと報告されていたことに対し，本実験では全ての SAT/SMT ソルバにおいて検証が正常に完了した．この差異は検証内容に大きな差が存在しないことから，使用した SAT/SMT ソルバのバージョンの差によって生じたと考えられる．

6.2 二分木構造

表 2 の検証結果について，本稿ではまず二分木の構造パターン 1 から 5 の検証を行うバッチファイルを作成し検証を行った．全パターンで検証が成功し，提案手法が有効である判断ができた．

7 まとめ

再帰データ構造を扱うプログラムに対する SAW の検証スクリプトを自動生成するツールを提案し，実際に検証を行った．二分木構造の検証について，研究グループの先行研究では要素数 10 で検証を行っており，規定時間内に検証が終わらなかった．本研究の実験では要素数を小さくして検証を行うことで，小さなインスタンスでは検証は可能であるという結果を得た．

今後，さらなる評価実験を行い，様々なデータ構造やサイズに対する評価を行い，また各 SAT/SMT ソルバの性能差も考察したい．また，検証時間削減のため，データ構造の形を用いた効率化も検討したい．

謝辞 本研究の一部は 2018 年 3 月信州大学工学部卒業の丸山森氏に負う．本研究は 2018 年度三菱電機との共同研究の一部である．いつも議論いただく NII の中島震教授と日本大学の関澤俊弦准教授に感謝する．

参考文献

[1] E. Clarke, A. Biere, R. Raimi, and Y. Zhu: "Bounded Model Checking Using Satisfiability Solving," Formal Methods in System Design, Vol.9, No.1, pp.7-34 (2012)
[2] R. Dockins, A. Foltzer, J. Hendrix, B. Huffman, D. McNamee, and A. Tomb: "Constructing Semantic Models of Programs with the Software Analysis Workbench," Proceedings of VSTTE 2016 (2016)
[3] 岩沼宏治，鍋島英知: "SMT: 個別理論を取り扱う SAT 技術"，人工知能学会，Vol.25, No.1, pp.86-95 (2010)
[4] A. Biere, M. Heule, H. Van Maaren, and T. Walsh: "Handbook of Satisfiability," IOS press (2009)
[5] R. Brayton and A. Mishchenko: "ABC: An Academic Industrial-Strength Verification Tool," LNCS Vol.6174, pp.24-40 (2010)
[6] A. Niemetz, M. Preiner, and A. Biere: "Boolector 2.0," Journal on Satisfiability, Boolean Modeling and Computation, 9, pp.53-58 (2015)
[7] C. Barrett, C.L. Conway, M. Deters, L. Hadarean, D. Jovanoic, T. King, A. Reynolds, and C. Tinelli: "CVC4," Proceedings of the 23rd International Conference on Computer Aided Verification (CAV2011) LNCS Vol.6806, pp.171-177 (2011)
[8] B. Dutertre: "Yices 2.2," Proceedings of the 26th International Conference on Computer Aided Verification (CAV2014), LNCS Vol.8559, pp.737-744 (2014)
[9] A. Cimatti, A. Griggio, B.-J. Schaafsma, and R. Sebastiani: "The MathSAT5 SMT Solver," Proceedings of Tools and Algorithms for the Construction and Analysis of Systems (TACAS 2013), LNCS Vol.7795, pp.93-107 (2013)
[10] L. De Moura and N. Bjørner: "Z3: An efficient SMT solver," Proceedings of Tools and Algorithms for the Construction and Analysis of Systems (TACAS 2008), LNCS Vol.4963, pp.337-340 (2008)

ファイルの読み書き回数を記録する記号実行による レガシープログラム理解の支援

Aiding Legacy Program Comprehension by Symbolic Execution with Recording File Read/Write Counts

前田 芳晴* 平井 健一† 松尾 昭彦‡

あらまし レガシーシステムの再構築や保守などを効率化するため，プログラム理解を支援する手法を提案する．提案手法は，ファイル入出力を行うバッチ処理の COBOL プログラムを対象とし，ファイルの読み書き回数を記録する機能を追加した記号実行を用いてファイルの入出力関係を収集し，それらを分析することによって，バッチ処理の特徴を 6 種の処理属性で判定する．また，入出力関係を図で可視化し作業者に提示することによって，バッチ処理のプログラム理解を支援する．ケーススタディによって提案手法の有効性を示す．

1 はじめに

デジタルトランスフォーメーションとして企業のデジタル化が注目されているが，企業ではいまだ多数のレガシーな基幹系システムが稼働している [1]．レガシーシステムは旧来の技術基盤で構築されたシステムであり，主にメインフレーム上で COBOL などのプログラム言語で構築されている．企業のデジタル化に向け，レガシーシステムを最新の技術基盤で稼働するように再構築することが課題となっている．

IPA（情報処理推進機構）が公開した「システム再構築を成功に導くユーザガイド」は，レガシーシステム再構築の要件定義・設計に先立ち，既存システムの調査に基づく再構築手法の選択・決定の重要性を強調している [2]．既存システムの調査は，設計文書や有識者の知識などの情報が第一の手掛かりである．しかし長期間にわたって保守運用された既存システムでは文書の不備や有識者の不在などのため，代替として，システムの実体であり信頼できるソースファイルを情報源とした，プログラム理解の作業が必要となる．プログラム理解は，機能追加やバグ FIX などプログラムを更新するために，人がプログラムを読んで実装された処理内容を理解する作業であるが，一般に高コストである [3]．プログラム理解はシステム再構築だけでなく，常時のシステム保守でも必ず行われるので，プログラム理解を支援することは，ソフトウェアの保守や開発の効率化に大きく寄与すると期待できる．

本論文は，レガシーシステムのプログラム理解支援を目的に，プログラムの処理概要を抽出する手法を提案する．抽出する処理概要は，プログラムの入出力関係の特徴と可視化した図であり，プログラム理解の作業者がソースファイルを解読する際に，これらを参照することでプログラム理解を支援することを目指す．レガシープログラムの処理方式は大きく対話処理とバッチ処理に分けられるが，バッチ処理のプログラム理解の方が難しいと言われる [4]．COBOL で実装されたバッチ処理は，VSAM などのシーケンシャルファイルを読み書きし，条件分岐やループを用いて，例えば，抽出，振分，マッチング，和などの機能を実装する [4,5]．本論文の提案手法は，ファイル入出力を行うバッチ処理の COBOL プログラムを対象とし，ファイルの読み書き回数を記録する機能を追加した記号実行を用いてファイルの入出力関

*Yoshiharu Maeda, 株式会社富士通研究所，ソフトウェア研究所
†Kenichi Hirai, 富士通株式会社
‡Akihiko Matsuo, 株式会社富士通研究所，ソフトウェア研究所

係を収集し，それらを分析してファイル処理の特徴を6種の処理属性で判定し，また，入出力関係を図で可視化する．

本論文の貢献は以下である．

- COBOL プログラムの記号実行にファイル読み書き回数を記録できる機能を追加し，ファイルの入出力関係を収集できるようにしたこと．
- ファイル入出力関係のファイル読み書き回数などに注目して，バッチ処理の特徴として，処理属性を6種（転写，抽出，演算，多値，分割，合成）の特徴で判定すること．特に転写と抽出はファイル読み書き回数を利用しない手法では区別が容易でない．
- ファイル入出力関係を複数の抽象度の図で可視化すること．
- 典型的なバッチ処理のサンプルと実システムのプログラムに適用して有効性を確認したこと．

2 提案手法

プログラムの入出力関係は，記号実行を用いてプログラムの実行可能な全てのパスを抽出し，それらの入出力を集計することによって算出できる [8,12,14]．入出力にファイル等を含まないプログラムでは入出力変数の個数は固定であり，従来の記号実行を利用できるが，バッチ処理のように入出力にファイルがある場合はファイル読み書きの回数を考慮する必要がある．本論文の提案手法は，図1に示すように，我々が先に開発した COBOL 向けの静的記号実行（Static Symbolic Execution，以後 SSE）ツール SEA4COBOL[6] をベースとし，ファイルの読み書き回数を管理するためにファイル状態管理を追加した．また，実行可能なパスで収集したファイル入出力関係に基づいて，プログラムの処理属性を判定する機能とファイル入出力関係を描画する機能を追加した．以下，まず SSE を概説し，次に今回追加した機能を説明する．

2.1 静的記号実行（Static Symbolic Execution: SSE）

SSE は，入力変数に具体値だけでなく記号値も設定できるようにしたプログラムの実行環境を利用して，実現可能な処理パス（命令文の系列）を分析する技術である [8]．具体値と記号値での変数の参照と更新，条件分岐での分岐条件の充足可能性に基づく分岐選択が SSE のポイントである．SSE での深さ優先探索に基づいたパス抽出の手順は以下である．

＜パス抽出の手順＞

- 1）プログラムを構文解析して，変数や命令文とそれらの構造を取得する．
- 2）プログラムの最初の命令文から処理パスの追跡処理を開始する．
- 3）命令文の種別を判定し，命令文種別に応じた処理を行う．
- 3.1）命令文が更新文ならば，命令文に従って変数の値（メモリ）を更新し，次の命令文を取得する．
- 3.2）命令文が条件分岐文ならば，分岐条件の充足可能性を判定し，判定結果に基づいて分岐を選択し，次の命令文を取得する．
- 3.3）命令文がジャンプ文または呼び出し文ならば，ジャンプ先または呼び出し先の命令文を取得する．
- 4）次の命令文が終了文でなければ3に戻る．終了文ならば，未処理の分岐までパスをバックトラックして，未処理の分岐の命令文を取得して3に戻る．未処理の分岐がなければ，パス抽出を終了する．

SEA4COBOL は，COBOL の項目再定義や集団項目のデータ構造に対応するため，命令文によるメモリの更新参照をバイト単位で管理する COBOL メモリエミュレータを持ち，入出力間のデータの流れを厳密に追跡し，処理の途中で中間変数などを経由しても影響を受けない．また，分岐条件の充足可能性判定を行う COBOL

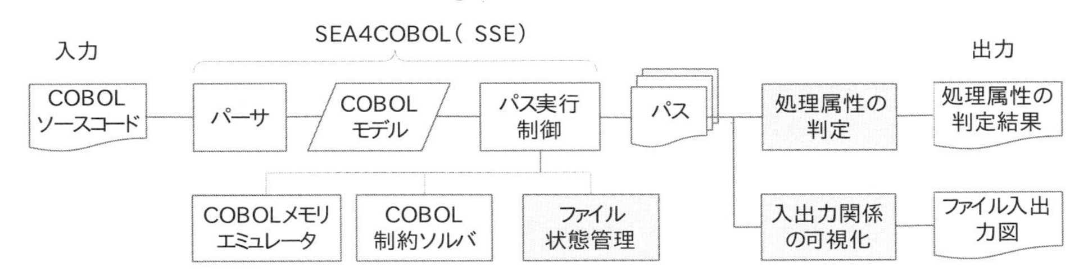

図 1　提案手法の概略

制約ソルバを持つ [6].

2.2　ファイルの読み書き回数の記録

COBOL のファイル読み書き命令文である READ 文と WRITE 文は，ファイルからレコード単位で読込みと書出しを行う．バッチ処理のプログラムでは，ファイルから読込んだレコードを編集して別ファイルに書出す処理や，読込んだレコードのうち条件に適合するものだけを抽出して別のファイルに書出す処理が典型的に行われる [4]．読込み回数を m，書込み回数を n とすると，前者は (m-n) が一定となる．(m-n) が 0 でないのは，入力レコードを読み飛ばす場合や出力レコードにヘッダなどを書き出す場合があるからである．一方，後者は条件の適合回数に変動があるので (m-n) が一定でない．典型的な 2 つの処理を区別するためには，入出力ファイルの読み書き回数の関係を分析する必要がある．しかし回数はプログラムに記述されず実行時に決定されるので，静的解析では区別が容易でない．また動的解析でも実行結果で読み書き回数を区別するには，レコードに回数を区別できる特別の値に設定する必要があるので，やはり区別が容易でない．

そこで，提案手法は，図 1 のようにファイル状態管理の機能を追加して，SSE で抽出するパス上で，入力ファイルから値が出力ファイルに書き込まれるまでを追跡して，読み書き回数を含めたファイルの入出力関係を正確に収集できるようにした．ファイル状態管理は，ファイルごとに読み書き回数を管理し，条件分岐において複数の分岐条件が充足可能であった場合，従来のメモリ状態に加えて，分岐時点のファイル状態を保存する．そして，パス抽出の手順でバックトラックが発生したとき，未処理の分岐のパスを追跡するため，分岐時点で保存したメモリ状態とファイル状態を復元する．これによってパス毎およびファイル毎にファイルの読み書き状態を記録できるようにした．上記に加えてファイル状態管理は，入力ファイルのレコード数の上限を設定できるようにし，ファイルの読込み回数に依存してファイル終了（End Of File；EOF）を判定できるようにした．多くのバッチ処理は入力ファイルの全体を処理するようなループがあるので，上記は SSE でパスの個数が膨大となることへの対処である．

上記のファイル状態管理を利用して，パス抽出の手順に以下を追加した．

＜パス抽出の手順への追加＞

- 3.4）命令文がファイルの READ 文ならばファイル状態管理で EOF かチェックする．EOF ならば READ 文の AT END ブロックの最初の命令文を取得する．EOF でないならば，読込みレコードの項目に下記のように回数を識別できるように命名した記号値を設定する．なお，INVALID KEY 句は未対応である．
- 3.5）命令文がファイル書込みの WRITE 文ならば，書込みレコード項目の値を取得し，READ と同様に書込み回数を識別できるように出力項目名を命名して，ファイル入出力関係を記録する読み書きしたファイル名と回数，および，どの命令文で実行されたかを区別するため，項目名は以下のように命名するようにした．

- 項目名の命名規則:項目名 ID_命令文名_ファイル名_回数上記の命名規則を使ったファイル入出力関係の例を以下に示す．
- ファイル入出力関係の例:Item1#7_Write_OutFile_1 = Item2#8_Read_InFile_2

左辺が出力ファイルのレコードの項目名であり，右辺が WRITE 文の時点での項目値である．例は，プログラムの WRITE 文で 1 回目に書き込まれた OutFile の Item1 の値は，READ 文で 2 回目に読込まれた InFile の Item2 の値であることを意味する．ここで，#の次の数字はプログラムで定義された行番号である．COBOL では同じ名前の項目が別の集団項目に存在することが可能なので，項目の特定のため行番号を付加した．上記によって，従来の通常変数の入出力関係に加えて，ファイル入出力関係の収集が可能となる．以下，本論文では，プログラム全体の入出力関係のうちファイル入出力関係に注目する．

2.3 ファイル入出力関係に注目した処理属性の判定

ファイル入出力関係は 2.2 の例のような関係式であり，SSE で抽出したパスが多い場合，レコードに項目が多い場合，読み書きの回数が複数の場合などで多数の式となるので，理解が容易でない．そこで，提案手法の“処理属性の判定”（図 1）は，収集したファイル入出力関係を，表 1 に示す処理属性の定義に合致するかの観点で分析し判定する．処理属性はファイル入出力関係の特徴であり，本論文では，転写，抽出，多値，演算，分割，合成の 6 種類を定義した．これらは，転写と抽出を除いて排他的ではなく，1 つのファイル入出力関係が複数の処理属性を持つことがあり，判定結果は処理属性の組合せで出力する．また，プログラムの入出力ファイルに複数の組合せがある場合は組合せ毎に判定する．注意すべきは，処理属性はファイル入出力関係の特徴の判定であり，これはバッチ処理プログラムの処理内容や機能の特徴の一部であることである．

表 1　処理属性の定義

処理属性	定義
転写	読込ファイルのある項目と書込ファイルのある項目の間の全ての入出力関係で、右辺の読込回数mと左辺の書込回数nとの差(m - n)が一定である
抽出	読込ファイルのある項目と書込ファイルのある項目の間の入出力関係のバリエーションで、右辺の読込回数mと左辺の書込回数nとの差(m - n)が一定でない
多値	入出力関係の右辺が多種類の値である
演算	入出力関係の右辺が読込ファイル項目値を利用した演算の結果である
分割	入出力関係のバリエーションにおいて、右辺の読込ファイルが1 種類で、左辺の書込ファイルが複数である
合成	入出力関係のバリエーションにおいて、左辺の書込ファイルが1 種類で、右辺の読込ファイルが複数である。

2.4 ファイル入出力関係のフロー図化

処理属性はファイル入出力関係の特徴を判定するが，ファイル入出力関係の詳細や全体像が分からない．そこで，提案手法の“入出力関係の可視化”（図 1）は，ファイル入出力関係を図として描画し，その理解を支援する．描画は，Graphviz を用いて以下の手順で行う．Graphviz は，オープンソースのグラフ構造の描画ツールである [9]．

＜ファイル入出力図の描画＞

- 1）全てのパスのファイル入出力関係から重複を除く
- 2）ファイル入出力関係の左辺の項目と右辺の項目を別々に収集して，項目を Graphviz のノードとする．左辺と右辺の項目は，順に“入力”と“出力”という名称の subgraph のメンバーとする．レコードに該当する集団項目が入れ子

で集団項目を持つ場合は途中の集団項目は無視して基本項目を項目とする

- 3）2の項目を項目名の命名規則（2.2節）で解釈し，ファイル名と回数の順で，入れ子のsubgraphのメンバーとする
- 4）関係式の右辺から左辺に，subgraph内の項目間にエッジを設定する．ここで，右辺が演算式の場合は演算子ノードを経由するようにエッジを設定する．

ここで，Graphvizのsubgraphはノードをグループ化することであり，これによってノードを集めて表示する．提案手法の入出力図の描画では，項目をノードとし，入力／出力，ファイル名，読み書き回数，の入れ子でsubgraphとする．読み書き回数によって項目を区別するので，同一の項目が読み書き回数分だけ表示されることになる．

上記のファイル入出力図は，入出力関係を項目の粒度で描画するが，レコードの項目数が多い場合や読み書き回数が多い場合に項目ノードの個数が多くなるので，図が大きくなり複雑となる．そこで，以下のように入出力図の3種類の抽象化を考案した．

＜入出力図の抽象化＞

- 1）ファイルの読み書き回数の抽象化：読み書き回数のsubgraphを，読み書き回数の間のパターンに基づき抽象化する．処理属性が転写の場合は，回数は共にNのみとし，処理属性が抽出の場合は入力subgraph内の回数をM，出力subgraph内の回数をNと表記する
- 2）ファイルのレコード項目の抽象化：ファイルのレコード項目のノードを省略し，ファイルsubgraphで入力ファイルから出力ファイルにエッジを描画する
- 3）演算の抽象化：ファイル入出力関係式の右辺の演算が複雑な場合に演算子ノードを抽象化する．

3 ケーススタディ

本章では，まず，典型的なバッチ処理のサンプルを対象に提案手法を適用した結果を示し，次に，実際の業務システムに適用した事例を示す．

3.1 典型的なバッチ処理のサンプル

典型的なバッチ処理を対象とした場合に，提案手法がどのように機能するかを示す．典型的なバッチ処理は，岡田ら[4]が定義した処理機能を参考に，図2に示す7種とし，COBOLプログラムは，提案手法とは無関係にSEが作成した．ここでは7種のうち特に①編集，③抽出の場合を示す．これらは2.2節冒頭の2つのバッチ処理に該当し，提案手法はこれらを区別することを目指したからである．

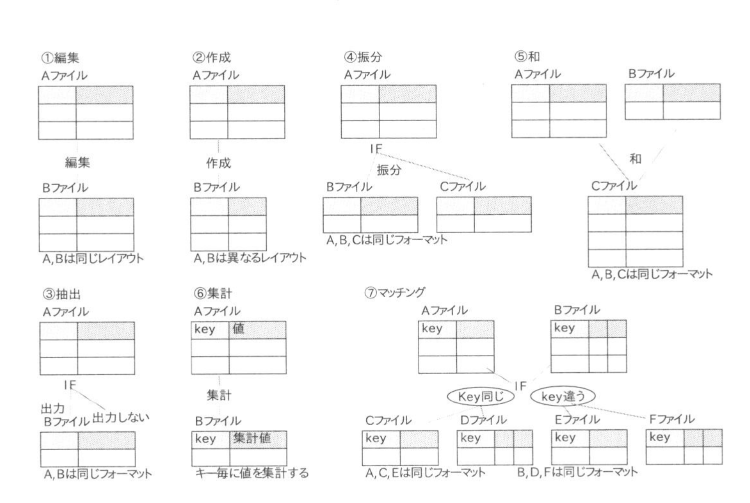

図2　典型的な7種類のバッチ処理

①編集は，入力ファイルの一部のレコード値を条件により編集して出力ファイルに出力する．この機能を実装したプログラムに対して，入力ファイルのレコード個数上限を2と設定したSSEを適用して，図3(a)のファイル入出力関係を得た．ここで表記簡単化のため，項目名の命名規則でRead/Writeとファイル名は省略し，読み書き回数と出力項目をヘッダとし，右辺のファイル入力項目をパスNo毎の欄に記述した．図3(a)でパス3とパス6は2回目のファイル出力が空欄だが，これは2回目のファイル読込みでEOFとなるケースである．図3(a)を表1で判定すると，Out1#32は転写, 多値となり，Out1#32は入力ファイルの値が転写されるか，他の値となるよう編集されることが分かる．一方，Out2#33は図3(a)では常に’-’が出力されるが，表1に該当がないので処理属性はない．以上より，①はOut1#32に処理内容の特徴があり，プログラムは転写, 多値の特徴を持つと判定する．図3(b)はファイル入出力関係の全体図であり，図3 (a)の表よりも分かり易い．図3(c)の回数抽象化では，書込みN回目のOut1#32は，読込みのN回目のIn1#22または定数’123’であることが, 図3(b)より分かり易いと考えられる．

③抽出は，条件に適合する入力ファイルの一部の値だけを出力ファイルに出力する．この機能を実装したプログラムを対象として，入力レコード個数上限を2と設定して提案手法を実行した結果が図4である．図4(a)で注目すべき点は，2回目のファイルの読込み項目がファイル書込の1回目または2回目となるファイル入出力関係である．前者は読込み1回目で出力条件が不成立で2回目に条件成立のケース，後者は2回ともファイル出力条件が成立するケースである．このファイル入出

パス No	ファイルへの書込			
	1回目		2 回目	
	Out1#32_1	Out2#33_1	Out1#32_2	Out2#33_2
1	In1#22_1	'-'	In1#22_2	'-'
2	In1#22_1	'-'	'123'	'-'
3	In1#22_1	'-'		
4	'123'	'-'	In1#22_2	'-'
5	'123'	'-'	'123'	'-'
6	'123'	'-'		

(a) (b) (c)

図3 (a) 編集サンプルのファイル入出力関係, (b) フロー図, (c) 回数抽象化

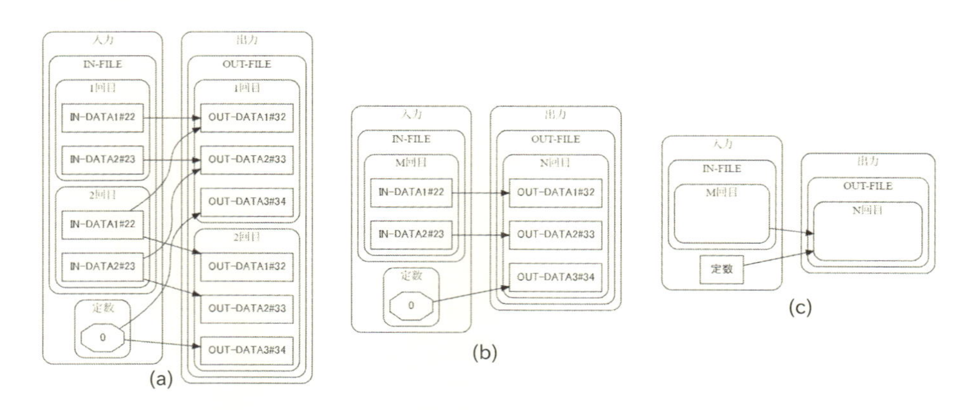

図4 ③抽出サンプルのフロー図 (a), 回数の抽象化 (b), 回数と項目の抽象化 (c)

力関係を表1で判定すると処理属性は抽出となる．図4(b) はファイル読み書き回数を抽象化した図であり，この図からN回目の書込みのOUT-DATA1#32とOUT-DATA2#33は，それぞれM回目の読み込みのIN-DATA 1 #22とIN-DATA2#23であり，OUT-DATA2#33は常に0が書き込まれることが分かる．ここで$M \geqq N$である．図4(c) はファイル読み書き回数とレコード項目を抽象化した図である．③抽出のサンプルプログラムは，図4(b) のようにレコードの項目数が3個と少なかったため，この抽象化の効果は小さい．しかし，実資産で項目数が多い場合は図4(c) のようにファイル粒度でファイル入出力関係を可視化できることは有効だと考えられる．以上のように，①編集と③抽出の処理属性は，順に，転写，抽出となり，表1のように転写と抽出は排他なので，これらを区別することができる．

以下では，残り5種を含めた典型的バッチ処理への適用結果を示す．図5は7種のサンプルプログラムでの機能属性の一覧表 (a) と，残り5種の抽象化入出力図 (b)〜(e) である．図5(a) では①と②が転写，残りは抽出であり，2つに区別できる．図2の概要図によると，①と②は実行後の入出力ファイルのレコード数の差が一定となるので，表1の転写の判定によって検出できる．一方，他5種は，条件に依存して入出力ファイルのレコード数の差が変動する．①と②は入力レコードの値が必ず出力レコードに伝播する処理だが，他5種は条件に適合しない入力レコードは除去する処理であることが分かる．

①と②は処理種別の多値と演算が異なる．これらは，概要図がもともと類似であり，相違はレコード値の変更内容と出力フォーマットである．①の“一部項目値の変更”のサンプル実装が，条件で別の値を設定する処理であったので多値が検出され，②では入力レコード値の演算結果を出力レコードに書き出していたので演算が検出された．残り5種のうち，④振分と⑦マッチングの処理属性が同一であった．図2の概要図の入力ファイルの1つに注目すればマッチングが振分を含むが，差異はマッチングの条件が2つの入力ファイルのkey比較である点である．提案手法は，ファイル入出力関係に基づくが，現状，入出力の条件を分析していないため，④と⑦を区別できなかった．SSEでは入出力の条件も記録できるので，これらを分析するような拡張が考えられる．図3〜5の抽象化入出力図は，図2のバッチ概要図と類似する．プログラム理解において，文書不備で設計図がないとき，設計図と同等な提案手法の入出力図を参照できることは，プログラム理解の作業効率化に有効だと考えられる．

3.2 実資産への適用事例

稼働中の業務システムのバッチ処理プログラムに適用した2つの事例を示す．

まず，提案手法のSSEで抽出パスが多数となる場合である．そのプログラムは，入力が旅費ファイルで清算金支払データを作成するバッチ処理で，命令文が210個，IF文が5個，EVALUATE文が1個（分岐は9個）であった．入力レコードを2個

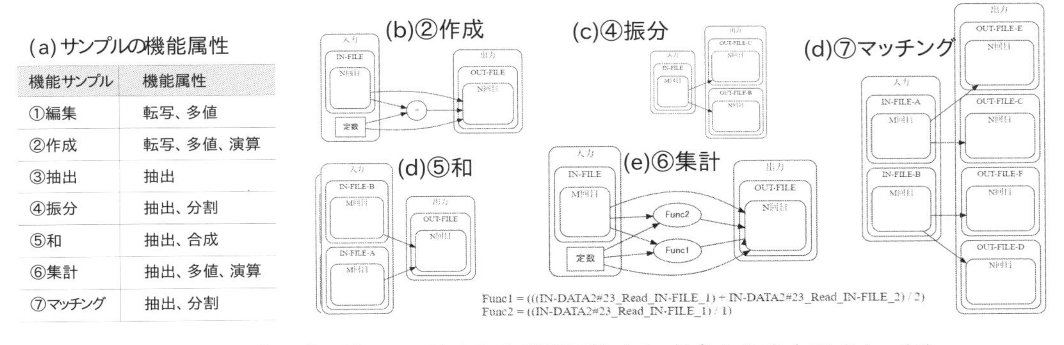

(a) サンプルの機能属性

機能サンプル	機能属性
①編集	転写、多値
②作成	転写、多値、演算
③抽出	抽出
④振分	抽出、分割
⑤和	抽出、合成
⑥集計	抽出、多値、演算
⑦マッチング	抽出、分割

図5　サンプルプログラムで検出した機能属性 (a)，抽象化入出力図 (b)〜(d)

とすると 1,561 個のパスでパス網羅となり，処理属性は抽出, 多値, 演算，図 6(a) の入出力図（項目抽象化）が得られた．人手でプログラムを解読して，これらの結果がプログラムの処理内容の特徴を捉えていることを確認した．

パス網羅のパスを抽出できない場合を実験するため，命令網羅と分岐網羅 [7] でパスを抽出すると，順にパス数は 21 個と 13 個であった．結果の処理属性は共に転写, 多値であり，適切な処理属性を取得できなかった．これは抽出パスが，対象プログラムのファイル書込みのパターンを網羅できていないためである．ファイル書込パターンが不足する場合は，抽出が転写と誤判定される可能性がある．

深さ優先探索でパスの個数を増やしていくと 143 個のパスを抽出した段階で，パス網羅での処理属性と一致した．パス網羅より少ないパスでパス網羅と同等な結果を得るためには，パス網羅に含まれる，例えば，ファイル書き出しを行わないエラー系のパスを抑制するように SSE を制御する手法が必要である．

図 6(b) は，事務処理システムのプログラムに提案手法を適用して得た入出力図の例である．図からファイル書込の 1 回目と 2 回目はヘッダであり 3 回目以降に読込ファイルの抽出結果が書き込まれることが読み取れた．この図を参照しながらプログラムを読むことによって，プログラムが CSV 形式の帳票作成のバッチ処理であることの理解を効率的に得ることができた．なお，プログラム理解の効率化の定量的な評価は今後の課題である．

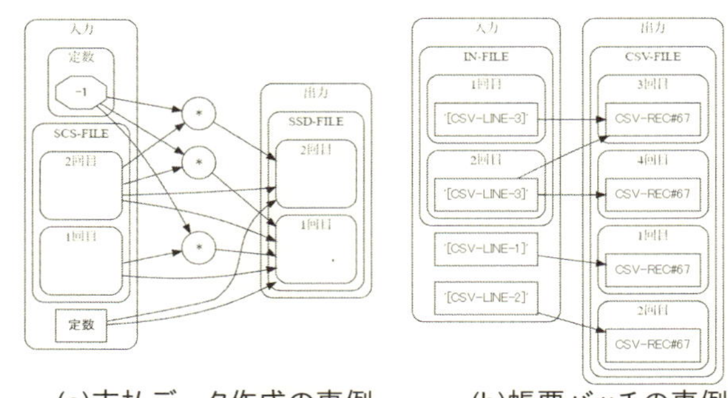

(a)支払データ作成の事例　(b)帳票バッチの事例

図 6　実資産での事例

4　関連研究

岡田らは，ジョブを構成するバッチ処理のソースコードに処理機能を自動付加する手法を提案した [4]．バッチ処理の処理機能は，抽出，振分，マッチング，和，作成，編集，集計の 7 種を定義した．処理機能の自動付与は，ソースコードから抽象構文木を生成し，予め定義したマッチングルールを適用して上記の機能種別を判定する．ソースコードの書き方の変種に対応するため，抽象構文木は，命令文の意味を抽象化した 6 種類の要素で構成する．しかし，書き方の変種に対応できるマッチングパターンの作成は容易でないと考えられる．岡田らはジョブのデータフローの復元を目指すが，本論文の提案手法は，現状，プログラムのファイル入出力の特徴の検出と可視化に限定されている．

大野らは，プログラム理解の支援ではなく，バッチプログラム開発を自動化するため，バッチ用スケルトンを用意しプログラムを生成する方式を提案した [5]．スケルトンは，4 種類のプログラム機能（ファイル変換・編集，ファイル更新，帳票作成，チェック）に基づき 24 個を用いれば，基幹系システムのプログラムの 90%をカバーできることを示した．この方式で生成されたプログラムは定型化されるので，後でのプログラム理解に有利だと考えれるが，本論文のような既存プログラムを対象とするものではない．

Pichler は，Fortran で実装されたレガシーな科学計算プログラムは，構造化されていないためパターンマッチと変換ルールに基づく手法は適用できないとして，記号実行を用いてプログラムの仕様を抽出する手法を提案した [12]．抽出できる仕様は，提案手法の入出力関係に該当するが，ファイル入出力は考慮されていない．Pichler は，SSE のパス爆発の対応のため，入力に具体値を与えて特定のパスを実行させて同時に記号値の参照更新とパス条件の収集を行う動的記号実行（Dynamic Symbolic Execution: DSE）を利用した．

Sridhara らは，Java メソッドのサマリーコメントをプログラムの静的解析で自動生成する手法を提案した [10]．Moreno らは，Java のメソッドやクラスの ステレオタイプを判定する手法を提案した [11]．これらの方法は記号実行を利用しないが，プログラムからコメントやステレオタイプを抽出し，ユーザに事前に提示することによって，プログラム理解やデバッグの支援することを目指しており，本論文と目的は類似である．

5 議論

5.1 課題

提案手法によるプログラム理解効率化の評価実験は本論文に含まれない．このため，提案手法による効率化の程度や処理属性が十分であるか等の評価は議論することができない．また，SSE によるパス抽出の実行時間も本論文では提示しなかった．ケーススタディで示した COBOL プログラムでは分析時間は数分であったが，実資産には大きく複雑なプログラムも存在し，それらの分析は時間を要すると予想される．提案手法の実行時間も考慮したプログラム理解の時間短縮効果を検討する必要がある．これらは今後の課題である．提案手法はパス網羅のパスを取得できれば，適切な処理属性を判定し，正確な入出力図を描画できるが，パス抽出が不十分だと適切な結果である保証がない．しかし，3.2 節で示したように，ファイル入出力関係の抽出はファイル書込パターンを網羅するパスが抽出できれば十分であり，エラー系のパス等を含むパス網羅までは必要がない．エラー系パスや正常系でもファイル出力がないパスを除外するために，特定項目に対して具体値や条件を付加することでパスを限定する方法が考えられる．例えば 3.2 節の事例 1 では，項目の具体値指定によってパス網羅のパス数を 57 個に削減でき，適切な結果を得ることができた．

5.2 提案手法の拡張について

本論文の処理属性は，ファイル入出力関係の特徴を判定できる表 1 の 6 種類を定義した．バッチ処理のファイル処理には，例えば，表の行を列に変換する等もあるので，これらを識別する必要性があれば，処理種別を追加することは可能である．処理種別はフィル入出力関係の特徴検出を目指すので，処理種別の網羅性は想定していない．

図 5(a) の 7 種のバッチ処理では，④振分と⑦マッチングは処理属性が共に抽出，分割となり区別できなかった．マッチングの特徴は振分条件が 2 つの入力ファイルの key の比較である．上記を区別するために，ファイル入出力関係の条件を考慮して，表 1 の“分割”となる条件がマッチングの条件に合致するのか判定する拡張が考えられる．また，図 2 の①編集と②作成は類似だが，入出力ファイルのフォーマットに相違があるので，静的解析を用いて入出力ファイルのフォーマットを判定するような拡張が考えられる．このように，処理属性の判定ルールを整備したり，処理属性の種類を増やしたりすることは今後の研究課題である．

5.3 動的記号実行について

本論文の提案手法は，SSE を用いてファイル入出力関係を網羅的に抽出する．前述のように SSE はパス爆発の懸念があり，近年 DSE が注目されている．DSE を用いてプログラムの主要なパスを実行して意味のある仕様を抽出するためには，適切に複数個の入力値を準備する必要がある．Java 等の中間言語に変換されるプログラミング言語では，具体値での実行と同時に記号値の更新とパス条件収集の処理を組み込むことが可能であるが，COBOL の実行環境では，上記の処理を差し込むことは容易でない．

6 おわりに

本論文では，レガシーシステムの保守や再構築など作業を効率化するため，COBOL で実装されたバッチ処理のプログラム理解を支援する手法を提案した．提案手法は，ファイルの読み書き回数を記録する機能を追加したSSEを用いて収集したファイル入出力関係を分析し，転写，抽出，多値，演算，分割，合成の6種の処理属性で判定する．また，ファイル入出力関係の詳細や全体を把握するため3種類の抽象度の図で可視化する．ケーススタディでは，バッチ処理での転写と抽出を区別できること，バッチ概要図と類似の抽象化入出力図を生成できることを示した．

提案手法の使い方の想定は，ユーザがプログラムの解読に着手する前に，プログラムの概要として，分析結果の処理属性と入出力図を提示することである．これは，プログラムのトップダウン理解 [13] に該当すると考えられる．一方，ボトムアップ理解は，ユーザが最初からプログラムを解読して処理内容を理解するが，従来，プログラムのエディタが提供する，変数のマークアップ機能や検索機能，コール階層の検索などの機能はボトムアップ理解に有効である．提案手法によるトップダウン理解，従来のボトムアップ理解の両方を共同して活用することがプログラム理解に有効だと考えられる．

今後は，5章の議論で示したように，ファイル入出力のパターンを抽出できるパスの限定方法や処理属性の拡張などを検討していく予定である．

参考文献

[1] Khadka, R., Batlajery, B. V., Saeidi, A. M., Jansen, S. and Hage, J.: How do professionals perceive legacy systems and software modernization?, in Proceedings of the 36th International Conference on Software Engineering(ICSE’14), pp. 36–47, 2014.

[2] IPA (情報処理推進機構), システム再構築を成功に導くユーザガイド, 2017.

[3] 松本吉弘：ソフトウェアエンジニアリング基礎知識体系 -SWEBOK V3.0-. オーム社, 2014.

[4] 岡田譲二, 坂田裕司: 変更要件に関係するプログラム特定のための処理名抽出. 情報処理学会研究報告, Vol. 2012-SE-175, No. 12, 2012.

[5] 大野治, 小室彦三, 降旗由香理, 渡部淳一, 今城哲二: 多次元部品化方式によるソフトウェア開発の自動化 -自動生成系の開発とその評価 -. 電子情報通信学会論文誌 D, Vol. J84-D1, No. 9, pp. 1372–1386, 2001.

[6] 前田芳晴, 佐々木裕介, 松尾昭彦, 木村茂樹, 外岡弘範: COBOL 記号実行によるテストケース生成, ソフトウェア工学の基礎 XIX, pp. 195–200, 2012.

[7] 前田芳晴, 佐々木裕介, 上原忠弘, 平敬造, 山口和紀: 業務システム向けの分岐網羅テストケースの生成方式, ソフトウェア工学の基礎 XXII, pp. 65–70, 2015.

[8] King, J. C.: Symbolic execution and program testing. Commun. ACM, 19, pp. 385–394, 1976.

[9] Graphviz: https://www.graphviz.org/

[10] Sridhara, G. Hill, E. Muppaneni, D. Pollock, L. and Vijay-Shanker, K.: Towards Automatically Generating Summary Comments for Java Methods, in 25th IEEE/ACM International Conference on Automated Software Engineering(ASE’10), pp. 43–52, 2010.

[11] Moreno, L. Aponte, J. Sridhara, G. Marcus, A. Pollock, L. Vijay-Shanker, K.: Automatic Generation of Natural Language Summaries for Java Classes, in Proceedings of the 21st International Conference on Program Comprehension(ICPC’13), pp. 23–32, 2013.

[12] Pichler, J.: Specification extraction by symbolic execution, in Proceedings of the 20th Working Conference on Reverse Engineering (WCRE ’13), pp. 462–466, 2013.

[13] Storey, M.-A. :Theories, methods and tools in program Comprehension: Past, present and future. In 13th International Workshop on Program Comprehension (IWPC’05), pp. 181–191, 2005.

[14] 酒井政裕，岩政幹人: 記号実行によるプログラム改造支援技術, 東芝レビュー, Vol. 67, No. 12, pp. 35–38, 2012.

ライブラリの組み合わせ相性評価に向けた動作可能率の経年変化に対する調査

A Study on Time Series Variation of Compatibility between Software Libraries

横山 晴樹* 宗像 聡† 梅川 竜一‡ 菊池 慎司§ 松本 健一¶

あらまし
ライブラリの事前評価に関して，ライブラリバージョンの組み合わせの動作可能率などの評価指標が研究されている．一方，動作可能率によってバージョン単位でなくライブラリ単位の組み合わせを評価する場合，動作可能率が経年変化する可能性がある．動作可能率が経年変化しない場合，動作可能率によってバージョンアップしても安定して使い続けられる（相性の良い）ライブラリの組み合わせを評価することができる．一方，動作可能率が経年変化する場合，ある時点でのライブラリの組み合わせに対する評価が将来において意味を失うおそれがある．そこで，本研究では動作可能率が経年変化するかについて，226 個の OSS プロジェクトから得られる約 44,000 個のライブラリの組を対象に調査した．調査の結果，10 ポイント以上動作可能率が減少する組み合わせが約 26%存在することを明らかにした．調査結果から，ライブラリの組み合わせを選ぶ指標としてある時点でのライブラリ間の動作可能率を使用した場合，バージョンアップ時に動作しなくなるリスクが無視できない程度に存在すると結論づけた．

1 はじめに

ソフトウェア開発において, ソフトウェアライブラリの利用はほぼ必須事項となっている．ソフトウェアを構成する部品の多くは共通した機能を持っており, 共通機能を束ねたものがライブラリとして提供される．産業界でも, オープンソースソフトウェア（以下, OSS）開発の現場でも, ライブラリを再利用してソフトウェア開発が行われている [1].

ライブラリ選択の場面では，開発者はあらかじめバージョンアップしても安定して使い続けられる（相性の良い）ライブラリの組み合わせを選ぶべきである．なぜなら，あるライブラリバージョンの組み合わせを採用して開発し続けた場合に，ライブラリがセキュリティアップデートを必要とするなどの事情によって，バージョンの組み合わせが変化することにより，ライブラリ間の不具合を引き起こす場合があるためである．

ライブラリ間の不具合の例としては，使用しているライブラリが共通して依存するライブラリのバージョンに不整合が起きる（Dependency hell として知られる [2]）などが挙げられる．ライブラリ間で発生する不具合は，ライブラリの利用者である開発者には修正が困難である．なぜなら，開発者には見えていない部分で不具合が起こっており原因究明が困難なためである．また，不具合を修正するにはライブラリやビルドシステム内のロジックを理解しなければならないのも理由の 1 つである．ライブラリそのものを修正せずにライブラリ間の不具合を回避するには，バージョンを変更するか，ライブラリそのものを変更する必要性が生じる．これらの場合，

*Haruki Yokoyama, 株式会社富士通研究所
†Satoshi Munakata, 株式会社富士通研究所
‡Ryuichi Umekawa, 株式会社富士通研究所
§Shinji Kikuchi, 株式会社富士通研究所
¶Kenichi Matsumoto, 奈良先端科学技術大学院大学

使えるバージョンおよびライブラリの組み合わせを改めて探す必要がある．また，バージョンおよびライブラリの変更に合わせて，開発者側のソースコードも変更する必要がある．そのため，相性の良いライブラリの組み合わせを見つけることが課題となっている．

ライブラリ選択の支援方法の1つにはライブラリの単体評価があり，ライブラリの成熟度，流行度，ライブラリ開発者の経験量など様々な指標を用いた評価が行われる [3]．また，OSS ライブラリの単体評価に関して，これまでに様々なサービスが提供されている [4] [5]．一方で，単体評価だけではライブラリの組み合わせが原因の不具合を考慮できない場合がある．例えば，単体評価の良いライブラリの組み合わせであるにもかかわらず，ビルドできないという不具合が発生したという事例がある[1]．

単体ではなく組み合わせを事前評価する手法も複数提案されている．Yano ら [6] は，ライブラリバージョンの組み合わせの評価に関して，人気度を指標として用いている．人気度は集合知を反映する値であり，多くの開発者が採用しているライブラリバージョンの組み合わせは採用に値するという判断が可能である．また，齊藤ら [7] は，ライブラリバージョンの組み合わせの評価に関して，動作可能率を指標として用いている．あるライブラリバージョンの組み合わせに対する動作可能率は，その組み合わせを使用している様々なソフトウェアを動作させ，実際に動作した割合を表している．

相性の良いライブラリの組み合わせを評価する目的では，実際に動作した記録を反映しているという点で，動作可能率は人気度よりも評価指標に適していると考えられる．そのため，本研究ではライブラリの組み合わせ相性を評価する基準として動作可能率を用いる．

動作可能率が相性の良いライブラリの組み合わせの評価に有効であるためには，動作可能率が経年変化しないことが必要である．なぜなら，経年変化する場合，たとえ現在より過去の記録を用いて動作可能率を算出しても，将来において動作可能率が変動している可能性があるからである．その場合，相性の良いライブラリの組み合わせを評価する目的には不適切となる．そこで，本研究では次のリサーチクエスチョンへ回答する．

> ライブラリの組み合わせに対する動作可能率は経年変化するか．

動作可能率が経年変化しない場合，動作可能率によって相性の良いライブラリの組み合わせを評価することができる．一方，動作可能率が経年変化する場合，ある時点でのライブラリの組み合わせに対する評価が将来において意味を失うおそれがある．

残りの節は以下のような構成となる．まず，2節では調査の準備として動作可能率をライブラリ間の組み合わせ評価に用いるための拡張方法について述べ，調査対象も含めた調査の手順を示し，調査結果を示す．次に，3節では調査結果に基づく考察と妥当性への脅威について述べる．最後に，4節では本研究のまとめと今後の研究について述べる．

2 調査

本節では，まず，調査の準備として，ライブラリバージョンの組に対して算出される動作可能率をライブラリの組に対して算出できるように拡張する．次に，調査対象および調査方法について述べる．最後に，動作可能率が経年変化するようなライブラリの組がどの程度存在するか調査結果を述べる．

[1] https://github.com/datastax/spark-cassandra-connector/issues/292

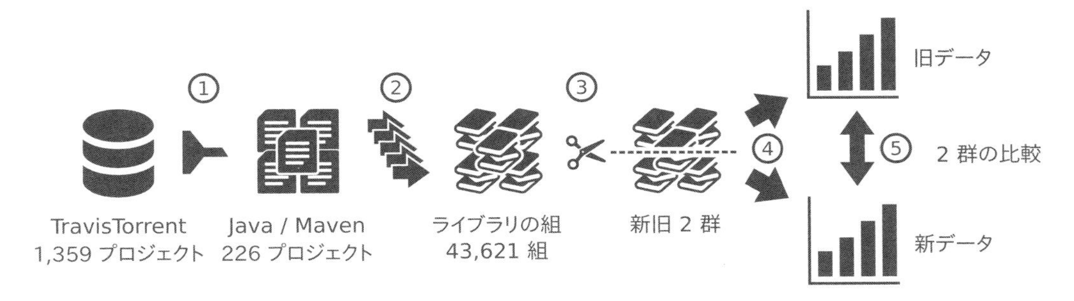

図 1　調査方法の概要

2.1　調査準備

本節では調査の準備として，ライブラリ間の動作可能率を定義する．先述の動作可能率は，ライブラリバージョン間に対して算出されるものであり，そのままではライブラリ間に対して算出できない．ライブラリバージョン間の動作可能率からライブラリ間の動作可能率へ拡張する単純な方法として，バージョン情報を考慮せずに算出することが挙げられる．本研究ではこのアイディアを元にライブラリ間の動作可能率を定義する．

まず，ライブラリバージョン間の動作可能率の定義を示す．ライブラリ α のバージョン x とライブラリ β のバージョン y の組を (α_x, β_y) とする．ライブラリバージョンの組 (α_x, β_y) を使用しているプロジェクト集合を P_{α_x,β_y} とし，各 $p \in P_{\alpha_x,\beta_y}$ に対する動作可否の集合を B_p とする．各 $b \in B_p$ は 1 または 0 の値を持ち，それぞれ，動作可能，動作不可能を表す．このとき，ライブラリバージョンの組 (α_x, β_y) の動作可能率を $R_{\text{version}}(\alpha_x, \beta_y)$ とすると，$R_{\text{version}}(\alpha_x, \beta_y)$ は P_{α_x,β_y} に対する動作可否の値の平均として計算でき，式 (1) のように示される．

$$R_{\text{version}}(\alpha_x, \beta_y) = \frac{\displaystyle\sum_{p \in P_{\alpha_x,\beta_y}} \sum_{b \in B_p} b}{\displaystyle\sum_{p \in P_{\alpha_x,\beta_y}} |B_p|} \in [0,1] \tag{1}$$

この算出方法を拡張するには，ライブラリバージョンの組 (α_x, β_y) に対する算出をライブラリの組 (α, β) に対して行えば良い．つまり，ライブラリの組 (α, β) を使用しているプロジェクト集合 $P'_{\alpha,\beta}$ から，ライブラリ間の動作可能率 $R_{\text{library}}(\alpha, \beta)$ を算出する方法は式 (2) のように示される．

$$R_{\text{library}}(\alpha, \beta) = \frac{\displaystyle\sum_{p \in P'_{\alpha,\beta}} \sum_{b \in B_p} b}{\displaystyle\sum_{p \in P'_{\alpha,\beta}} |B_p|} \in [0,1] \tag{2}$$

2.2　調査方法

調査方法の概要は図 1 のようになり，以下の手順で調査を行う．

1. ソフトウェアプロジェクトのデータセット TravisTorrent [8] から，ビルドツール Maven を使っている Java プロジェクトを抽出する．
2. 抽出されたプロジェクトから，各プロジェクトが使用しているライブラリを抽出し，同時に使用されているライブラリの組を列挙する．
3. 列挙されたライブラリの組に対するビルド記録を新旧 2 群に分割する．
4. 分割した 2 群に対して，ライブラリ間の動作可能率を算出する．
5. ライブラリ間の動作可能率の新旧 2 群を比較する．

調査に用いる TravisTorrent には，ソースコードホスティングサービス GitHub[2] 上でソースコードを管理し，継続的インテグレーションサービス Travis CI[3]を採用している 1,359 個のオープンソースソフトウェア (OSS) プロジェクトの 691,184 個のビルド記録が含まれている．本調査で用いた TravisTorrent は 2017/11/1 公開版である．ビルド記録の中には，以下の情報が含まれている．

- 組織名／プロジェクト名
- コミット ID ／時刻
- ビルド ID ／時刻
- ビルド成否

手順 1. の Java/Maven プロジェクトの抽出では，TravisTorrent の各プロジェクトに対して GitHub で管理されているリポジトリを参照し，ルートディレクトリに Maven の設定ファイル pom.xml が存在するか否かで Java/Maven プロジェクトを判断する．本調査では，TravisTorrent から，ビルドツール Maven を使っている Java プロジェクトを 226 個抽出した．

手順 2. のプロジェクト毎のライブラリ抽出では，プロジェクトが用いているライブラリ名の一覧を pom.xml から抽出する．pom.xml には，プロジェクトが利用するライブラリ名が記述されている．使用しているライブラリの種類は，各コミットが行われた時点に対応する pom.xml の内容によって変化する．つまり，開発の途中で新たにライブラリが使用されるようになったり，途中から使用されなくなったりする場合が考えられる．本調査では，調査範囲のビルド記録に一度でも登場したライブラリは調査対象に含める．手順 2. によって，226 個の Java プロジェクトから合計 43,621 組のライブラリの組を得た．

手順 3. のビルド記録の分割では，各ライブラリの組に対するビルド記録を新旧 2 群に分割する．本調査はライブラリの組み合わせに対する動作可能率が経年変化するかを明らかにすることが主目的であるため，最も単純な時系列として新旧 2 群での動作可能率の比較を行う．ここでは，手順 2. 得られたビルド記録から，プロジェクト毎に初回ビルドから 2017/11/1（つまり，データセット内で最も新しいビルド）までの記録を時系列で並び替えて，データの個数が半分になるように分割する．ここで得られる分割済みのデータの組をライブラリの組毎に分類して，新旧 2 群とする．

さらに，手順 4. で新旧のライブラリの組毎に動作可能率を算出し，手順 5. で新旧のデータ間での動作可能率を比較する．本調査では，動作可能率を算出する際，ビルド成否を動作可否として用いる．ここで，ビルドはコンパイル，リンク，テストの 3 段階で構成されるものとし，3 段階全て成功した場合はビルド成功，それ以外はビルド失敗とする．

2.3 調査結果

調査の結果，得られた新旧別の動作可能率のヒストグラムを図 2 に示す．結果から，動作可能率が 90%以下となる組み合わせが，旧データでは 43,621 組中 24,398 組（約 56%），新データでは 43,621 組中 29,644 組（約 68%）存在することを確認し，動作がいつでも成功するわけではないことを確認した．また，新旧の動作可能率に対する差のヒストグラムを図 3 に示す．結果から，新旧で動作可能率が 10 ポイント以上変化する組み合わせが 43,621 組中 21,314 組（約 49%）存在することを確認した．また，旧データから新データにかけて 10 ポイント以上動作可能率が減少している組み合わせが 43,621 組中 11,197 組（約 26%）存在することを確認した．

次に，統計的な分析を行った．新旧データは対応のある 2 群となっており，分布から正規性は見られないため，ウィルコクソンの符号順位検定を実施した．帰無仮説は「2 群の分布の中央値に差が無い」である．両側検定の結果，有意水準 0.1%の

[2]https://github.com/

[3]https://travis-ci.org/

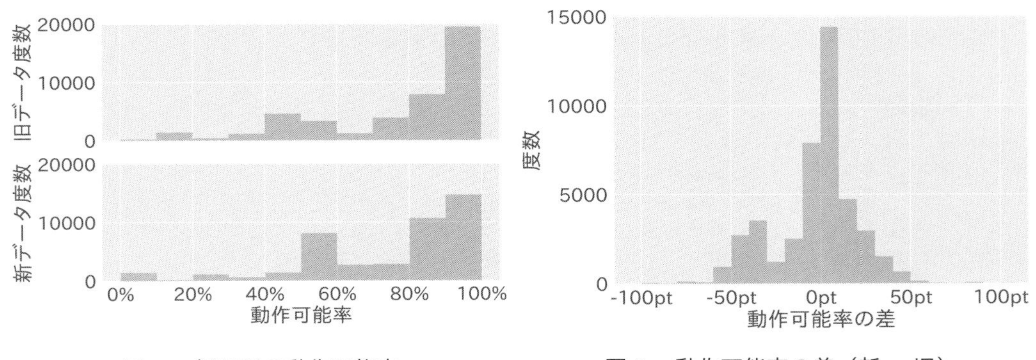

図 2　新旧別の動作可能率

図 3　動作可能率の差（新 − 旧）

下で帰無仮説は棄却され，2 群の分布の中央値に差があることを示した．

3　議論

調査の結果，新旧で動作可能率が 10 ポイント以上変化するような組み合わせが約 49%存在することを明らかにし，新旧 2 群の動作可能率の分布から，中央値に差があることを明らかにした．つまり，リサーチクエスチョンへの回答は Yes となる．また，旧データから新データにかけて 10 ポイント以上動作可能率が減少している組み合わせが約 26%存在することも明らかにした．旧データから新データにかけて，多くのライブラリの組み合わせにおいてライブラリのバージョンアップが行われているため，これらの組み合わせでは，バージョンアップしたときに動作しなくなるリスクが大きくなると考えられる．そのため，ライブラリの組み合わせを選ぶ指標としてある時点でのライブラリ間の動作可能率を使用した場合，バージョンアップ時に動作しなくなるリスクは無視できない程度に存在すると考えられる．

次に，本調査の妥当性への脅威について述べる．妥当性への脅威となるのは，以下の 3 点である．

1. 相性の良いライブラリの組み合わせを評価する方法が 1 つだけである
2. データセットが Java 言語のものに限定されている
3. ビルド成否の要因がライブラリの組み合わせ以外にもありうる

1. に関して，今回の調査ではライブラリ間の動作可能率のみを相性評価に用いた．そのため，他の評価指標を用いた場合，結果が変化する可能性がある．例えば，ライブラリバージョン間の評価方法として，人気度 [6] が挙げられるため，人気度をライブラリ間の評価に拡張することが今後の調査として考えられる．

2. に関して，本調査では Java のデータセットを用いたが，相性評価の対象となるのは Java 言語のライブラリの組み合わせに限定されない．本調査で用いたライブラリ間の動作可能率は，他の言語のライブラリの組み合わせにおいては経年変化しない可能性があるため，他の言語を対象に含めた調査が必要である．

3. に関して，本調査ではビルド成否を用いて組み合わせの相性を評価したが，ビルド失敗の原因としては以下のような場合も考えられる．

- 注目している組み合わせを使っているソフトウェアに不具合がある場合
- ライブラリ単体および，注目している組み合わせ以外のライブラリの組み合わせ（2 つ以上）が原因となる場合
- テストが確率的に失敗する問題を抱えている，ビルド環境に設定の誤り等の問題がある等，ソフトウェアやライブラリ以外が原因となる場合

以上から，ライブラリの組み合わせ以外の要因が支配的になっている恐れがある．そのため，実際のビルド成否の記録においてライブラリの組み合わせがどれだけ影

響を与えているか理解し，ビルド成否以外の測定値からケースを分割できれば，より正確にライブラリの組み合わせの相性を反映出来る可能性がある．

4 おわりに

本研究では，226 個の Java/Maven プロジェクトに対する調査から，新旧 2 群の動作可能率の分布に差があることを明らかにし，旧データから新データにかけて 10 ポイント以上動作可能率が減少している組み合わせが約 26%存在することも明らかにした．そのため，ライブラリの組み合わせを選ぶ指標としてある時点でのライブラリ間の動作可能率を使用した場合，バージョンアップ時に動作しなくなるリスクが無視できない程度に存在すると結論づけた．

今後の研究の方向性として，以下の 3 点を考えている．

- 動作可能率の改良に向けた予測モデル構築
- ライブラリ間の人気度に対する経年変化の有無についての調査
- ライブラリ推薦のフレームワークを提案

動作可能率の予測モデル構築において，精度の良いモデルが構築できれば，あるライブラリの組み合わせが安定して使い続けられるかについて統計的に根拠のある判断ができるようになる．例えば，未来のある日時における動作可能率と取りうる誤差の範囲を予測することができるため，開発者は，想定する開発／保守期間において安定して使い続けられるライブラリを探すことができると考えられる．そのためには，今回の調査で用いた 2 群からなる時系列よりも細かい粒度での分析が必要になると考えられる．また，既存手法として挙げた人気度を拡張した手法の経年変化についても調査する予定である．人気度が高い組み合わせが経年変化しない場合，ある機能の実現においては定番の組み合わせであるという意味で相性が良いと考えられる．さらに，ライブラリ間の相性評価と既存のバージョン間の相性評価を組み合わせて，ライブラリ推薦のフレームワークを提案することを考えている．ライブラリとバージョンの 2 段階の選択により，大量の組み合わせの中から効率的に採用する組み合わせを絞り込むことが可能になると考えられる．

謝辞 共同研究を通じて研究内容へご指導いただいた，和歌山大学 伊原 彰紀先生，奈良先端科学技術大学院大学 石尾 隆先生，奈良先端科学技術大学院大学 畑 秀明先生に感謝の意を表する．

参考文献

[1] Takashi Ishio et al. Software ingredients: Detection of third-party component reuse in java software release. In *Proceedings of the 13th International Conference on Mining Software Repositories*, pp. 339–350, 2016.

[2] Tom Preston-Werner. Semantic Versioning 2.0.0, 2015. `https://semver.org/`（2018 年 6 月 15 日アクセス）．

[3] Veronika Bauer et al. A structured approach to assess third-party library usage. In *Proceedings of the 28th IEEE International Conference on Software Maintenance*, pp. 483–492, 2016.

[4] SCSK 株式会社. OSS Radar Scope®, 2015. `http://radar.oss.scsk.info/`（2018 年 6 月 15 日アクセス）．

[5] Black Duck Software, Inc. Open Hub, the open source network, 2015. `https://www.openhub.net/`（2018 年 6 月 15 日アクセス）．

[6] Yuki Yano et al. VerXCombo: An interactive data visualization of popular library version combinations. *Proceedings of the 2015 IEEE 23rd International Conference on Program Comprehension*, pp. 291–294, 2015.

[7] 齊藤元伸ら. プログラム開発環境推薦システム及びその方法, 2018. 日本国特許庁 (JP) 公開特許公報 (A) 特開 2018-10580(P2018-10580A).

[8] Moritz Beller et al. Travistorrent: Synthesizing travis ci and github for full-stack research on continuous integration. In *Proceedings of the 14th working conference on mining software repositories*, 2017.

細粒度ソフトウェア進化理解のための操作履歴グラフの実装

Implementation of the Operation History Graph for Understanding Fine-Grained Software Evolution

大森 隆行 * 丸山 勝久 † 大西 淳 ‡

あらまし 開発者の操作履歴を調査することで，過去に行われたプログラム変更をより正確に理解することができる．しかしながら，操作履歴は膨大であり，その調査には時間がかかる．本論文では，履歴の概略を生成するための操作履歴グラフを提案する．これにより，利用者は，履歴中の理解すべき箇所を容易に特定できるようになると考えられる．

1 はじめに

ソフトウェア保守において，これまでにプログラムがどのように変更されてきたかを理解することは重要である [1]．プログラム変更理解のために，開発者が統合開発環境 (IDE) 上で行った操作の履歴を利用することができる．これまでに様々な操作履歴記録ツールが提案されており [1,2]，記録されたコード編集操作を再生 (リプレイ) するツールも提案されている [3–6]．過去のコード変更を再生することで，プログラム変更の詳細を追跡することができる．

しかしながら，操作履歴の再生に基づくプログラム変更の理解手法はいまだ課題が多い．特定の目的をもってプログラム変更を理解する場合，履歴のすべてを再生する必要はない．このため，再生対象を絞り込む支援が必要である．つまり，初めから生の操作履歴 (コード編集単位) を再生するのではなく，必要な情報が履歴のどこにあるかを把握してから詳細な履歴を再生することが望ましいと考えられる．

そこで本研究では，再生の前段階として利用可能な履歴の概略を生成することを目指し，操作履歴グラフ OpG2 を提案する．本研究での履歴の概略とは，特定の観点に基づいてコード変更情報を抽象化したものである．抽象化の際，コードそのものの変更を構文要素やその参照関係の変更に置き換えること，および，利用者の興味がある部分を抽出すること (例えば，同一の構文要素の変更を追跡したり，呼び出し関係のある要素の変更を参照する等) を目指す．これにより，利用者は履歴中の理解すべき箇所を容易に特定できるようになると考えられる．本研究の長所として，リネームされた構文要素の追跡性，参照関係を含む概略生成によるコード変更の理解性，参照関係をまたぐ変更の追跡性が挙げられる．これにより，履歴理解の際に，リネームされた要素を削除されたと誤解したり，同時に行われた関連のある変更を見落とすことを防止する．本稿では，OpG2 の形式と実装の詳細を述べる．さらに，構築したグラフを用いて履歴の概略を把握する事例を示す．

2 関連研究

操作履歴の再生は，プログラムやその変更の理解に役立つ．Hattori らは，履歴再生器を提案し，開発者がソフトウェア進化の質問に回答する際に有効であること示した [4]．[7] では，過去に行われたリファクタリングの把握において，再生器を利用することで誤答が減少することが示された．また，Azurite [5] という再生器では，履歴を複数の抽象レベルで視覚化することで変更履歴の振り返りを支援している．

*Takayuki Omori, 立命館大学

†Katsuhisa Maruyama, 立命館大学

‡Atsushi Ohnishi, 立命館大学

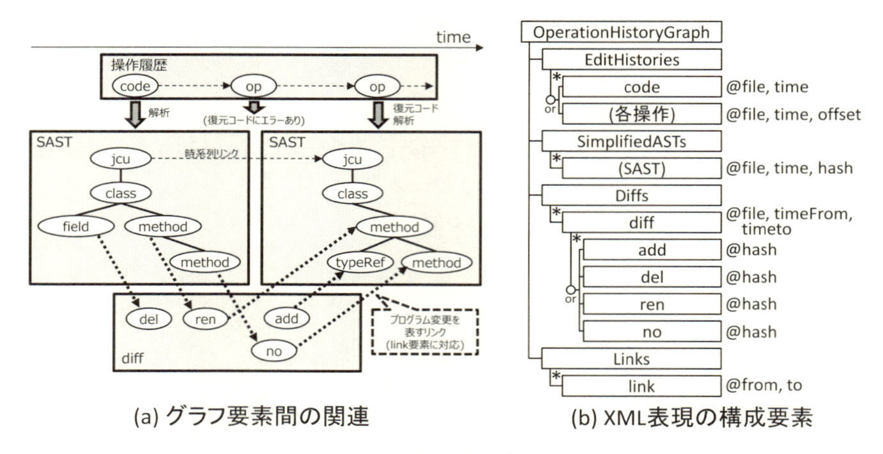

図 1　操作履歴グラフ

操作履歴は版管理システムに格納された改版履歴と比べて細かい変更情報を持つため，変更を詳細に追跡できるが，同時に，細かすぎる履歴は理解にかかる時間が増大する等の欠点もあった．この問題に対応するため，履歴の一部をフィルタリングしたり融合することで，操作数を減らす手法が提案されている [8]．また，編集された構文要素に着目することで，より粗粒度な変更を検出する手法も提案されている [9–12]．しかしながら，操作履歴の収集や応用に関する手法はいまだ発展途上であり，今後もツール整備や有効性検証を進めていかなければならない．本研究では，履歴の利用と拡張のしやすさの観点から，操作履歴のグラフ表現に着目する．

[6] では，操作履歴グラフに基づく操作履歴スライシングが提案されている．特定のクラスメンバを基準として履歴をスライシングすることで，再生対象を選択箇所に関するものに限定できる．しかしながら，これまでの操作履歴グラフでは，メソッド内部の解析結果はグラフで表現されず，要素間の参照関係を利用することはできなかった．また，クラスのリネームに未対応であった．本研究では，これを改善し，グラフを構成するノード間のリンクとしてリネームや参照関係を表現する．

3　操作履歴グラフ OpG2

3.1　OpG2 の概要

図 1(a) に OpG2 の要素間の関連の概要を示す．グラフの構成要素を以下に示す．
(1) 操作履歴：入力となる操作履歴を加工し，コード変更のみに限定したもの．必要に応じて，復元コード (あるソースファイルの状態を復元したもの) も保持される．
(2) SAST (Simplified abstract syntax tree)：各操作終了時のソースコードを静的解析し，構築された抽象構文木 (AST) を単純化したもの．構文エラーがない状態に対してのみ生成される．SAST は，Eclipse JDT が生成する AST のうち，型とそのメンバの宣言，型とメソッドの参照にあたるノードのみを保持する．変更のあったファイルの SAST のみが保持される．
(3) SAST 差分 (diff)：同一ソースファイルの，時間的に隣接する SAST 間の差分を表現する．SAST を構成するノードの追加 (add)，削除 (del)，名前変更 (ren)，変更なし (no) により構成される．

グラフを構成するノードは，以下のようなリンクにより結ばれる．
(1) プログラム変更を表すリンク：SAST 上の構文要素と SAST 差分を結ぶことにより表現される．(2) 時系列リンク：ある SAST の構文要素と，次状態の SAST に存在する同一の構文要素が結ばれる．(3) 参照リンク：SAST の構文要素の参照関係を表す．型やメソッドの参照と，対応する定義箇所が結ばれる．

表 1 **SAST の構成要素**

javaCompilationUnit	コンパイル単位 (1 つのソースファイルに対応)
class, interface, enum	クラス・インターフェース・Enum の宣言
field, method, enumConstant	フィールド・メソッド・Enum 定数の宣言
typeReference, methodReference	型・メソッドの参照

ここで，あるソースファイル f の n 番目の構文エラーなしの状態から構築される SAST を $s_{(f,n)}$ と表す．要素が削除された場合，$s_{(f,n)}$ 中の当該要素から SAST 差分中の del 要素へのリンクが張られる．同様に，要素が追加された場合，add 要素から $s_{(f,n+1)}$ 中の当該要素へのリンクが張られる．リネームの場合，$s_{(f,n)}$ 中の当該要素から ren 要素へのリンクと，その ren 要素から $s_{(f,n+1)}$ 中の当該要素へのリンクが張られる．変更なしを意味する no 要素の場合も同様に 2 つのリンクが張られる．ただし，グラフの冗長さを減らすため，no 要素のリンクは，後述するユニーク名が同一のノード間には張られない．

3.2 グラフの XML 表現

OpG2 は，図 1(b) に示す構造の XML 形式で保存される．ルート要素は `<OperationHistoryGraph>`であり，その子として，操作履歴を保持する`<EditHistories>`，SAST を保持する`<SimplifiedASTs>`，SAST 差分を保持する`<Diffs>`，プログラム変更を表すリンクを保持する`<Links>`が存在する．図中の*は，子を複数持つことを意味する．例えば，`<EditHistories>`は操作を表現する要素と`<code>`要素を合わせて 0 個以上持つ．`<link>`は SAST のノードと SAST 差分を結ぶ有向リンクを 2 つのハッシュ値の組により表現する．図中の@で始まる表記は，各要素が持つ主要な属性を示す．

「各操作」に対応する要素は OperationRecorder [13,14] と同様である．SAST を構成する要素は表 1 の通りであり，それらすべての要素が以下の 2 つの属性を持つ．

- `hash` long 型のハッシュ値．1 つのグラフ中で一意の値が割り当てられる．
- `name` ノードの名前．宣言・参照されている構文要素のユニーク名を保持する．

ユニーク名とは，完全修飾された型名に各要素のシグネチャを連結したものである．例えば，パッケージ `p` に属するクラス `C` のユニーク名は`"p.C"`となる．このクラスに属するメソッド `m`(引数は `String` 型の値 1 個，戻り値なし) のユニーク名は`"p.C#m(java.lang.String):void"`となる．通常，1 つのプロジェクトにおいてパッケージ名の重複は存在せず，同名のメソッドも引数型の違いによって区別できるため，異なる構文要素のユニーク名は異なったものとなる．例外的に，匿名内部クラスを同一メソッド内で複数使用する場合にユニーク名の衝突が発生することがある．本手法ではユニーク名が衝突する事例を扱うことは想定していない．

上記に加えて，`<javaCompilationUnit>`は，ソースファイル名を示す `file` 属性とどの時刻の SAST であるかを示す `time` 属性を持つ．

`<typeReference>`，`<methodReference>`は，`hash`，`name` の他に，参照リンクを表現するための `hashRef` 属性を持つ．`hashRef` が保持するハッシュ値は，参照先が属する SAST のうち最新のものにおける宣言箇所 (`<type>`や`<method>`等) のハッシュ値となる．参照先を解決できなかった場合や参照先のノードがグラフ中に存在しない場合，`hashRef` の値は -1 となる．

なお，XML 表現中には明示的に現れないリンクが存在する．これは，ノードが持つ属性の値や要素の順番を利用することでリンク先が特定できるものである．例えば，時系列リンクは SAST を格納順に得ることで辿ることができる．また，操作履歴中の操作はその解析結果の SAST と明示的にはリンクが張られない．これは，共通の `time` 属性を持ち，容易に双方の取得ができるからである．

3.3 グラフ生成手順

操作履歴グラフ OpG2 は OperationRecorder が記録した操作履歴を元に以下のような手順で生成される．入力となる操作履歴の形式は [14] を参照されたい．

1. **操作履歴の読み込み**：指定されたディレクトリ以下に存在する XML 形式の操作履歴ファイルすべてを読み込む．この履歴は，当該プロジェクト内で行われた操作すべてを時系列に並べたものである．
2. **リネーム操作の検出**：ラベルに `Rename` を含む複合操作 (CompoundOperation) の情報を使用して，Rename リファクタリングが行われた時刻と，変更前の名称，変更後の名称を記録する．これを利用することで，Eclipse の Rename 機能により名称が変更された構成要素の変更履歴を正確に追跡可能となる．
3. **操作列をソースファイルごとに分割**：履歴をファイルごとの操作列に分割する．一度に複数のファイルを変更する複合操作もファイルごとに分割する．また，コードに影響を与えない操作を除去する．
4. **操作履歴の整形**：[8] の手法により，コード上で隣接する箇所の編集操作を一つにまとめる．これにより，解析しなければならないコードの量を減らすとともに，操作ミス等による本質的でない変更を削減することができる．
5. **パッケージ情報の生成**：履歴に含まれるすべてのソースファイルの名前と，各ソースファイルが属するパッケージの名称を記録する．
6. **操作履歴グラフの生成**：操作履歴を時間順に処理し，グラフを生成する．
   - 現在着目している操作が終了した時点のソースコードを復元する．
   - 操作情報または復元ソースコードを保持する XML 要素を生成する．
   - ソースコードの構文解析を行い，AST を生成する．
   - CompilationUnit(AST の根) と各要素の宣言に対応するノードを SAST 上に生成する．この際，AST 中のパッケージ宣言を参照し，各要素のユニーク名を決定する．
   - 各参照ノード (型とメソッドの参照箇所) に対応するノードを SAST 上に生成する．この際，3.3.1 の通り，参照要素の名前解決を行う．
   - SAST の XML 要素を生成する．
   - 3.3.2 の方法で同ファイルの 1 つ前の SAST との差分を解析する．
   - 最後に，差分情報を保持する XML 要素を生成する．
7. **XML 出力**:実際に XML 文書としてグラフを出力する．保持する DOM(Document object model) ツリーのサイズを抑えるため，出力は操作履歴 1 日分ごとに行う．

3.3.1 参照要素のユニーク名の解析

本研究でコードの解析に利用している Eclipse JDT では，参照している構文要素の完全修飾名を取得するために，バインディングの解決を行う必要がある．このために，参照される可能性のあるソースファイルのパスやクラスパスの情報が必要であるが，操作履歴には開発時のクラスパス設定等は含まれない．また，操作履歴から復元したコードはファイルとして実在するものではないため，ソースファイルパスを指定するためには一度ファイルとして書き出す必要がある．これにより解析に要する時間が大幅に増加する可能性がある．以上のことを考慮し，本研究では，下記 (1)(2) の通り，大部分を Eclipse JDT に依らず解決した．参照先の型名を解決できた場合は，既存の SAST からその宣言箇所を検索し，ハッシュ値を取得する．この値を `hashRef` 属性の値として使用する．

(1) 参照型名の解決

型名解決のために，各ソースファイル中の import 文の情報を使用した．ただし，同一パッケージ内のクラスは import 文なしで参照できるため，上記の手順 5 のパッケージ情報を使用する．特定の名前が与えられた時の型名解決手順は下記の通りである．各項目は上から順番に実行され，解決できなかった場合は次の項目に移る．

- Eclipse JDT がソースコードによるバインディング解決を行った時はその結果を使用．(同一ソースファイル内で宣言されている型の参照が正しく解決される．)

- パッケージ情報を使用して解決．例えば，同一パッケージ`p`においてクラス`C`と`D`が存在し，`D`の内部クラスとして`E`が存在すると仮定する．`C`から`E`を参照する場合，import文なしで`D.E`と記述することができる．パッケージ情報より，`D`は`p.D`と解決できるため，`D.E`は`p.D.E`となる．
- import文の情報を利用して解決．import文は完全修飾されたクラス名を含むため，型名を正確に解決することができる．ただし，本手法ではimport文にワイルドカード文字が含まれる場合，型名の解決に失敗する．
- Eclipse JDTがバインディング解決を行った時はそれを使用．`java.lang`パッケージに含まれるクラスの名前が解決できる．

(2) 参照メソッドの解決

Eclipse ASTでは，メソッド呼び出しは下記のような構造を持つ．

```
MethodInvocation: [ Expression . ] [ < Type { , Type} > ]
                      Identifier ( [ Expression { , Expression } ] )
```

参照対象のメソッドを特定するためには，`Expression`に相当する箇所の型を解決する必要がある．本手法では，完全な型解決は不可能ではあるものの解析時間を増大させないよう，次の方法を採用した．まず，リテラルの型については，Eclipse JDTが解決可能である．それ以外の場合は，型名を使用している場合(publicなメンバへのアクセス)と，ローカル変数・引数・フィールドを単独で参照している場合にそれらの宣言型をASTから得ることで解決する．ここで，型の解決はすべて静的に行われることに注意する必要がある．実行時に実際に使用されるオブジェクトの型は，静的に宣言された型のサブクラスとなる等，異なる可能性がある．型引数についても，コード中に記述された型を採用する(完全修飾名の解決は行う)．

3.3.2 SAST差分の解析

SASTの差分解析は，根(`javaCompilationUnit`)から順に，ユニーク名が一致するかどうかで行われる．一致しないノードの子孫はすべて一致しないとみなされる．比較対象のSASTを$s_{(f,n)}$，$s_{(f,n+1)}$とするとき，$s_{(f,n)}$には存在するが$s_{(f,n+1)}$には存在しないノードは削除(del)されたとみなし，$s_{(f,n+1)}$には存在するが$s_{(f,n)}$には存在しないノードは追加(add)されたとみなす．比較の際，要素が出現する順番は考慮しない．このため，クラス内のメソッドの順番を入れ替えた場合でも変更は検出されない．手順2のリネーム情報を参照し，リネーム対象自身はリネーム(ren)されたと記録する．リネーム対象以下に存在するノードはユニーク名が変更されるため，比較の際は$s_{(f,n)}$内のノードのユニーク名にリネームを適用した上で比較を行う．その結果，ユニーク名が一致すれば，変更なし(no)であると記録する．

3.4 操作履歴グラフの利用

ここでは，特定の構文要素に着目して，その変更履歴の概略を把握したい場合に，OpG2がどのように使えるかを説明する．まず，着目する要素のユニーク名を指定し，当該要素が初めに出現するSAST sを検索する．s上に存在する，指定されたユニーク名を持つノードを着目ノードとする(この要素にはadd要素からリンクが張られている)．以降は，もしren, del, noのリンクが張られている場合，そのリンクを辿る(着目ノードはリンクに沿って順次変更)．これらのリンクが張られていない場合は，時系列リンクを辿る．さらに，着目ノードの子を見て，参照ノードとadd, delとの間にリンクが張られているかを確認することで，当該構文要素内での参照の追加や削除の履歴を追跡することができる．この情報だけでは，実際に発生したコード変更を知ることはできないが，参照要素の変更から作業内容を推測し，当該時刻周辺の操作履歴を再生することで，効率的に変更理解ができると考えている．

一般的に，名称が変更された構成要素の履歴を追跡するのは困難である．Renameの履歴が残されている必要があるうえ，任意の2つの時点のソースコードの比較のみでは，名称変更の有無を正確に知ることができない．本手法では，renやnoのリンクにより，ファイル名の変更を伴うRename Classの場合も含めて正確に追跡できるようになっている．現時点では未実装であるが，パッケージ間のクラスの移動(ファイルパスが変更される場合) も同様にリンクを張ることで対応可能となる．

4 操作履歴グラフに基づく変更履歴概略の把握事例

あるGUIアプリケーションの開発において記録された操作履歴から，画面表示を担当する `View` クラスのコンストラクタの変更履歴の概略を 3.4 で述べた方法で作成した．結果として，このコンストラクタの作成中，以下のような参照の追加と削除が観測できた(一部抜粋)．左側の数値は時刻である(いずれも同日)．この履歴から，初めはGUI部品の設置を行い，後から描画内容 (`PaintListener`)，ユーザの操作への反応 (`MouseListener`) を追加したという開発の流れが伺える．例えば描画内容に関しての履歴を調べる場合，17時41分以後の履歴を再生すれば良い．従来の履歴フィルタやスライシングでは指定要素の内部しか再生できなかったが，本手法ではその参照箇所の変更内容も容易に参照できる．プログラム理解において，呼び出し元や呼び出し先に調査対象を移すことは頻繁に発生するため，グラフの参照関係を使って再生対象を切り替えることは効果的な変更理解につながると考えられる．

- 17:08:18 `Canvas`，`JTextField`，`Color` を参照．
- 17:08:47 `Shell`，`Display` の参照を追加，`JTextField` の参照を削除．
- 17:10:33 `Label`，`SWT` の参照を追加．
- 17:41:53 `BoardPaintListener`，`Canvas.addPaintListener()` の参照を追加．
- 20:39:41 `BoardMouseListener`，`Canvas.addMouseListener()` の参照を追加．

5 おわりに

本論文では，操作履歴グラフ OpG2 を提案し，グラフに基づき履歴の概略を把握する事例を示した．本研究では軽量な解析手段を採用したため，一部の名前の解決に失敗し，変更理解を阻害する恐れがある．今後の課題として，そのような事例の削減，および，グラフ生成の効率性や理解支援における有効性の評価が挙げられる．

参考文献

[1] 大森隆行，林晋平，丸山勝久：統合開発環境における細粒度な操作履歴の収集および応用に関する調査，コンピュータソフトウェア，vol.32, no.1, pp.60–80, 2015.

[2] Soetens, Q.D., Robbes, R., and Demeyer, S.: Changes as First-Class Citizens: A Research Perspective on Modern Software Tooling, CSUR, vol.50, no.2, pp.18:1–18:38, 2017.

[3] Omori, T. and Maruyama, K.: An Editing-operation Replayer with Highlights Supporting Investigation of Program Modifications, IWPSE/EVOL '11, pp.101–105, 2011.

[4] Hattori, L., D'Ambros, M., Lanza., M., and Lungu, M.: Answering software evolution questions: An empirical evaluation, Inf. and Softw. Tech., vol.55, no.4, pp.755–775, 2013.

[5] Yoon, Y. and Myers, B.A.: Semantic Zooming of Code Change History, VL/HCC'15, pp.95–99, 2015

[6] Maruyama, K., Omori, T., and Hayashi, S.: Slicing Fine-Grained Code Change History, IEICE Trans. Inf. and Syst., vol.E99-D, no.3, pp.671–687, 2016.

[7] Omori, T. and Maruyama, K.: Comparative Study between Two Approaches Using Edit Operations and Code Differences to Detect Past Refactorings, IEICE Trans. Inf. and Syst., vol.E101-D, no.3, pp.644–658, 2018.

[8] 桑原寛明，大森隆行：編集操作履歴の再生における粗粒度な再生単位，コンピュータソフトウェア，vol.30, no.4, pp.61–66, 2013.

[9] 木津栄二郎，大森隆行，丸山勝久：コードの編集履歴を用いたプログラム変更の検出，情報処理学会論文誌，vol.56, no.2, pp.611–626, 2015.

[10] Negara, S., Vakilian, M., Chen, N., Johnson, R.E., and Dig, D.: Is It Dangerous to Use Version Control Histories to Study Source Code Evolution?, ECOOP'12, pp.79–103, 2012.

[11] Proksch, S., Nadi, S., Amann, S., and Mezini, M.: Enriching In-IDE Process Information with Fine-Grained Source Code History, SANER'17, pp.250–260, 2017.

[12] Proksch, S.: Enriched Event Streams: A General Platform For Empirical Studies On In-IDE Activities Of Software Developers, PhD Thesis, Universität Darmstadt, 2017

[13] 大森隆行，丸山勝久：開発者による編集操作に基づくソースコード変更抽出，情報処理学会論文誌，vol.49, no.7, pp.2349–2359, 2008.

[14] OperationRecorder, http://www.ritsumei.ac.jp/~tomori/operec.html.

ユーザレビューに基づいたゴールモデル構築手法の検討

Constructing a Goal Model Based on Application User Reviews

島田 裕紀* 中川 博之† 土屋 達弘‡

あらまし スマートフォンの普及に併せて，数多くのスマートフォン向けアプリケーションが開発されている．これらのアプリケーションのユーザ数を増加させるためには，機能追加やバグ修正などの継続的な更新が重要である．そのためどのような機能を追加すべきか，どの機能にバグが含まれているかを低コストかつ短期間で把握する必要がある．本研究では，アプリレビューを要求として，要求分析モデルの1つであるゴールモデルの構造的な視覚化手法を検討する．実験ではGoogle Docsのレビューを収集し，階層的クラスタリング及びクラスタ結合点でのゴール定義を行うことで，目的のゴールモデルが構築できるかどうかをツールを実装して確認した．結果としてクラスタリングにより各レビューがゴールとして階層化され，クラスタ結合点でのゴール定義により，ゴール間関係が適切に定義されていることがわかった．さらに手作業で構築したモデルとツールにより生成されたゴールモデルを比較し，モデル間の差を埋めるための課題についても議論する．

1 はじめに

現在スマートフォンが広く普及しており，SNSアプリや作業効率化アプリ，ゲームアプリなど多様なスマートフォン向けアプリケーションが開発されている．これらのアプリケーション（以下，アプリ）のユーザ数を維持，または増加させるため，開発者には新しい機能の追加やバグ修正などの継続的な更新が求められる．アプリにどのような機能を追加するべきか，あるいはどのようなバグが発生しているかを把握するためには，ユーザからのフィードバックを収集し，要求分析を行う必要がある．アプリストアではユーザレビューが掲載されており，ユーザがアプリの機能やバグについて言及し評価している．これをユーザからのフィードバックとして精査し，要求を抽出することでアプリの改善に役立てることができる．一方でアプリによってはレビューの投稿数が膨大であり，これらをすべて把握し正確に要求抽出を行うことは困難である．

そこで本研究ではユーザレビューをクラスタリングして集約し，ゴールモデルの構築に利用可能かどうかを検証する．ゴールモデルは要求分析モデルの1つであり，システムが満たすべき状態をゴールとして，最終的にシステムが達成すべきゴールを詳細に分解することで構造的に要求を視覚化することのできるモデルである．なお本研究でのゴールは厳密な到達状態を表すのではなく，ユーザが求める機能やバグなど，実現あるいは除去の対象を表す．レビューからゴールモデルを構築するには，まず各レビューが言及している機能を抽出し，グルーピングを行う．次に各機能をゴールとしてゴール間関係に基づき階層化し，モデルを構築する．現在のソフトウェアシステムでは要求が頻繁に変化することが多く，ソフトウェアの改善箇所を明確化することが重要となっている．ゴールモデルをレビューから構築することで，追加が望まれる機能やバグを含む機能などのユーザが関心を持つ箇所を明確化できる．本研究ではツールを用いてレビューを機能ごとに分類し，階層化することで，レビューからの要求抽出及びモデル構築のコスト低減を図る．評価実験ではア

*Hironori Shimada, 大阪大学大学院情報科学研究科
†Hiroyuki Nakagawa, 大阪大学大学院情報科学研究科
‡Tatsuhiro Tsuchiya, 大阪大学大学院情報科学研究科

プリストアから実際に特定のアプリに対するレビューを収集して階層的クラスタリングを行い，レビューが機能ごとに集約できているかを確認した．また，クラスタ結合点に相当するゴールの記述を定義し，正しくゴール間関係が定義できるかを確認した．本論文ではこの結果を踏まえ，ゴールモデル構築に向けた課題について議論する．

本論文の構成は以下のとおりである．2 節では本研究の背景について説明し，3 節ではクラスタリング手順の概要を示す．4 節では実験の内容と結果に対する考察について説明し，5 節では本論文のまとめを述べる．

2 研究背景

ソフトウェア開発において，要求分析は重要なプロセスの 1 つである．要求分析ではレビューやヒアリングから得た要求を整理し，要求同士の衝突，障害に対する対策を分析する．一方で，要求の把握漏れはユーザが本来求めている機能の実装漏れを引き起こしたり，ユーザビリティのギャップによりユーザが離れる可能性もある．そこで要求を視覚化し把握漏れを防ぐため，既存研究では様々な要求分析モデルが提案されている．要求分析モデルの 1 つであるゴールモデル（ゴール指向要求分析モデル）としては，KAOS ?[]，i* ?[]，NFR ?[]，AGORA ?[] などが提案されている．Rahimi ら ?[] は，ソフトウェアの品質に関連するソフトゴールの抽出・クラスタリングによるゴールの可視化を実現している．本研究では，アプリのソフトゴールを含む機能の抽出を目指し，ゴールモデルとしての要求の可視化を検討する．Woldeamlak ら ?[] は，要求定義が不十分なシステムの文書に対し，KAOS を適用してゴールモデルを構築し，評価している．本研究では，配信されているアプリに対する口語で書かれたレビューから，ユーザが求めている機能を抽出してゴールモデルを構築し，その実用性を評価する．

また先行研究では，レビュー情報を収集・整理し，ソフトウェア開発に活用する研究も多く行われている．清ら ?[] は，アプリのユーザレビューをトピックモデル LDA で分類し，機能の可視化を行っている．また，Chen ら ?[] はレビューをグループ化，ランク付けした上で開発者に提示する手法を提案している．Fu ら ?[] は，レビュー内の単語が表す感情を数値化してレビューとしての妥当性を検証し，さらに LDA によるトピック分類で解析によりアップデートでの改善をユーザが実感できているかを検証している．Johann ら ?[] は，アプリページのアプリ情報とアプリレビューそれぞれからアプリの特徴を抽出し，マッチングを行う手法を提案している．Williams ら ?[] は，ツイッターからソフトウェアに関するバグ報告やユーザ要求などの技術的情報を効果的に収集・整理する手法を提案している．また，東ら ?[] は，LDA によるユーザレビューの分類精度を向上させるために word2vec ?[] を利用し，その効果を確認している．本研究では，レビューで言及されている機能をゴールとして階層的に視覚化する手法を検討する．提案手法によりゴールの階層化を行うことで，要求分析者はアクタと呼ばれるシステムのコンポーネントやユーザに各ゴールの達成責務を割り当て，責任範囲を明確化できる．

3 レビューからのゴールモデル構築手法

レビューからゴールモデルを構築するためには，以下の 2 ステップを実現する必要がある．

Step 1. 各レビューをゴールとして，ゴール間の関係に基づき集約，階層化する
Step 2. 集約したゴールの親ゴール記述を定義する

本研究では Step 1 を実現するため，レビューを階層的に視覚化する目的から，階層的クラスタリングによりゴールモデルを構築する．階層的クラスタリングでは，クラスタ間距離の近いものから段階的にクラスタを結合して木構造で階層化を実現

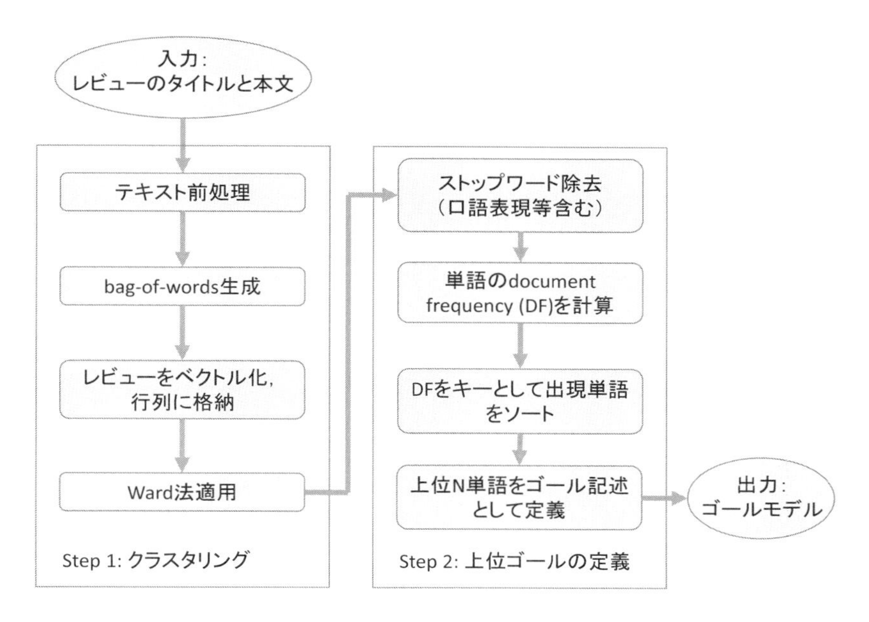

図 1　ゴールモデル構築手法の概要

する．そのため同じく木構造を成すゴールモデルを構築するためには，Step 2 のように結合したクラスタの概要をゴール記述として定義することが必要となる．本研究では，結合したクラスタ中の多くのレビューに出現する単語を調べ，代表的な 5 単語を親ゴール記述として定義する．以上のことから，本研究では上記 2 ステップを実行するツールを実装し，相応のゴールモデルが構築できることを確認した．手法の概要を図 1 に示す．まずレビュー集合に対し，階層的クラスタリングを実行する．次にクラスタの結合点に当たるゴール記述の定義を行う．以下では各ステップの詳細を説明する．

3.1　Step 1: クラスタリング

クラスタリングのアルゴリズムを Algorithm 1 に示す．入力となるレビューデータは，レビューのタイトルと本文である．これを単語分割し，見出し語化を行う．次にクラスタリングにおいてノイズとなる “a” や “you” などのストップワードを除去する．ストップワードとしては本研究では NLTK ?[] で提供されているものを用いた．次に各単語を辞書に登録し，これを用いてレビュー単位で bag-of-words を生成する．bag-of-words は文書に含まれる単語とその出現回数を表したものである．例えば “The app is greatly convenient” であれば bag-of-words として [“app”: 1, “greatly”: 1, “convenient”: 1] が生成される．さらに生成した bag-of-words 用いて各レビューを出現単語のベクトルとして 1 つの行列に格納する．出現単語のベクトルは，例えば次の 2 文があったとして，

- I love this app!
- This app needs more fonts.

見出し語化した出現単語からストップワードを除去し，bag-of-words を生成すると，それぞれ [“love”: 1, “app”: 1], [“app”: 1, “need”: 1, “more”: 1 ,“font”: 1] となる．これらを用いてそれぞれ出現単語ベクトルを作成すると，

$$[a_{\{love\}}, a_{\{app\}}, a_{\{need\}}, a_{\{more\}}, a_{\{font\}}] = [1, 1, 0, 0, 0], [0, 1, 1, 1, 1]$$

Algorithm 1: クラスタリング実行手順

1 : *array*: (レビュー数) × (語彙数) の二次元配列
2 : **for** *review* **in** *reviews*:
3 : *wordlist* ← ストップワードに含まれない，見出し語化された単語
4 : *bows* ← *wordlist* から生成された bag-of-words
5 : **for** {*word_id*, *frequency*} **in** *bows*:
6 : *array*[レビュー番号][*word_id*] ← *frequency*
7 : *array* に Ward 法を適用

Algorithm 2: 上位ゴール記述定義手順

1 : *cluster*: レビュー集合のクラスタ
2 : *wordlist*: {key, value} = {*word*, *DF*} のマップ // *DF*: document frequency
3 : **for** *review* **in** *cluster*:
4 : **for** *word* **in** *review*:
5 : **if** *word* がストップワードに含まれず，まだ DF にカウントされていない:
6 : *wordlist*[*word*] += 1
7 : *wordlist* を各単語の *DF* でソート
8 : 兄弟ゴール間で共通する単語を削除
9 : *wordlist* から上位 5 単語を選択

となる．上記のように作成した各ベクトルを 1 つの行列に格納し，ベクトル間距離でクラスタリングする．クラスタリング方法としては，ゴールモデルとしてレビューを分類し階層化する目的から，階層的クラスタリング手法である Ward 法 ?[] を採用した．このステップを実行した結果，階層的クラスタリングにより，全レビューを段階的に集約した結果が得られる．

また，ツールの実装には開発言語は Python，単語分割と見出し語化に NLTK ?[]，bag-of-words の生成には Gensim ライブラリ ?[] を用いた．

3.2 Step 2: 上位ゴールの定義

上位ゴールの定義アルゴリズムを Algorithm 2 に示す．階層的クラスタリングでは，距離の近い 2 つのクラスタを結合して階層化を実行する．クラスタリングの結果をゴールモデルに対応付けるためには，クラスタの結合点に相当する上位ゴールの定義が必要となる．下位ゴールを集約する上位ゴールでは，クラスタ結合点でのレビュー集合で出現している，クラスタの特徴を表す単語を用いてゴール記述を形成する．そこで本手法ではレビュー中の各単語に重み付けを行い，クラスタ中で出現している重要な上位 5 単語を取り出してゴール記述とする．重みとしてはその単語が出現しているレビュー数，つまり DF (document frequency) を用いた．一方で，同じ親を持つ兄弟ゴールの記述に同じ単語が含まれる場合がある．提案手法では兄弟ゴール各々の特徴を取り出す目的から，共通して出現する単語は除外した上で上位 5 単語を選択する．また本研究ではアプリレビューを対象とするため，先述のストップワードとは別に，“ur” (your) や “dis” (this) などの口語上でのストップワードや “love” や “useful” など，要求には直接関係しない単語を除外するリストを手作業で作成し，これを用いて上位ゴールの記述を定義した．

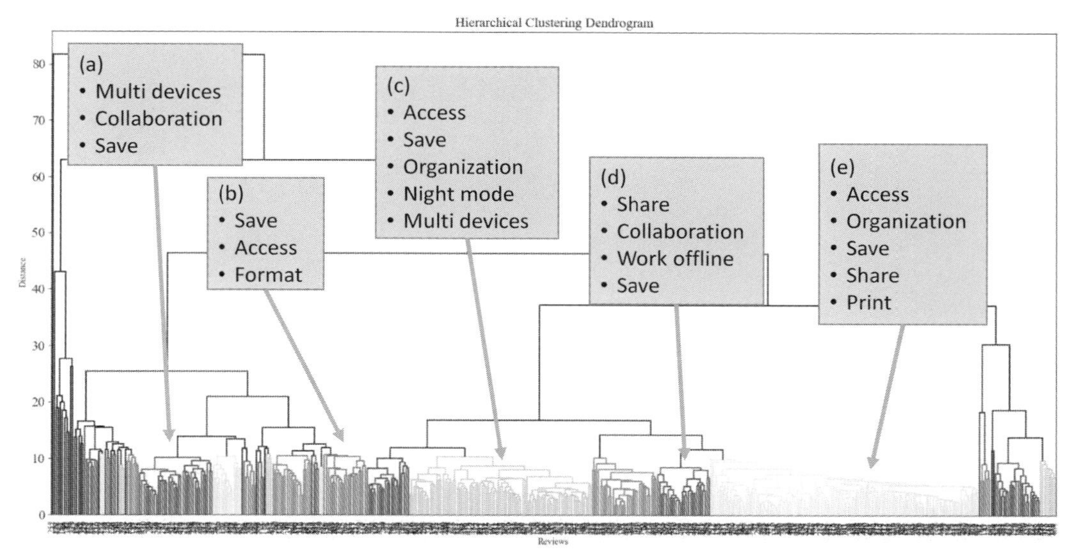

図 2　クラスタリング結果とクラスタの概要

4　実験

4.1　実験目的

本実験の目的は，提案手法によりレビューから実質的なゴールモデルを構築できるかどうかを確認することである．具体的には，提案手法の適用によりレビューが機能ごとでクラスタリングされているか，上位ゴールの定義でゴール間関係が適切に設定されるかを実験により確認し，また別途手作業で構築したゴールモデルと比較することで提案手法の改善点を抽出する．

4.2　実験方法

提案手法の入力として，今回は Apple App Store から Google Docs のアプリレビュー 500 件を取得した．Google Docs はファイルを編集・管理するアプリであり，他ユーザとのファイル共有や共同作業，オフラインでのアクセス機能を持つ．また，PC やスマートフォン，タブレットなど複数種の端末からのアクセスができる．500 件のレビューのうち英語以外の言語で記述されたレビューを手作業で省き，491 件のレビューについてクラスタリングを行った．また，クラスタの結合点に当たるゴール記述を 3 節での定義に従い，特徴を表す上位 5 単語を選択して作成しゴールモデルを構築した．さらに手作業でレビューからゴールモデルを構築し，生成したゴールモデルとを比較した．

4.3　結果と考察

クラスタリングの結果を図 2 に示す．クラスタ間距離 11 以下で結合されたクラスタについて色分けを行い，いくつかのクラスタについてはそのレビューが言及している機能の概要を示している．多くのレビューが複数の機能について言及しているため，文書を自動で保存する “Save” 機能や保存したファイルへアクセスできる “Access” など，同じ機能への言及が複数のクラスタに出現していた．特に “Save” 機能について言及しているレビューは，ほとんどのクラスタで出現していた．一方で，アプリから印刷を実行できる “Print” 機能など概ね固有のクラスタとして個別に獲得できた機能もあった．

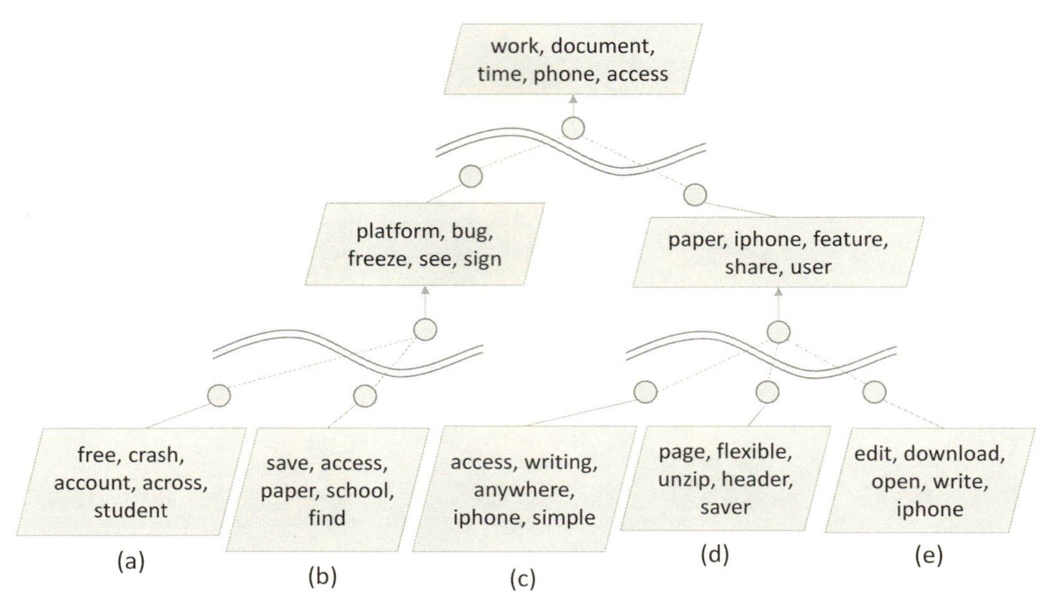

図 3 クラスタリング結果から構築したゴールモデル (一部)，クラスタ間距離閾値＝**11**

手作業でレビューからゴールモデルを構築する場合には，各レビューから機能についてのゴールを抽出し，関連する機能ごとでゴールが集約される．現在の提案手法では機能単位ではなくレビュー単位でクラスタリングするため，関連する機能が別々のクラスタに属する場合がある．手作業で作成するゴールモデルとの差を埋めるためには，文単位などより小さな単位でのクラスタリングなども検討すべきである．

クラスタリング結果から構築したゴールモデルの一部を抜粋して図 3 に示す．図中の各ゴール (a)〜(e) は，図 2 で概要を示した各クラスタ (a)〜(e) に対応する．まず各ゴール記述とクラスタ概要の対応について，(a) では “Multi devices” の文脈でレビューに出現している “across” が，(b) では “Save”，“Access” がそのままゴール記述でも出現している．(c) では “Access” が出現し，(d) では直接関連する語は出現しなかったが，(e) では “Access” や “Save” それぞれに関連する “open”，“edit” が出現している．一方で，図 2 で示した概要で関連する単語がゴール記述として出現しないものもあった．この原因として以下のものが考えられる．

- **ゴール記述に出現するノイズ**
  本手法ではクラスタリングにより類似度の高いものからクラスタを結合し，クラスタ中でより特徴的な単語を選択することで質の悪いレビュー自体がゴールモデルに出現することを避けている．ただしそれでも，ゴールのノードにノイズの単語が出現する場合もある．その場合にはストップワードにそれらを追加し，繰り返しモデル構築を実行することでノイズを減らすことができる．
- **単語に付与された重みのばらつき**
  本実験では，各クラスタ中でより多くのレビューに共通して出現する単語のうち上位 5 単語を選択しゴール記述としている．しかし各単語の重みを調べると，同じ重みの単語が 5 単語以上存在していた．そのため選択が期待される単語ではなく，同じ重みを持つ他の単語が選択されるケースがあった．より適切なゴール記述を定義するためには，単語に付与する重みのばらつきを大きくする手法の検討などが必要である．

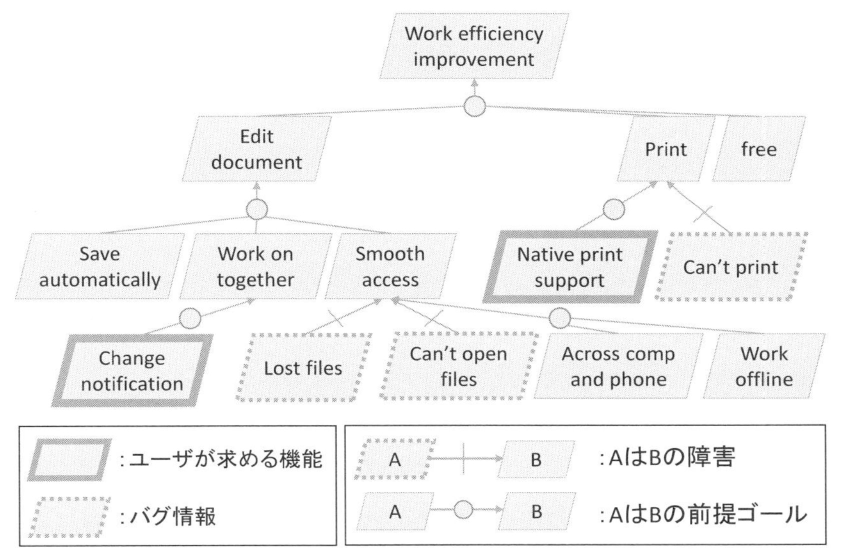

図 4　レビューから手作業で構築したゴールモデル (一部)

- 共通単語の除去

  現在の提案手法では，同じ親を持つ兄弟ゴールで共通して出現する単語を除去している．これらの単語は上位のクラスタ結合点においてもクラスタの概要を示す単語を表すと考えるため，上位ゴールの記述にも出現すると考えたためである．一方で図 2 にもあるとおり，“Save” はどのクラスタにも出現しているが，ゴール記述の “save” は (b) のみに出現している．このことから，ゴール記述として選択する場合には兄弟ゴールで共通して出現していた “save” が除去されてしまったと考えられる．この対策としては，クラスタリングの単位を文単位などより小さな単位にし，同機能が固有のクラスタにのみ出現するようにクラスタリングすることなどが考えられる．

また図 3 のゴール間関係については，(a)“crash” や (b)，(c) の “access”，(e) の “iphone” のように，子ゴールで出現した単語も祖先ゴールの記述に出現していることから，子ゴールの集約ができていることがわかる．

次に，レビューから手作業で要求を抽出し，構築したゴールモデルを図 4 に示す．図 3 のゴールモデルと比較すると，何らかの観点のもとでゴールが階層化されているが，図 4 のように機能単位という観点からのゴール集約が必ずしもなされているわけではない．図 3 の結果を活かして手作業で構築するゴールモデルと同様のものを構築するために，先に述べた対策に加え，以下の点に着目する必要がある．

- ゴール分解粒度の設定

  各レビューから取り出す要求の中には同一機能に言及しているものが多く存在するが，これら全てを視覚化するとモデルのサイズが大きくなり，可読性が下がる．本研究で作成したツールでは，ルートゴールからの深さをプログラムから指定することでゴールの分解粒度を設定することができる．しかしレビューで言及している機能の抽象度によって，ゴールの分解粒度は異なる．例えば図 4 では，ゴール “Edit document” は “Print” よりも詳細に分解されている．そのため可読性を維持するために，各ゴールの分解粒度を機械的に設定する手法を組み込む必要がある．分解粒度を決定する判断材料の 1 つとして，クラスタ間距

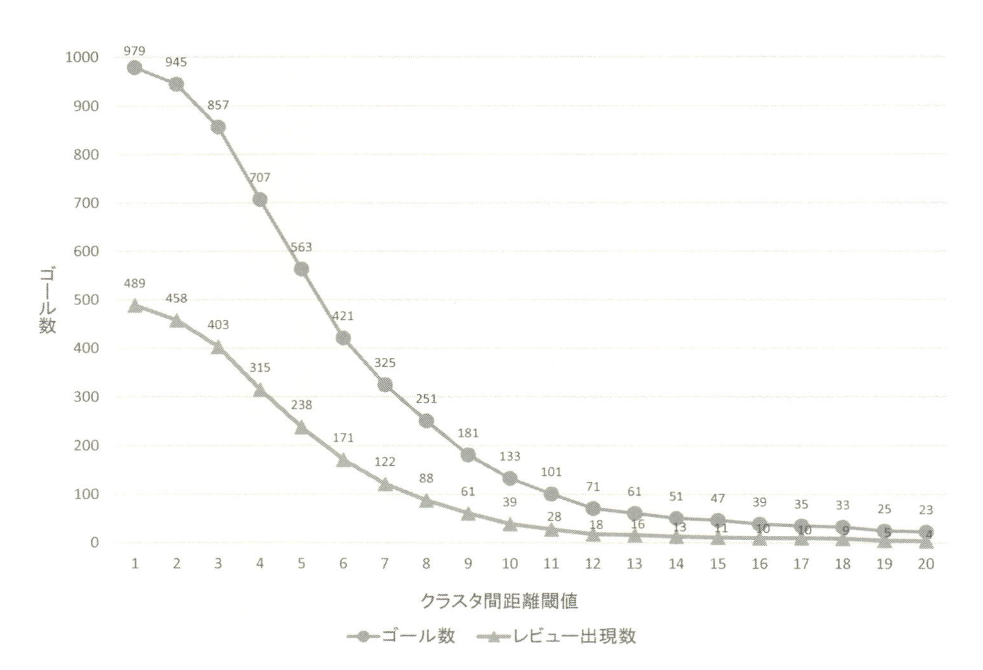

図 5　クラスタ間距離閾値とゴール数の関係

離がある．クラスタ間距離の閾値を設定することで，閾値以下の距離を持つクラスタ同士を統合して葉ゴールとし，モデルのサイズを調整することができる．図 5 は本実験において，クラスタ間距離閾値と生成されたゴールモデルが含むゴール数の関係を示している．丸マーカの折れ線はモデルに含まれた全ゴール数，三角マーカの折れ線は葉ゴールのうち単一のレビューから生成されたゴールの数を示している．閾値を大きくするとクラスタの単位が大きくなり，モデル内に生成される全ゴール数と単一レビューから生成されるゴールの数が減少する．つまり，抽象的なゴールの割合が増加する．想定する分析の詳細度に応じて出力すべきゴールモデルのサイズは変化するため，閾値の設定によりモデルの抽象度を調整することで，ゴールの分解粒度を変化させることができる．今回は構築されるゴールモデルの結合点におけるゴール記述が適切に定義されるかを確認するため，単一レビューの出現が少なく，かつある程度のゴールサイズであるように，クラスタ間距離閾値を 11 に設定した．

- **ゴール種類の判別**

  本ツールで構築したゴールモデルでは，ユーザが求めている機能とバグ情報の区別ができていない．要求分析者にとってより実用的なゴールモデルを構築するために，既に実装された機能と未実装の機能，さらにバグ情報の区別を視覚化する必要がある．これについては，Maalej ら ?[] がレビューをバグ報告，ユーザが求める機能，ユーザエクスペリエンス，レーティングの 4 種に分類する手法を検討している．このような手法を用いることでさらに実用的なゴールモデルの構築が見込まれる．

5 おわりに

本研究ではユーザレビューを階層的にクラスタリングし，ゴールモデルとして構造的に視覚化する手法を検討した．提案手法ではレビューを bag-of-words を用いベクトル化して，階層的クラスタリング Ward 法によりクラスタリングを行う．クラスタリングの結果から，クラスタ中の単語に重みを付与して上位 5 単語を選択することでクラスタの結合点に当たるゴールの記述を定義し，ゴールモデルを構築する．実験ではクラスタリング，上位ゴール記述の定義の 2step が適切に動作しているかを確認するため，Apple App Store のレビューを 500 件取得し，提案手法を適用した．クラスタリングの結果については，レビューの多くが 1 つのレビューで複数機能について言及しているため，実験では手作業での要求集約とは異なる結果となった．しかしクラスタリングの対象を文単位など小さな単位とすることで，より手作業のものに近いクラスタリングができると考えられる．また上位ゴール記述の定義によるゴールモデル構築では，子ゴールで出現した単語が親ゴールの記述にも出現し，子ゴールを集約できた．さらにゴール分解粒度の設定やゴール種類の判別を行うことで，手作業で構築するゴールモデルとの差をさらに埋めることができることがわかった．一方で今後の課題として，以下を抽出することができた．

- クラスタリング精度の向上
  実用的なゴールモデルを構築するにあたり，本研究では無関係なレビューであるかやどの機能に関するレビューであるかなど，内容の特性によって分類を行いゴールとしてまとめることを目指す．本手法ではゴールモデルの原型となるものを作成し，より分解が必要なゴールについては分析者がこれに対し手作業で洗練化していくことを想定している．本実験で用いたレビューの中には，“私はこのアプリが好きだ” など，要求に直接言及していないものも存在する．このようなレビューの多くには “love” という単語が現れており，クラスタ結合の基準にこの単語の出現が影響を及ぼす可能性がある．また入力とするレビュー数が増加したとき，同様のレビューが含まれることで機能に無関係なクラスタが多数生成されてしまう．今後このようなレビューについて機械的にフィルタリングする方法を検討する必要がある．具体的な対策としては，“love” のような全レビューを通して頻繁には出現するが，要求に直接関係しない単語を含むレビューを除外する，などが考えられる．
- クラスタ結合点に当たるゴール記述の設定
  今回の実験では単語をその出現文書数で重み付けし，各クラスタ中の概要を表すと見られる単語集合のうち，上位 5 単語を選択した．より実用的なゴールモデルを構築するためには，今回手作業で作成したストップワードの洗練化や機能を表す特徴的な単語を導出するより適切な手法の検討が必要であると考えられる．また今回は上位 5 単語を選択してゴール記述としたが，選択する単語数を変化させる，あるいは < 動詞，目的語，副詞 > の組み合わせをゴール記述とするなど，手作業で定義する上位ゴール記述に近いものを生成する手法の導入を検討する．
- 実用に向けたゴールモデル品質の向上
  本研究の最終目標は，今回実装したツールを改良し，レビューデータを反映した実用的なゴールモデルを構築することである．本研究で対象とする要求分析者はアプリ開発者である．ツールが出力するゴールモデルが実用段階に到達するためには，どのような機能をユーザが求めているか，またはどのようなバグが発生しているかを図 4 のように色分けするなどしてゴールモデル中で明示する必要がある．解決法の 1 つとして，バグ情報の識別においてはレビューの感情分析によりネガティブな単語を検出し，その単語がゴール記述に含まれるかどうかで判断するなどが考えられる．また筆者は先行研究において，抽出ルールに基づくゴール分解の手法を提案している ?[]．これを提案手法で構築したゴールモデルの各葉ゴールに適用することで，さらなる詳細なゴール分解が見込まれる．

参考文献

[1] A. Dardenne, A. Van Lamsweerde, and S. Fickas. Goal-directed requirements acquisition. *Science of Computer Programming*, Vol. 20, No. 1-2, pp. 3–50, April 1993.

[2] E. S. K. Yu. Towards modelling and reasoning support for early-phase requirements engineering. In *Proc. of the Third IEEE International Symposium on Requirements Engineering*, pp. 226–235, January 1997.

[3] J. Mylopoulos, L. Chung, and B. Nixon. Representing and using nonfunctional requirements: a process-oriented approach. *IEEE Transactions on Software Engineering*, Vol. 18, No. 6, pp. 483–497, June 1992.

[4] H. Kaiya, H. Horai, and M. Saeki. Agora: attributed goal-oriented requirements analysis method. In *Proc. of the IEEE Joint International Conference on Requirements Engineering (RE)*, pp. 13–22, 2002.

[5] M. Rahimi, M. Mirakhorli, and J. Cleland-Huang. Automated extraction and visualization of quality concerns from requirements specifications. In *Proc. of the 22nd IEEE International Requirements Engineering Conference (RE 2014)*, pp. 253–262, August 2014.

[6] S. Woldeamlak, A. Diabat, and D. Svetinovic. Goal-oriented requirements engineering for research-intensive complex systems: A case study. *Systems Engineering*, Vol. 19, No. 4, pp. 322–333, 2016.

[7] 清雄一, 田原康之, 大須賀昭彦. レビューサイトの情報を利用したスマートフォンアプリケーションの開発支援. 研究報告ソフトウェア工学（SE）, Vol. 2014, No. 4, pp. 1–8, November 2014.

[8] N. Chen, J. Lin, S. C. H. Hoi, X. Xiao, and B. Zhang. Ar-miner: Mining informative reviews for developers from mobile app marketplace. In *Proc. of the 36th International Conference on Software Engineering (ICSE)*, ICSE 2014, pp. 767–778, New York, NY, USA, 2014. ACM.

[9] B. Fu, J. Lin, L. Li, C. Faloutsos, J. Hong, and N. Sadeh. Why people hate your app: Making sense of user feedback in a mobile app store. In *Proc. of the 19th ACM SIGKDD International Conference on Knowledge Discovery and Data Mining (KDD)*, KDD '13, pp. 1276–1284, New York, NY, USA, 2013. ACM.

[10] T. Johann, C. Stanik, A. M. A. B., and W. Maalej. Safe: A simple approach for feature extraction from app descriptions and app reviews. In *Proc. of the 25th IEEE International Requirements Engineering Conference (RE)*, pp. 21–30, September 2017.

[11] G. Williams and A. Mahmoud. Mining twitter feeds for software user requirements. In *Proc. of the 25th IEEE International Requirements Engineering Conference (RE 2017)*, pp. 1–10, September 2017.

[12] K. Higashi, H. Nakagawa, and T. Tsuchiya. Improvement of user review classification using keyword expansion. In *Proc. of the 30th International Conference on Software Engineering and Knowledge Engineering (SEKE)*, pp. 125–130, 2018.

[13] T. Mikolov, I. Sutskever, K. Chen, GS Corrado, and J Dean. Distributed representations of words and phrases and their compositionality. In *Proc. of the 26th International Conference on Neural Information Processing Systems (NIPS)*, Vol. 2 of *NIPS'13*, pp. 3111–3119, USA, 2013. Curran Associates Inc.

[14] S. Bird, E. Klein, and E. Loper. *Natural Language Processing with Python*. O'Reilly Media, Inc., 1st edition, 2009.

[15] Joe H. Ward Jr. Hierarchical grouping to optimize an objective function. *Journal of the American Statistical Association*, Vol. 58, No. 301, pp. 236–244, 1963.

[16] R. Řehůřek and P. Sojka. Software Framework for Topic Modelling with Large Corpora. In *Proc. of the LREC Workshop on New Challenges for NLP Frameworks*, pp. 45–50, Valletta, Malta, May 2010. ELRA. `http://is.muni.cz/publication/884893/en`.

[17] W. Maalej and H. Nabil. Bug report, feature request, or simply praise? on automatically classifying app reviews. In *Proc. of the 23rd IEEE International Requirements Engineering Conference (RE)*, pp. 116–125, Aug 2015.

[18] H. Shimada, H. Nakagawa, and T. Tsuchiya. Constructing a goal model from requirements descriptions based on extraction rules. In *Proc. of the Asia Pacific Requirements Engeneering Conference (APRES 2017)*, pp. 175–188, 2018.

フィーチャモデル利用の確率的側面に関する一考察

On Probabilistic Aspects of Feature Model Use

岸 知二* 野田 夏子†

あらまし 本稿では，フィーチャモデルの利用において確率的な情報を活用するための一手法について，その基本的な考え方を述べるともに，いくつかの技術的な考察を加える．

1 はじめに

フィーチャモデル（以下 FM）[8] は，ソフトウェアプロダクトライン（以下 SPL）開発などで利用される可変性モデルであるが，導出可能なフィーチャ構成の数が組合わせ的に多くなる点が課題となりうる．例えばコア資産のテストにおいて，導出可能な全フィーチャ構成について動作を確認することは現実的ではない．そのためペアワイズ法の応用などが提案されているが [14]，さらにテスト量の削減が望まれる．

そうした中，FM の利用において何らかの確率的な情報を活用し，より高確率に導出されると考えられるフィーチャ構成群を推定してテストの優先度を決める方法などが検討されている．例えば，既存製品群中にフィーチャが含まれる確率や，既存製品のふるまいモデルの遷移確率に基づく手法が提案されている [5] [6]．しかし，導出可能なフィーチャ構成の数が非常に多いことを考えると，少数の既存類似製品群から SPL に関わる確率情報を得ることが妥当でない場合もあると考えられる．

本稿では，対話的にフィーチャ選択を行いながらフィーチャ構成を決定する状況を想定し，フィーチャ選択の意思決定における確率を活用する手法について基本的な考えを述べるとともに，いくつかの技術的な考察を行う．2 章で問題意識を述べた後，3 章で関連研究について触れる．4 章では提案する確率情報の活用手法について説明する．5 章で技術的な議論を行い，6 章で本稿を締めくくる．

2 問題意識

SPL 開発のドメインエンジニアリングにおいて，開発したコア資産のテストを行う際に，導出可能なすべての製品をテストすることは非現実的なため，いくつかの代表的な製品群に対してテストを行う方法がある．そうした方法ではどのように代表的な製品群を決定するかが重要となるが，例えばペアワイズ法の考えを応用して，FM 中の任意の二つのフィーチャの組み合わせを網羅するようにフィーチャ構成群を導出し，それに対応する製品群をテスト対象とする手法などが提案されている [14]．その際 FM の制約を踏まえるので，例えば排他関係にあるフィーチャ群などは組み合わせから排除される．

図 1 に，FM の例を示す．この FM からは 26 通りのフィーチャ構成が導出可能であるが，これに対してペアワイズ法を応用することでテスト対象となるフィーチャ構成数を減らすことができる．本 FM に [14] の手法を適用して導出したフィーチャ構成例を表 1 の左側に示しているが，フィーチャ構成数が 8 通りまで削減されている．しかしながら限られた時間でテストを行うことを考えると，ペアワイズ法で選ばれたフィーチャ構成に対してテストの優先度をつけたり，あるいは構成数をさらに削減したりすることが期待される．本稿では，そうした問題意識の元，FM の利用における確率情報の活用方法について検討する．

*Tomoji Kishi, 早稲田大学

†Natsuko Noda, 芝浦工業大学

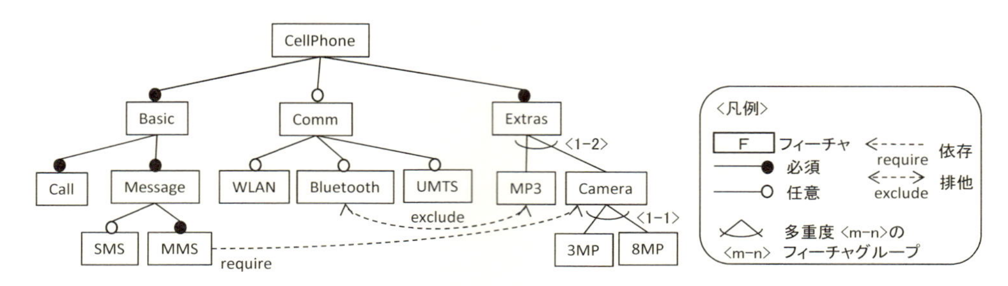

図 1　**FM の例 (文献 [14] 中の FM を一部改変)**

3　関連研究

3.1　FM と確率情報

Czarnecki らは，既存の製品群を対象に，任意の二つのフィーチャに対して一方のフィーチャが製品に含まれる際に他方のフィーチャも含まれる条件付確率をデータマイニングで求め，ソフト制約として FM に記述する確率的 FM を提案している [5]．また，Devroey らは SPL の全製品のふるまいを統合した利用モデルを作成し，利用モデル中の各遷移に付与した確率に基づき，特定の確率範囲でのふるまいを推定し，それに関わるフィーチャ群を特定してテストに利用する提案を行っている [6]．

3.2　FM からの対話的フィーチャ構成導出

FM からのフィーチャ構成導出は，FM の制約を満たすフィーチャ構成を求める作業であり，SAT などを用いた方法が提案されている [3] [11]．一方，対話的なフィーチャ構成導出方法も提案されている [4] [7] [12]．ここでは，フィーチャ構成導出を，選択フィーチャが必要かどうか，フィーチャグループ中のどのフィーチャを選択するかなどを，人間が決定していく意思決定のプロセスとして捉える．例えばウィザードによってフィーチャ構成を選ぶような状況や，複数の組織を跨って徐々にフィーチャ選択を進めていくビジネスフローを想定した状況などに適している．

4　フィーチャ選択の意思決定確率の活用手法

4.1　着眼点

Musa [13] は，顧客プロファイル，ユーザプロファイル，システムモードプロファイル，機能プロファイル，運用プロファイルという 5 つの階層を捉え，徐々にブレークダウンする考えを示している．この階層に対応付けるなら，Czarnecki や Devroey の扱う確率は機能プロファイルや運用プロファイルに相当する．しかしながら SPL に含まれる製品数（FM から導出可能なフィーチャ構成数）が多いことを考えると，相対的に少数の既存類似製品群からこうした詳細なレベルでの確率情報を得ることが難しい局面も多いと考える．

そこで，本研究では対話的フィーチャ構成導出における，意思決定の傾向を確率的に捉えるアプローチをとる．意思決定の傾向は顧客やユーザのプロファイルを反映したものも多く，よりマクロであるために SPL 開発で活用しやすいと考えるからである．例えば対象とするマーケットではこの OS を使う人が 8 割くらいいるだろう，このプロトコルの利用者が大半だろう，といった傾向情報の利用である．本手法ではこうした傾向情報に関わる一部のフィーチャ選択だけに注目し，それに関わる FM の部分をスライシングし，該当部分のフィーチャ構成の導出確率を求める．

4.2　フィーチャ選択プランの作成 [12]

第一ステップとして，Mendonca の手法によってフィーチャ選択プランを作成する．このプランは，どのような順序でフィーチャ選択を進めるかという順序付けである．まずFM中に含まれる全てのフィーチャ選択個所（任意やフィーチャグループなど）を，いくつかのクラスタに分割する．この分割はフィーチャ選択を誰があるいはどの組織が行うかといった運用を踏まえて行う．次にクラスタ間をまたがるフィーチャの階層関係やクロスツリー制約に基づき，クラスタ間の依存関係を判断する．図2の左は簡単なFMを二つのクラスタV0とV1に分割した例である．V0とV1の間にはクロスツリー制約があるため，相互に依存していると考える．

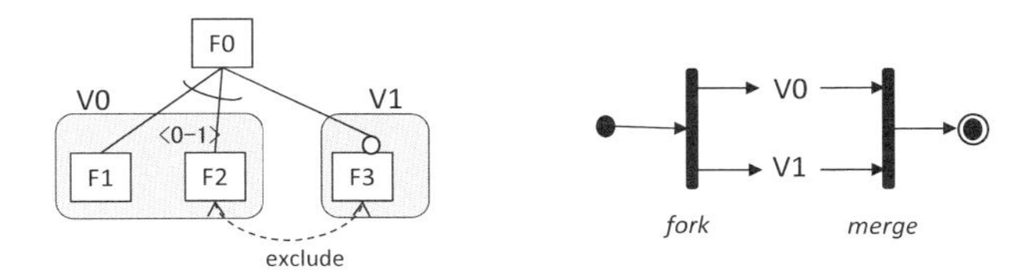

図2　FMとフィーチャ選択プランの例

この依存関係に基づき，クラスタを意思決定の単位としてプランを作成する．クラスタ間に一方向の依存関係のみがある場合には，被依存側の意思決定を先行させるが，相互依存の場合には，まずクラスタ毎の意思決定を独立に行い，それぞれの意思決定が終わったらそれらの結果をマージする．図2左のFMのフィーチャ選択プランの例を図2右に示す．V0とV1の意思決定を並行して行い（fork），その結果をマージ（merge）する．この際クロスツリー制約などのためにV0とV1の選択結果を単純に組み合わせられない場合があり，その際には可能なフィーチャ構成となるように調整が必要となる．

4.3　決定木の構築と確率の付与

第二ステップとして，上記の選択プランに基づきフィーチャ構成の決定木を作成して導出確率を計算する．図3は図2に対応する決定木である（木の構造は二つとも同一）．V0とV1は並行して意思決定が行われ，V0ではF1かF2のいずれかが選ばれ，V1ではF3の選択/非選択が決定される．マージではこれらの結果を組み合わせるが，excludeの関係があるためF2とF3を同時に選ぶことはできない（図の×印）ため，この構成に行きついた場合には，他の 3つのフィーチャ構成のいずれかに変更する．

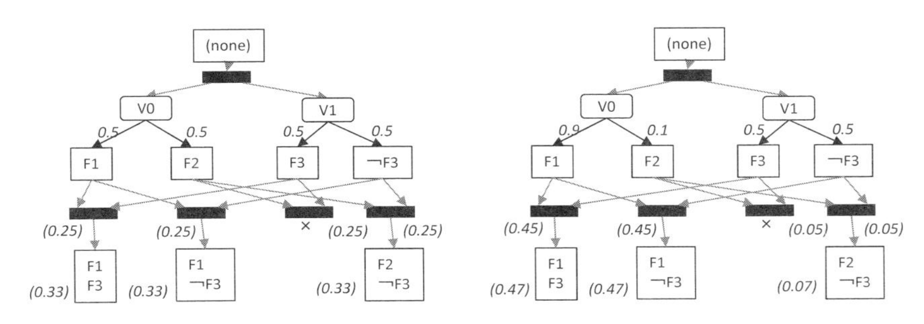

図3　決定木に確率を付与した例 (左:一様な選択確率，右:一様でない選択確率)

フィーチャ選択の部分（V0とV1から分岐するアーク）に付与している数字は選択確率である．図左はV0とV1いずれにおいても一様の確率で選択した例である．その結果を組み合わせると4つの構成が得られるが，上述したようにF2とF3を同時に選べないため，ここから他の3つの構成に一様な確率で遷移すると考える．その結果，残された3つの選択肢が選ばれる確率はそれぞれ0.33となる．一方，図右は V0 での選択確率を，F1 が 0.9，F2 が 0.1 とした場合の例である．なお確率は小数点以下 2 桁までを示している（以下同様）．

4.4 ペアワイズテストへの応用例

本手法を，図 1 の FM に適用する．4.2 の説明では FM をそのまま利用したが，ここでは，通信（Comm）と，付加機能（Extras）に関わるユーザの選択傾向の情報が利用できる状況を想定し，これに関わる部分のみをスライシング [1] して，FM を小さくする．図 4 左は FAMILIAR [2] を利用してスライシングした結果である．これを二つのクラスタ V0，V1 に分割した場合，フィーチャ選択プランは上の例と同様，図 4 右のようになる．これに基づき構築した決定木を図 5 に示す．マージでは，4 つのフィーチャ構成が FM の制約に違反するため，他のフィーチャ構成に一様に遷移させる．

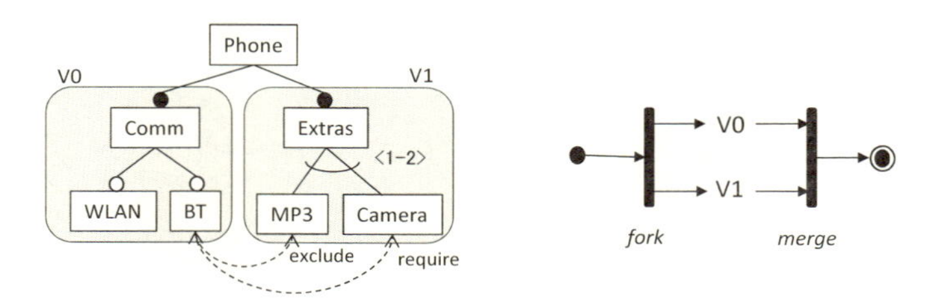

図 4 スライスした FM と選択プランンの例

ここで，対象とするマーケットでは，WLAN を利用する人が 9 割，BT を利用する人は 2 割という傾向が想定され，MP3 や Camera については特段の傾向はないと想定されたとする．図 5 にはその場合の確率が付与されている．V0 では上記に基づき，例えばどちらも選ばれない (none) の確率は (1-0.9)*(1-0.2)=0.08 などと計算した確率が付与されている．一方 V1 には一様な確率が付与されている．これに基づいて得られた①～⑧の確率が下部に示されている．

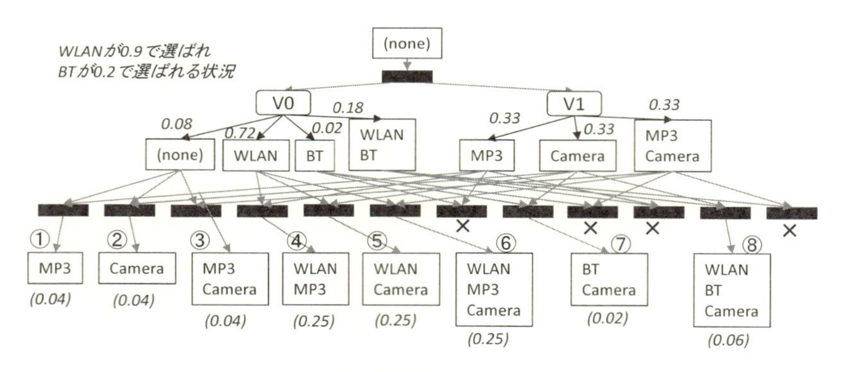

図 5 決定木の例

表 1 は図 1 の FM に対してペアワイズ法を適用して得た 8 つのフィーチャ構成と，それが図 5 の決定木で決まる①から⑧のどの構成を含んでいるかを一覧にしたものである.「構成」コラムがどの構成を含んでいるかを,「確率」コラムが図 5 で計算した確率を示している．

ここで例えば「高確率で選択されるフィーチャ構成を含むフィーチャの組合せはより高い優先度でテストすべきである」という立場をとるなら,「優先度」コラムのような優先度を設定することができ，テストに活用できる．あるいはそもそもBTを含む確率が少ないと考えるなら，BTを除外してペアワイズ法を適用することも考えられる．なお「確率」コラムの確率は表の太枠部分の導出確率であり，MMSや3MP/8MPなどを含めた全体構成の出現確率ではない点に留意が必要である．例えば表1には⑥を含むフィーチャ構成が2つあるが（表中*印），一方だけをテストする考え方などもありうる．

表1　ペアワイズの組合せと優先度付けの例

フィーチャのペアワイズの組合せ例（可変フィーチャのみ記載）						構成	確率	優先度
MMS				Camera	3MP	②	0.04	3
	WLAN		MP3	Camera	3MP	⑥ *	0.25	1
	WLAN			Camera	8MP	⑤	0.25	1
			MP3			①	0.04	3
	WLAN		MP3			④	0.25	1
MMS		BT		Camera	8MP	⑦	0.02	4
MMS	WLAN		MP3	Camera	8MP	⑥ *	0.25	1
	WLAN	BT		Camera	3MP	⑧	0.06	2

（行ごとにフィーチャ構成を表す．太枠は確率計算に関わるフィーチャ群を示す）

5　議論

5.1　導出確率の意味

本手法ではFM中の一部のフィーチャに関するフィーチャ選択プランと決定木を作成し，導出確率を求める．実際のフィーチャ構成はそれ以外のフィーチャも含みうるので，導出確率を求めた部分のフィーチャ構成が同一でも，他の部分のフィーチャ構成が異なるものが存在する．図5の例の場合，①と④以外はCameraを含むため，さらにMMSがあるかないか，8MPか3MPかという選択肢があり，それぞれ4通りのフィーチャ構成が対応する．一方①と④はそれぞれ1つのフィーチャ構成しか対応しない．別の言い方をするならば，導出可能な26個のフィーチャ構成が①～⑧の8グループに分類され，各グループの導出確率を議論しているといえる．個々の製品の導出確率を考えるためには，①～⑧を踏まえた上で，さらにMMSや8MP/3MP部分の導出確率を求める必要がある．

5.2　意思決定の傾向と選択確率

決定木に確率を付与する際に，意思決定の傾向をそれに関わるフィーチャ選択確率に反映させているが，これは必ずしも決定木の末端における最終的な確率が意思決定の傾向と等しくなることを意味しない．例えば図3左では，V0においてF1とF2とがいずれも0.5の確率で選択されているが，末端ではF1を含む構成が導出される確率が(F1 F3)と(F1 ¬ F3)の二つをあわせて0.67となる．これは選ぶことのできない選択（図の×印）において，他の選択肢に一様な確率で遷移しているからである．意味的には，例えば一方のOSを選んだ方がより魅力的な機能が使える場合，そのSPLにおいては，結果的に一般の傾向とは異なるOSの選択傾向となることも考えられる．選ぶことのできない選択に遭遇すると，こうしたOSと機能とのどちらを優先するかといったトレードオフ判断を行うことになるが，その判断に関する傾向情報がない限り一様な確率で他の選択肢に遷移することが妥当と考えた．

5.3　手法のスケーラビリティ

提案した決定木はfork/mergeがあるため組合せ的にノードが増える．また，マージ処理においてFMの制約を満たさない構成を除外しているが，ここではフィーチャ構成を求める問題が含まれるため高い計算量が必要となる．そのため提案手法はフィーチャ選択の傾向情報が利用できる一部のみを取り出して小さな決定木を構築している．しかしそのためのFMのスライシングも高い計算量が必要となる．どの程度のFMのどの程度の部分を対象として導出確率の計算ができるのかといった，手法のスケーラビリティに関しては今後の確認が必要である．あるいは近似的な手法 [9] の適用も有効と考える．

5.4 フィーチャ選択の階層化

FM中のフィーチャの抽象度はドメイン概念から実装概念まで多様であり [10]，またフィーチャを整理するための抽象フィーチャ [15] が使われることもある．従ってフィーチャ選択プランの検討においては，単にFMのグラフとしてのトポロジだけを見るのではなく，フィーチャの抽象度に応じて選択プロセスを階層的に捉え，さらにそれを選択プランに反映することが，意味的にも計算コストの観点からも有用と考える．こうした階層的な扱いのためのFMの構造化も重要な課題である．

6 おわりに

本稿では，FMへのペアワイズ法の応用などを想定し，FMの利用において確率情報を活用して，フィーチャ構成に優先度をつけるなどする手法について，基本的な考え方を示した．手法の詳細化や，スケーラビリティを含めた手法の評価は今後の課題である．

参考文献

[1] Acher, M., Collet, P., Lahire, P. and France, R.B.: Slicing Feature Models. In Proc ASE2011, pp.424-427, 2011.

[2] Acher, M., Collet, P., Lahire, P. and France, R.B.: FAMILIAR: A domain-specific language for large scale management of feature models, Science of Computer Programming, 78(2013), pp.657-681, 2013.

[3] Batory, D.: Feature Models, Grammars, and Propositional Formulas, SPLC2005, pp.7-20, 2005.

[4] Chen, S. and Erwig, M.: Optimizing the Product Derivation Process, SPLC2011, pp.35-44, 2011.

[5] Czarnecki, K., She, S. and Wasowski, A.: Sample Space and Feature Models: There and Back Again, Proc. of SPLC 2008, pp.22-31, 2008.

[6] Devroey, X., Perrouin, G., Cordy, M., Samih, H., Legay, A., Schobbens, P. and Heymans, P.: Statistical prioritization for software product line testing: an experience report, Software and Systems Modelling, Volume 16, Issue 1, pp.153-171, 2017.

[7] Hadzic, T., Subbarayan, S., Jensen, R.M., Andersen, H.R., Moeller, J. and Hulgaard, H.: Fast Backtrack-free Product Configuration using a Precompiled Solution Space Representation, International Conference on Economic, Technical and Organisational Aspects of Product Configuration Systems, pp.131-138, 2004.

[8] Kang, K., Cohen, S., Hess, J., Novak, A.W. and Peterson, S.: Feature-oriented domain analysis (FODA) feasibility study, CMU/SEI-90-TR-21, 1990.

[9] 岸知二, 野田夏子: フィーチャモデルの近似的解析によるフィーチャ構成導出手法, 情報処理学会論文誌, Vol.59, No.4, pp.1203-1214, 2018.

[10] Lee, K., K. Kang, K.C., and Lee, J.: Concepts and Guidelines of Feature Modeling for Product Line Software Engineering ", ICSR7, pp.62-77, 2002.

[11] Mendonca, M., Wasowski, A. and Czarnecki, K., SAT-based analysis of feature models is easy. In Proc. SPLC 2009, pp.231-240, 2009.

[12] Mendonca, M., Bartolomei, T.T. and Cowan, D.: Decision-Making Coordination in Collaborative Product Configuration, SAC ' 08, pp.108-113, 2008.

[13] Musa, J.D.: Operational Profiles in Software-Reliability Engineering, IEEE Software, Volume 10, Issue 2, pp.14-32, 1993.

[14] Oster, S., Markert, F. and Ritter, P.: Automated Incremental Pairwise Testing of Software Product Lines, SPLC 2010, LNCS 6287, pp.196-210, 2010.

[15] Thuem, T., Kaestner, C., Erdweg, S. and Siegmund, N.: Abstract Feature in Feature Modeling, SPLC2011, pp.191-200, 2011.

コンテキスト協調を考慮したIoTシステムのためのソフトウェアアーキテクチャの設計

Design of a Software Architecture for IoT Systems Based on Context Coordination

江坂 篤侍 * 野呂 昌満 * 沢田 篤史 *

あらまし IoT システムにおいて，コンテキストアウェアで実現された構成要素のコンテキスト間の協調の論理は，互いのコンテキストの影響を受けて変化する．我々は互いのコンテキストに影響を受けて変化するこの協調の論理をコンテキスト協調と呼ぶ．コンテキスト協調のための論理記述は，複数のコンテキストと振舞いの組み合わせとして記述され，複雑になりやすい．本研究の目的は，簡便なコンテキスト記述を可能とするIoT システムのためのソフトウェアアーキテクチャを設計することである．我々は，簡便な記述を可能とするために，コンテキストとメタコンテキストからなる階層構造を持つものとしてアーキテクチャを設計した．アーキテクチャに基づいて実現することで，コンテキストとコンテキスト協調論理の記述を分割統治的に整理することができる．

1 はじめに

近年，モバイル計算が実用化され，組込みシステムは移動体として設計・実現されることが多くなってきた．IoT(Internet of Things) システムにおいて，組込みシステムは，その機能の一部をサービスとして実現する．移動体として設計・実現される組込みシステムには，サービスにアクセスするために位置透過性に関連するメッセージ通信が実現される．IoT システムは，利用者にサービスを提供しながら，外部環境や利用者の要求の変化に対応しなければならない．このことから，組込みシステムおよびサービスを，外部環境や利用者の要求 (コンテキスト) に応じて再構成するものとして設計・実現する試みが盛んに行われている [1].

Merezeanu [2] および孫 [3] は，コンテキストアウェアネスを前提としたソフトウェアアーキテクチャを提案している．Merezeanu [2] は，センサ，コンテキスト，ユーザインタフェースそれぞれを扱う 3 層からなる階層アーキテクチャを提案している．中間層にコンテキストを集約し，一括して取り扱い可能としている．孫 [3] は，コンテキストに応じた振る舞いをコンポーネントの動的再構成として実現するためのアーキテクチャを提案している．我々はこれまでにアスペクト指向およびコンテキスト指向を統一的に取り扱い可能とするためのソフトウェアパターンとして PBR パターン (Policy-Based Reconfiguration) を定義した [4] [5]．PBR パターンは，孫の提案と同様にコンテキスト指向を動的再構成により実現する．さらに，非機能特性およびコンテキストについて粒度を問わず共通の構造から実現することが可能となる．一方，Merezeanu はコンテキスト記述の複雑性について言及していない．我々はコンテキスト記述の複雑性に関して，PBR パターンを自己反映的に適用することにより簡素化できるとの着想を得た．

本研究の目的は，簡便なコンテキスト記述を可能とする IoT システムのためのソフトウェアアーキテクチャを設計することである．組込みシステムとサービスの協調の論理は，互いのコンテキストの影響を受けて変化ことから，複雑になりやすい．我々は，複数のコンテキストと，それらが互いの影響を受けて変化する振舞いとの関係をコンテキスト協調と呼ぶ．コンテキスト協調は，あるコンテキストに応じて，別のコンテキストと振舞いの関係を動的に再構成する処理とみなすことができる．このことから，動的再構成の問題としてコンテキスト協調のための構造を定義する

*Atsushi ESAKA, Masami NORO, Atsushi SAWADA, 南山大学理工学部ソフトウェア工学科

ことが技術課題となる．

我々はこれまでに組込みシステムのためのアーキテクチャを定義した [4]．このアーキテクチャは，コンテキストおよび横断的コンサーンとなる非機能特性をモジュール化して定義した．本研究では，このアーキテクチャを拡張し，コンテキスト協調コンサーンについて分離する．拡張したアーキテクチャでは，コンテキスト協調のための構造を自己反映的な動的再構成の仕組みとして定義した．コンテキストアウェアで実現されるコンポーネントは，コンテキストに応じた動的再構成により振舞いが変化する．すなわち，コンテキスト協調はコンテキストに応じた動的再構成の動的再構成である．これにより，コンテキストおよびコンテキスト協調論理のための記述を，分割統治的に整理することができる．

2 コンテキスト協調

我々は，IoT システムのアーキテクチャ設計において，エージェント指向に用いられる計算場の概念を導入した．Epsilon モデル [6] では，計算場をコンテキストとして取り扱い，このコンテキストに応じたオブジェクト間の協調を定義する．IoT システムでは，物理的な場所に計算場が定義され，計算場において協調が行なわれる．すなわち，組込みシステムとサービスのコンテキストと振舞いの関係は，計算場コンテキストに応じて動的に再構成される (本論文では，このコンテキスト間の協調をコンテキスト協調と呼んでいる)．

コンテキスト協調の実現のために，コンテキスト記述には複数のコンテキストの組合わせに応じた振舞いが定義される．協調に関係するコンテキストが複雑になれば，コンテキストの組合わせは爆発的に増大する．関連する振舞い定義の数は，最大ですべての協調対象の依存するコンテキストの組合わせの数にのぼる．もし，コンテキスト依存の振舞い毎に多相型を定義する場合，その数はコンテキストの組合わせの数が必要となる．このことから，コンテキスト記述の分割を考える必要がある．

我々は，コンテキスト記述の複雑さを解消する方法として，階層的に記述する方法を用いる．鵜林ら [7] は，コンテキストと振舞いの関係を変化させるコンテキストをメタコンテキストとし，コンテキスト階層を定義することで，このコンテキスト記述を整理している．IoT システムにおいてこのコンテキスト階層を定義した場合，構成要素のコンテキストと振舞いの関係が計算場コンテキストに依存して決定することから，計算場に関するコンテキストをメタコンテキストと捉えることができる．このコンテキストの階層は多段に拡張することができ，このことから，コンテキスト記述を分割統治的に整理することができる．これは手続き指向実現において，場合分けを複数の関数で記述することに相当する．

以上をまとめると，IoT システムにおいて，計算場コンテキストをメタコンテキストとして定義することで，コンテキスト協調に関する記述は階層的に記述され，分割統治的に整理することができ，結果として簡便な記述が得られる．本研究では，簡便なコンテキスト記述を可能とするために，コンテキスト階層の構造を持つ IoT システムのためのソフトウェアアーキテクチャを設計する．

3 アーキテクチャの設計

PBR パターンを用いて IoT システムに特徴的なコンサーンを統一的に取り扱い可能なアーキテクチャを設計する．以下，PBR パターンについて説明し，このパターンを用いたアーキテクチャを設計する．

3.1 PBR パターン

自己適応計算は，自己表現に基づいて再構成することにより振舞いを制御する．アスペクト指向は静的再構成，コンテキスト指向はコンテキストに応じた動的再構成を行なう自己適応計算である．PBR パターンは，コンテキスト指向およびアスペ

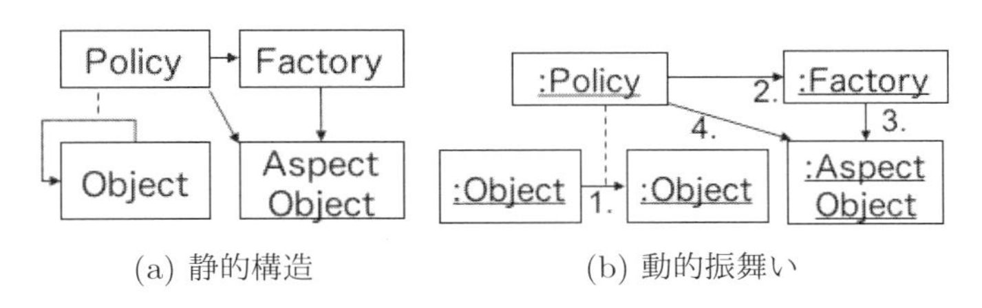

(a) 静的構造　(b) 動的振舞い

図 1: PBR パターン

クト指向を統一的に取り扱う．

PBR パターンの静的構造と動的振舞いを図 1(a)，(b) に示す．PBR パターンは，コンテキストの変化を含むポリシー (*Policy*)，ポリシーに応じて変化する再構成後のオブジェクト群を代表するアスペクトオブジェクト (*AspectObject*)，再構成の仕組みとして，アスペクトオブジェクト (*AspectObject*) のインスタンス生成を行なうファクトリ (*Factory*) から構成される．オブジェクト (*Object*) 間のメッセージを横取りし，ポリシー (*Policy*) がその記述に従ってファクトリ (*Factory*) を起動し，ファクトリ (*Factory*) はアスペクトオブジェクト (*AspectObject*) を生成する．ここでは，オブジェクト間のメッセージの横取りを，関連クラスによって表現している．

3.2 IoT システムの横断的コンサーン

IoT システムは，組込みシステムとサービスが連携して実現される．我々はこれまで，組込みシステムに特徴的なコンサーンとして，次の 4 つを識別した [4]．

1. 並行性コンサーン，2. コンテキストコンサーン，
3. 実時間性コンサーン，4. 耐故障性コンサーン

さらに IoT システムに特徴的なコンサーンとして次の 2 つを識別した．

1. 位置透過性コンサーン，2. メタコンテキストコンサーン

図 2 にこれらのコンサーン間の関係の概要を示す．IoT システムにおいて，組込みシステムは，その機能の一部をサービスとして実現する．組込みシステムには，サービスにアクセスするために位置透過性に関連するメッセージ通信が実現される．このメッセージ通信は位置透過性コンサーンとして，組込みシステムとサービス間に横断する．組込みシステムおよびサービスは，それぞれ並行に動作し，コンテキストアウェアで実現され，対象によっては耐故障処理および実時間処理が実現される．このことから，組込みシステムおよびサービスそれぞれには，コンテキスト，並行性，実時間性，耐故障性コンサーンが横断する．コンテキスト協調は計算場における協調を実現することから，コンテキスト協調に関するメタコンテキストコンサーンは特定の計算場に存在する組込みシステムとサービス全体に横断する．

以下，IoT システムのアーキテクチャを説明する．ここでは，コンテキスト，メタコンテキストコンサーンについて議論したいので，並行性，実時間性，耐故障性コンサーンについては我々のこれまでの研究成果 [4] に従うものとして省略する．アスペクト指向により非機能特性に関する横断的コンサーンをモジュール化し，コンテキスト指向によりコンテキスト，メタコンテキストに関するコンサーンをモジュール化する．PBR パターンを適用することにより，これらを統一的に扱う構造として設計する．

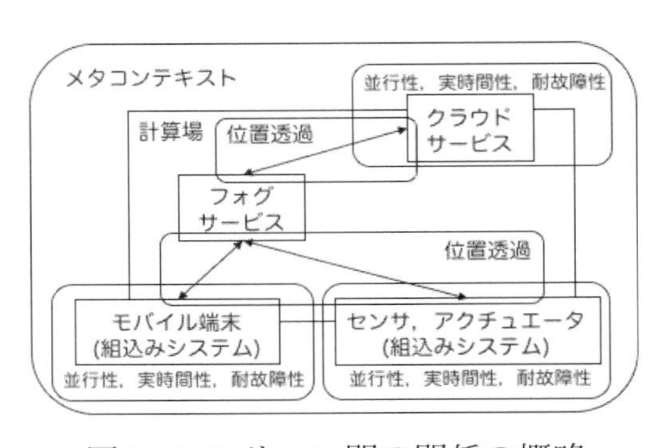

図 2: コンサーン間の関係の概略

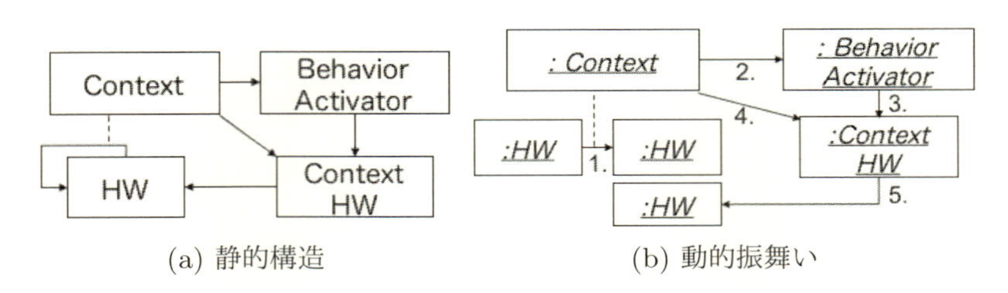

(a) 静的構造 (b) 動的振舞い

図 3: コンテキストアウェアハードウェア

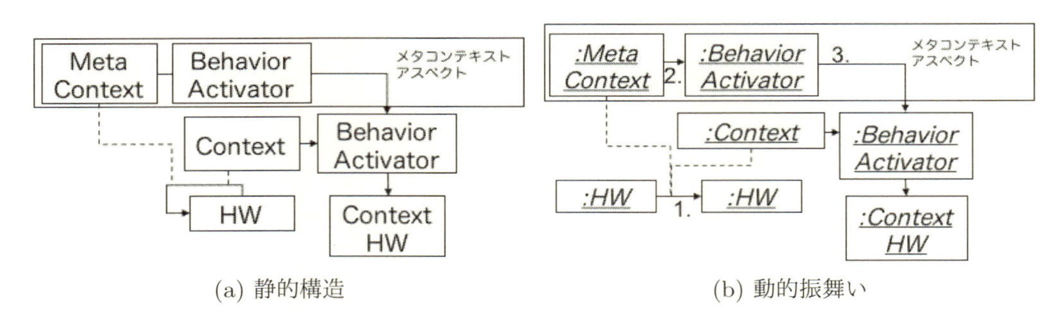

(a) 静的構造 (b) 動的振舞い

図 4: コンテキスト協調

3.3 コンテキスト

コンテキストに関連する記述を分離した構造を定義するために，PBR パターンを適用する．コンテキスト指向プログラミング言語にあるように，コンテキストとこれに応じた振舞い，振舞い活性化手続きを分離し，独立に変更できるように設計する．静的構造と動的振舞いを図 3(a)，(b) に示す．PBR パターンを適用し，ポリシーをコンテキスト (*Context*)，ファクトリを振舞い活性化手続き (*BehaviorActivator*) とした．*Context* は，*HW* 間のメッセージ通信を横取りし，その状態を変化させ，*BehaviorActivator* を用いて状態に応じた *ContextHW* を活性化し，*ContextHW* にメッセージを送る．

3.4 メタコンテキスト

メタコンテキストに関する構造については，PBR パターンを自己反映的に適用し，コンテキスト協調に関連する記述を分離する．これにより，メタコンテキストとコンテキストに関する記述は，独立して変更できる．自己反映的に適用することで，メタレベルとベースレベルを同じ構造で定義したことから，理解も容易である．静的構造と動的振舞いを図 4(a)，(b) に示す．*Object* 間のメッセージを横取りし，メタコンテキスト (*MetaContext*) の状態を変化させる．*BehaviorActivator* は，*MetaContext* の状態が変化したさいにコンテキストアスペクトの *BehaviorActivator* に定義されるコンテキストと振舞いの組を動的に再構成する．

4 事例検証および考察

本研究で提案したコンテキスト協調を考慮した IoT システムのためのソフトウェアアーキテクチャの有用性について考察する．事例として仮想店舗システムを挙げる．仮想店舗システムは仮想籠としてのスマートデバイスと仮想棚サービスが協調する (図 5)．仮想籠は，様々な店舗を移動し，入店した店舗の仮想棚から店舗商品

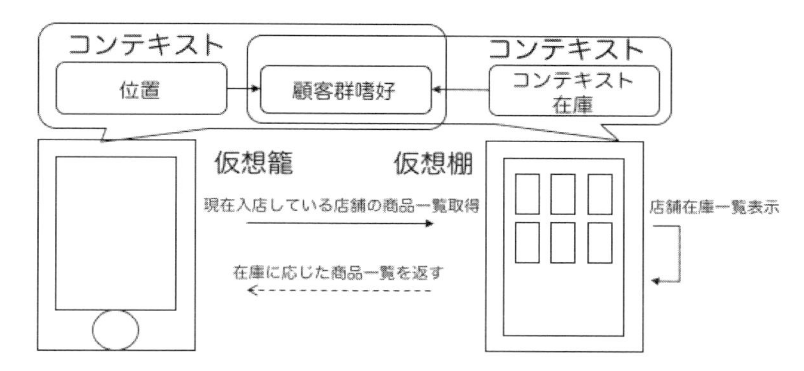

図 5: 仮想店舗システム

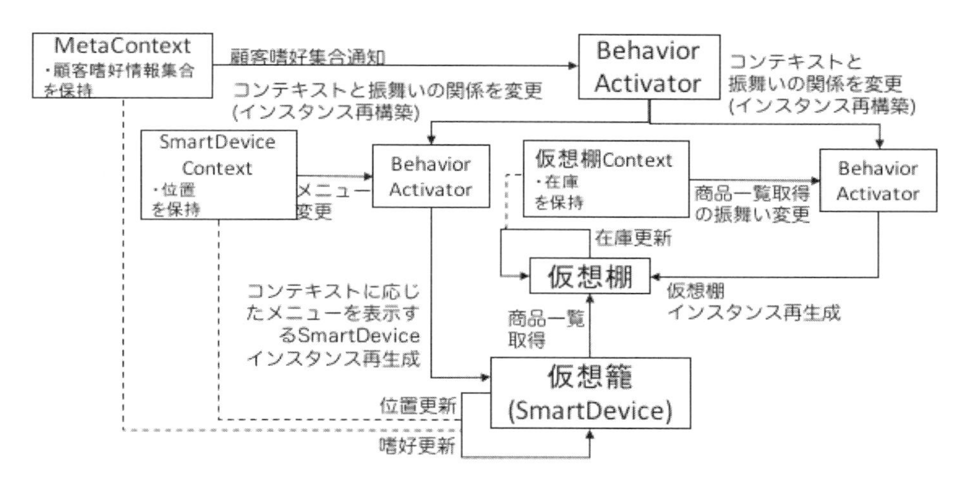

図 6: メタコンテキストを分離した仮想店舗システムの詳細構造

一覧または，全商品一覧を取得し，表示する．店舗内にはディスプレイが設置され，店舗の在庫数に応じて仮想棚から商品一覧を取得し表示する．特定の店舗の在庫数の変化に伴い，特定の地区の顧客群の嗜好が特定され，顧客群の嗜好に応じて商品一覧の表示順は変化する．すなわち，仮想籠は位置コンテキスト，仮想棚は在庫コンテキストに応じて振舞い，特定の地区の顧客群の嗜好は，計算場コンテキストとなる．顧客群の嗜好コンテキストに応じて，位置コンテキストおよび在庫コンテキストに応じた振舞いは変化する．

本研究では，コンテキスト記述を簡便にするために，階層的なコンテキストの構造を持つアーキテクチャを定義した．このアーキテクチャに基づくことで，コンテキストに関連する記述は分割統治的に整理して記述される．このアーキテクチャに基づく仮想店舗システムの詳細構造を図 6 に示す．仮想籠は位置コンテキスト，仮想棚は在庫コンテキストに応じて *BehaviorActivator* によって再構成する．顧客群の嗜好コンテキストに応じてそれぞれの *BehaviorActivator* が再構成され，仮想籠と仮想棚のコンテキストと振舞いの関係が変化する．コンテキストに応じた個々の振舞いの再構成と，メタコンテキストに応じた協調の再構成をそれぞれ分離して定義することができた．さらに，性別によって顧客群の嗜好に応じた構成方法を変更するさいには，性別コンテキストに応じた再構成を上位に定義することで対応できる．

2 章で述べたように，コンテキストを階層的に定義しない場合，コンテキスト協調に関する記述はswitch-case文一文で全てのコンテキストの組合せを記述することに相当し，複雑で理解しづらいものとなる．例えば，仮想棚は3種類の商品の在庫の有無それぞれの組合せに応じた8種類の商品一覧の表示方法を定義している場合，ここに嗜好も関連して表示方法を変更しようとすれば，その種類の数が商品有無の組合せに乗算される．商品の種類が多くなれば，その組合せは爆発的に増大する．

[3] [8]は，IoTシステムにおける個々の構成要素の動的再構成のためのアーキテクチャを提案している．孫ら[3]の提案するアーキテクチャは，ポリシーに基づくコンポーネントの再配置による動的適応を行なう．Keeneyら[8]の提案するアーキテクチャは，ポリシーに基づいてメタモデルを選択し，ベースレベルのコンポーネントに反映する．一方，我々は，これらのアーキテクチャを基礎とし，さらにコンテキスト協調を考慮した動的再構成のためのアーキテクチャを提案した．[3] [8]はいずれもコンテキスト協調を行なうさいに，その記述の複雑さは実現に依存する．

本研究では，コンテキスト記述が簡便になるIoTシステムのためのソフトウェアアーキテクチャを提案した．鵜林ら[7]のコンテキスト階層を参考にし，コンテキスト記述を階層的な構造から定義した．この階層構造はPBRパターンを自己反映的に適用することで定義した．同じ構造のパターンからコンテキスト階層を定義したことにより，コンテキスト協調に関する記述は簡便で理解しやすいものとなる．

5 おわりに

本研究では，簡便なコンテキスト記述を可能とするIoTシステムのためのソフトウェアアーキテクチャを設計した．複数のコンテキストと振舞いの組合せに関する記述は膨大で複雑になり易いことから，簡便なコンテキスト記述を可能とするために自己反映的な動的再構成の仕組みを持つ構造としてアーキテクチャを設計した．このアーキテクチャに基づいて実現することで，コンテキスト記述は分割統治的に整理され，簡便になることを確認した．

謝辞 本研究の成果の一部は，科研費基盤研究(C) 16K00110，2018年度南山大学パッヘ研究奨励金I-A-2の助成による．

参考文献

[1] Charith Perera, Arkady Zaslavsky, Peter Christen, and Dimitrios Georgakopoulos. Context aware computing for the internet of things: A survey. *IEEE communications surveys & tutorials*, Vol. 16, No. 1, pp. 414–454, 2014.

[2] Daniel Merezeanu, Gheorghe Vasilescu, and Radu Dobrescu. Context-aware control platform for sensor network integration in iot and cloud. *Studies in Informatics and Control*, Vol. 25, No. 4, pp. 489–498, 2016.

[3] 孫静涛, 佐藤一郎. Iot環境における動的適応能力を備えた再構成可能なアーキテクチャ. マルチメディア, 分散協調とモバイルシンポジウム2016論文集, Vol. 2016, pp. 1116–1121, 2016.

[4] 江坂篤侍, 野呂昌満, 沢田篤史, 繁田雅信, 谷口弘一. コンテキストアウェアネスを考慮した組込みシステムのためのアスペクト指向アーキテクチャの設計. ソフトウェア工学の基礎, Vol. 24, pp. 3–12, 2017.

[5] 江坂篤侍, 野呂昌満, 沢田篤史, 繁田雅信, 谷口弘一. インタラクティブシステムのための共通アーキテクチャの設計. ソフトウェア工学の基礎, Vol. 24, pp. 129–134, 2017.

[6] Ubayashi Naoyasu and Tamai Tetsuo. Modeling collaborations among objects that change their roles dynamically and its modularization mechanism. *Systems and Computers in Japan*, Vol. 33, No. 5, pp. 51–63, 2002.

[7] 鵜林尚靖, 玉井哲雄. オブジェクト間の協調動作を表現する自己反映並行計算モデル. 情報処理学会研究報告ソフトウェア工学(SE), Vol. 1996, No. 112 (1996-SE-112), pp. 25–32, 1996.

[8] John Keeney and Vinny Cahill. Chisel: A policy-driven, context-aware, dynamic adaptation framework. In *Policies for Distributed Systems and Networks, 2003. Proceedings. POLICY 2003. IEEE 4th International Workshop on*, pp. 3–14. IEEE, 2003.

ソフトウェア開発工数予測におけるデータスムージングの検討

An Attempt of Data Smoothing for Software Effort Estimation

伊永 健人 * 門田 暁人 †

あらまし 本研究では，ソフトウェア開発工数予測において，予測モデル構築のためのデータセットに含まれる外れ値の影響を緩和することを目的として，データスムージングを行う方法について検討する．本稿では，データスムージングの基本的なアイデアとその適用実験について述べる．

1 はじめに

ソフトウェア開発プロジェクトを成功に導くために，開発の初期において開発工数を高い精度で予測することが重要である．そのために，過去のソフトウェア開発プロジェクトの実績データを蓄積したデータセット（ソフトウェア開発データセット）から開発工数予測モデルを構築する方法が研究されてきた．

開発工数予測モデル構築における大きな課題は，ソフトウェア開発データセットに含まれる多数の外れ値により，性能の良い予測モデルの構築が困難となることである．そのために，従来，様々な外れ値除去方法が提案・評価されてきた [4] [5]．ただし，外れ値除去によりデータ数が減るために，データセットによっては必ずしも予測性能の向上が見込めない [4] ことが課題であった．

本研究では，データ数を減らさずに外れ値の影響を緩和することを目的として，「データスムージング」という新しい方法を提案する．データスムージングは，「類似した特徴を持ったプロジェクトは開発工数も類似する」という工数予測における暗黙の仮定 [2] を満たすように，データセット中の各プロジェクトの開発工数の値を変化させる方法である．外れ値となるような工数の値を持ったプロジェクトは，仮定を満たすように補正される．本補正を行った後で，工数予測モデルの構築を行うことで，外れ値の問題を改善できると期待される．

本稿では，データスムージングの基本的なアイデアについて説明するとともに，その適用実験について報告する．

2 基本アイデア

ソフトウェア開発工数予測の有力な方法の一つである Analogy-based Estimation(ABE) は，「類似した特徴を持ったプロジェクトは開発工数も類似する」という仮定を置いている．ABE は他の工数予測方法よりも高い性能を示すことが多い [1] ことから，本仮定は多くのプロジェクトについて成立していると考えられる．従来，本仮定に従わないプロジェクトを外れ値とみなして除去する方法が提案されている [3]．

一方，本研究では，本仮定を満たすように，データセット中の各プロジェクトの開発工数の値を変化させる．まず，外れ値を含むデータセット内のすべてのプロジェクトのペアについて，類似度を求める．次に，各プロジェクトの工数について，類似する k 近傍のプロジェクトの工数を含めて加重平均を行い，得られた値と置き換える．この操作を全プロジェクトについて行うことを，1 ラウンドのスムージングと呼ぶことにする．繰り返しスムージングを行う，すなわち，n ラウンドのスムージングを行うことで，外れ値となる工数が次第に補正され，仮定を満たすようにな

*Kento Korenaga, 岡山大学工学部情報系学科

†Akito Monden, 岡山大学大学院自然科学研究科

ると期待される．なお，各ラウンドにおける加重平均の計算は，$n-1$ ラウンドにおける工数の値を用いることとする．これにより，スムージングを行うプロジェクトの順序に依存せずに結果が得られることとなる．また，類似度の尺度，k の値，加重平均の重み付け方法については，適切な方法を実験的に求める必要がある．また，将来的には，工数以外の変数についてもスムージングを行うことも考えられる．

3 実験

工数予測研究によく用いられる albrecht データセットを使用し，leave-one-out 交差検証により工数予測精度を評価する．工数予測モデルとして，log-log 重回帰モデルを用いる．類似度指標としてユークリッド距離を用い，$k = 3$ とする．また，加重平均の重みとして， 工数の変動係数を用いる．予測精度の評価指標として MAE(Mean Absolute Error)，MdAE(Median of Absolute Error)，MMRE(Mean Magnitude of Relative Error)，MdMRE(Median of Magnitude of Relative Error) を用いる．

$n=1$ から 10 ラウンドまでスムージングを行った結果を表 1 に示す．$n=0$ はスムージングを行わない場合の結果である．表より，$n=0$ と比較して，$n=1$ から 7 までにおいて，MAE に改善が見られる．一方，MdAE，MMRE，MdMRE は，改善する場合と悪化する場合があった．特に $n=1$ において MAE が大きく改善しており，工数の大きなプロジェクトについて予測精度が改善していると考えられる．

今後は，加重平均の重み付け方法についてさらに検討していくとともに，より多くのデータセットを用いた実験を行う予定である．

表 1 albrecht の工数予測結果

n	MAE	MdAE	MMRE	MdMRE
0	12.45	4.27	0.711	0.434
1	8.20	4.43	0.710	0.398
2	9.69	4.84	0.719	0.437
3	9.92	4.44	0.699	0.374
4	10.66	4.06	0.742	0.335
5	11.11	4.01	0.758	0.342
6	11.71	4.11	0.800	0.342
7	12.26	4.60	0.861	0.364
8	12.73	4.37	0.931	0.373
9	13.02	4.15	0.981	0.384
10	13.25	4.65	1.024	0.394

参考文献

[1] M. Azzeh, Y. Elsheikh, M. Alseid, "An optimized analogy-based project effort estimation," Int'l J. Advanced Computer Science and Applications, vol. 5, no. 4, pp. 6-11, April 2014.

[2] E. Kocaguneli, T. Menzies, A. Bener, and J. W. Keung, "Exploiting the essential assumptions of analogy-based effort estimation," IEEE Trans. Software Eng., vol. 38, no. 2, pp. 425-438, 2012.

[3] T. K. Le-Do, K.-A. Yoon, Y.-S. Seo, and D.-H. Bae, "Filtering of inconsistent software project data for analogy-based effort estimation," Proc. 34th Annual Computer Software and Applications Conf., pp. 503-508, 2010.

[4] Y.-S. Seo, D.-H. Bae, "On the value of outlier elimination on software effort estimation research." Empirical Software Engineering, vol. 18, no. 4, pp. 659-698, Aug. 2013.

[5] 角田雅照, 門田暁人, 渡邊瑞穂, 柿元健, 松本健一, "類似性に基づくソフトウェア開発工数見積もりにおける外れ値除去法の比較," 電子情報通信学会論文誌 D, vol. J95-D, no. 4, pp. 895-908, April 2012.

保守性を考慮した自動テストの実装手法の検討

Investigation of Implementation Method for Automatic Test Considering Maintainability

晏 リョウ* 中野 隆司† 佐々木 愛美‡ **Sam Duc Vu**§

あらまし テスト工数増大の課題に対して，テスト自動化を導入する場合，自動テストを実装した後，仕様や設計などが変更された際に，テストスクリプトの修正に大きなコストがかかる保守性の課題があった．この課題を解決するために，仕様や設計などの情報を含む設定ファイルを作成し，可変データとアルゴリズムを切り離す手法と、さらに仕様書や設計書などから設定ファイルを自動生成する手法を提案した．

1 はじめに

ビジネスや技術革新のスピードの加速に伴って，ソフトウェア開発期間の短縮が要求されている．一方，大型かつ複雑なシステムは，膨大な量のテストをしなければならず，テストの効率を高める必要に迫られている．このような課題を解決する手段の1つに，テスト自動化がある．テスト自動化とは，テスト支援ツールを利用することで，テストの実行と結果の確認などテスト作業の一部を自動化することである．近年は，安価で高機能かつ操作性の高いテスト自動化ツールが普及しはじめており，それらツールによるテスト自動化の導入成功事例が増えている．東芝グループでは，社会インフラ系の大規模システムの開発を対象に，テスト自動化に取り組んで効果を上げている[1][2]．

本稿では，保守性を考慮した自動テストの実装手法を提案し，試行の結果と今後の課題について述べる．

2 自動テスト実装時の課題

テスト自動化は，実行方法と判定基準がシンプルなテストケース，または同じ操作の繰り返しが多いテストケースに向いている特徴がある．しかし，仕様が開発中や次世代のシステムで変更になり，動作と判定基準，また画面のデザインが変わることはよくある．そのため，自動テストの環境を構築したものの，テストスクリプトの変更が多発し，逆にテスト工数が高くなり，テスト自動化を断念してしまうことがある．自動テストを実装する際，仕様の変更に対して柔軟に対応しなければならず，保守性が一つの課題になっている．

3 課題解決の提案

自動テストの保守性を高める実装方法の検討を行い，図1が示している提案をした．

3.1 設定ファイルの導入

図1の右部分のように，テストスクリプトを設定ファイルとテストシナリオに分ける．設定ファイルは，評価基準や，位置確定などの情報を全部含んでおり，テストシナリオでは，テストの実行手順だけを書く．テストシナリオを実行する時，必

*Ryo An, （株）東芝 ソフトウェア技術センター

†Takashi Nakano, （株）東芝 ソフトウェア技術センター

‡Manami Sasaki, （株）東芝 ソフトウェア技術センター

§Sam Duc Vu, Toshiba Software Development (Vietnam) Co., Ltd.

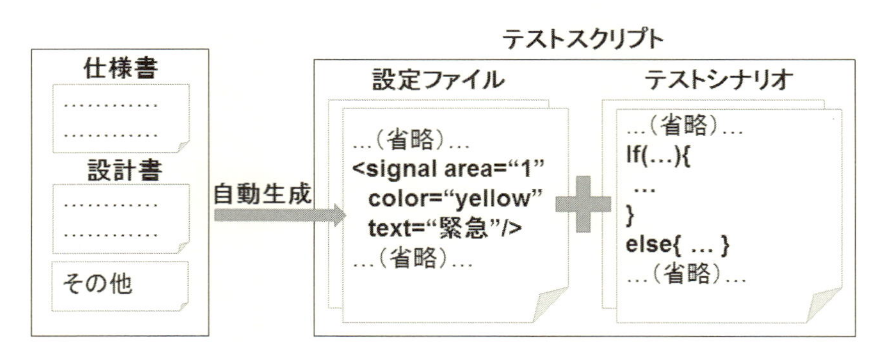

図１　提案手法

要な情報は設定ファイルから読み込めばよい．可変データとアルゴリズムを切り離すことで保守性を高め，仕様・設計が変更になった時は，設定ファイルだけを修正すればよく，より容易に対応できる．

3.2　設定ファイルの自動生成

3.1 の提案では，仕様・設計が変更された際，設定ファイルだけを修正することにより，テストスクリプトの修正コストを削減した．しかし，仕様・設計の変更が頻繁に発生すると，手動で設定ファイルを修正することもかなりのコストになる．コストをさらに削減するために，設定ファイルの変更も自動化する方法を検討した．

図１の左部分のように，仕様書・設計書などから設定ファイルを自動的に生成できれば，設定ファイルを修正するコストは大幅に削減できる．この手法を実現するためには，設定ファイルの自動生成が容易になるように，仕様書・設計書のフォーマットを工夫する必要がある．

4　手法の試行

社会インフラシステムの自動テストで，3.1 で述べた手法を試行した．設定ファイルを使わずに，すべての情報をテストシナリオに埋める場合は，一回の仕様変更に対して，およそ 50 時間の修正コストが必要となる．一方，設定ファイルを導入することで，修正コストはおよそ 5 時間となり，提案手法 3.1 によってコストを削減できることが確認できた．

また，仕様・設計の頻繁な変更に対応するため，今後は，3.2 で提案した手法も試行していく．効果の見込みとしては，設定ファイルの修正時間はほぼゼロになると考えている．

5　まとめ

テスト自動化が変更に対応しにくい課題に対して，設定ファイルの導入と，設定ファイルを自動的に生成する手法を提案した．また，設定ファイルを導入する手法を実際のシステム開発で試行し，コストの削減を実現できた．今後は，設定ファイルを効率的に自動生成する手法を試行していく．

参考文献

[1] 中野，田中，イエン：" ソフトウェアのテスト工数・期間を削減するためのシステムテスト自動化技術 "，東芝レビュー Vol.73 No.3（2018 年 5 月）
[2] 小笠原秀人：" システムテスト自動化の普及・展開に向けた取り組み "，SPI Japan 2017

シンボリック実行攻撃を妨げるソフトウェア難読化方法の検討

On Disrupting Symbolic Execution Attacks Using Software Obfuscation

瀬戸 俊輝 *　門田 暁人 †　神崎 雄一郎 ‡

あらまし　本研究では，シンボリック実行によるソフトウェア解析攻撃を低コストで妨げることを目的として，計算量のできるだけ小さな難読化演算をソフトウェアに追加することを検討する．具体的には，パスワードチェックを行うプログラムを題材として，いくつかの難読化演算について，シンボリック実行によるソフトウェア解析時間を実験的に評価する方法について検討する．

1　はじめに

ソフトウェアに対する不正な解析や改ざんを妨げる手段として，ソフトウェアの難読化法が盛んに研究されてきた [5]．ソフトウェア難読化とは，与えられたソフトウェアを，その仕様を保持したまま，人間にとって著しく解析しにくい（読みにくい）ソフトウェアへと変換する技術である．これまで，市販の難読化ツールが普及するなど，一定の効果を挙げてきた．

一方，難読化されたプログラムに対する新たな脅威として，シンボリック実行による自動プログラム解析攻撃が報告されている [2] [3] [4]．例えば，パスワードチェックを行うプログラムに対し，どのようなパスワードであればチェックを通過するかをシンボリック実行により自動解析できる [6]．従来の難読化法は，このような自動解析攻撃は想定されていなかった．そのために，近年シンボリック実行を妨げる方法として，Linear Obfuscation を用いる方法や，暗号関数を用いる方法が提案されている [7] [8]．ただし，これらの方法は，従来の多くの難読化法と比べると，計算量が著しく大きいため，適用範囲が限定される．

そこで，本研究では，できるだけ小さな計算量を持つ難読化演算をソフトウェアに追加することで，シンボリック実行を妨げることを検討する．そのアプローチとして，パスワードチェックを行うプログラムを題材として，暗号関数や乱数生成に使われる演算について，シンボリック実行によるソフトウェア解析時間を実験的に評価する．シンボリック実行ツールとしては，angr [1]，KLEE，Triton などが知られているが，angr は他の 2 つよりもソフトウェア解析能力の高いことが示されている [8] ことから，本研究では angr を用いる．

2　関連研究

シンボリック実行を妨げる手段としては，既にいくつかの方法が提案されている [7] [8]．文献 [8] では，シンボリック実行を妨げることが可能な方法として，パラレル実行，暗号関数（SHA1 などの一方向性関数），コラッツの予想を用いたループなどが挙げられている．このようにシンボリック実行を防ぐだけならば，手法は既に明らかである．しかし，パラレル実行はシンボリック実行ツールによって将来的に対応される可能性がある．また，暗号関数やコラッツの予想を用いる方法は，計算量が膨大になるという欠点がある．そこで，本研究では最小限の計算量でシンボ

*Toshiki Seto，岡山大学工学部情報系学科

†Akito Monden，岡山大学大学院自然科学研究科

‡Yuichiro Kanzaki，熊本高等専門学校人間情報システム工学科

リック実行を妨げることが出来る手法を実験を通して検討する．

3 実験

実験では，パスワード入力 Inp に対し，Inp が正しいパスワード Pass であるか否かをチェックする C 言語プログラム if (Inp == Pass) succeeded() else failed(); に対し，難読化演算 Obfs() を適用し，if(Obfs(Inp) == translated_Pass) succeeded() else failed(); と変換する．ここで，translated_Pass は，Obfs() に Pass を入力して得られる値である．Inp の定義域が十分に大きく，かつ，Obfs() が SHA1 等の一方向性関数である場合，シンボリック実行により Pass の値を得ることはできない，すなわち，どのような Inp であれば succeeded() に到達するかを解析できない [8]．本研究では，解析を妨げる効果が大きく，かつ，計算量のできるだけ小さな演算 Obfs() を実験的に見つけることを目指す．

Obfs() の候補として，暗号関数によく用いられる演算として，S-box（配列）の参照，mod 演算，シフト演算，XOR 演算とその組み合わせについて調査する．また，疑似乱数生成法として，線形合同法，線形シフトレジスタ，なども調査する．暗号関数では，32bit の正の整数 (unsigned long) を扱うことが多いが，angr は，unsigned long に対して正しく動作しない場合があるという実装上の問題がある．そこで，パスワード Inp の定義域として，(unsigned でない) long 型の変数の下位 31bit で表現可能な $0 \sim 2^{31}-1$ を採用する．

現時点の実験では，配列参照，XOR 演算，ローテート演算を組み合わせる方法が有望であるという結果が得られている．具体的な処理の内容は，引数として受け取った 32 ビット値を 8 ビット毎に分割し，これをあらかじめ作成しておいた配列の添え字として配列参照をそれぞれ行う．配列参照により得られた値と引数とで XOR をとり，得られた 4 つの値で論理和をとった後にローテートを行うというものである．この処理を繰り返し行うことでシンボリック実行を効率的に妨げることが可能であることが分かった．

参考文献

[1] angr, a python framework for analyzing binaries *http://angr.io*, accessed 6th Sep. 2018.
[2] S. Banescu, C. Collberg, V. Ganesh, Z. Newsham, and A. Pretschner, “Code obfuscation against symbolic execution attacks,” Proc. Annual Computer Security Applications Conference (ACSAC ’16), pp.189-200, Dec. 2016.
[3] S. Banescu, “Breaking obfuscated programs with symbolic execution,” Tutorial about how to use KLEE to break programs obfuscated using Tigress, 7th Software Security, Protection, and Reverse Engineering Workshop (SSPREW2017), Dec. 2017.
[4] スチュワート ギャヴィン, 宮地充子, 布田裕一, “Symbolic execution に対する難読化の評価,” Computer Security Symposium 2015, pp.297-303, Oct. 2015.
[5] J. Nagra and C. Collberg, “Surreptitious Software: Obfuscation, Watermarking, and Tamperproofing for Software Protection,” Addison-Wesley Professional, 2009.
[6] 西陽太, 神崎雄一郎, 門田暁人, “難読化されたプログラムの自動解析への耐性に関する考察,” 情報処理学会第 80 回全国大会講演論文集 (講演番号 2J-04), March 2018.
[7] Z. Wang, J. Ming, C. Jia, and D. Gao, “Linear obfuscation to combat symbolic execution,” In Computer Security-ESORICS 2011, pp. 210-226, 2011.
[8] H. Xu, Z. Zhao, Y. Zhou, and M. R. Lyu, “On benchmarking the capability of symbolic execution tools with logic bombs,” arXiv:1712.01674, Dec. 2017.

ソフトウェアの知的財産権に関する裁判事例の調査に向けて

Toward Analysis of Lawsuits on Intellectual Property of Software

西 勇輔* 門田 暁人†

あらまし 近年，ソフトウェア開発に関する係争が増加しており，特に，著作権，特許権，営業秘密等の知的財産権に関わる訴訟が頻発している．本研究では，日本の裁判所の Web サイトにおいて公開されている裁判事例を対象とした系統的レビューを行うことで，知的財産に関する係争の動向を明らかにすることを目指す．本稿では，分析の第一歩として，ソフトウェア開発に関連する 21 件の訴訟について，(1) 関連する権利，(2) 原告と被告の関係，(3) 争点の 3 つの観点から分析した結果を述べる．

1 はじめに

近年，社会のありとあらゆる場面にソフトウェアが使われるようになり，我々の日常生活や企業活動におけるソフトウェアの重要性が飛躍的に増大している．その一方で，ソフトウェアの大規模化，複雑化，多様化に伴い，ソフトウェア開発に関する係争も増加している．例えば，ソフトウェア開発の失敗に伴う受発注者間の係争や，複雑化するソフトウェアライセンスや著作権に関する係争，近年増えているソフトウェア特許に関する係争などである．ひとたび係争が発生すると，裁判が長期化する場合があり，係争の当事者は，金銭的負担のみならず，多大な労力を費やすこととなる．

本研究では，特にソフトウェアの知的財産権についての係争に着目し，実際の裁判事例を系統的レビュー（systematic review，systematic literature review）により分析することを検討する．系統的レビューとは，予め設定された研究設問（research question）に対し，文献選択の基準を明記し，網羅的で再現性のある文献調査を行う方法であり，その有効性が報告されている [1]．本研究では，日本の裁判所の Web サイト [5] において公開されている裁判事例を対象とした系統的レビューを行い，知的財産に関する係争の動向を明らかにする．

従来，ソフトウェア開発に関する係争についての図書はいくつか出版されているが [2] [4] [6]，特に，ソフトウェアの知的財産権についての係争については，必ずしも十分な調査や分析が行われていない．本研究において系統的レビューを行うことで，ソフトウェア開発者，および，発注者の支援につながると期待される．

知的財産権に関する係争では，対象とする知的財産の種類によって，その権利の拠り所となる法令が異なる．そこで，まず，それぞれの裁判に関連する権利について分析する．また，裁判においては，訴える側（原告）と訴えられる側（被告）が存在する．そこで，原告と被告がどのような関係にあるのかを分析する．さらに，具体的にどのような問題が裁判の争点となっているのかを分析する．

2 調査

2.1 方針

系統的レビューにおいては，特定の情報源に対し，適切な検索キーワードを設けてレビュー対象を抽出することが行われる．本研究では，裁判所のサイト [5] の裁判例情報の検索画面において，「ソフトウェア開発」「プログラム開発」「システム開発」

*Yusuke Nishi，岡山大学工学部情報系学科

†Akito Monden，岡山大学大学院自然科学研究科

の3つのキーワードにより裁判事例を抽出する．ただし，このサイトでは，すべての裁判例が掲載されているわけではない点に注意する必要がある．検索に当たっては，特に最近の事例についての調査を行うため，過去10年間の事例のみを検索することとした．

結果として，「ソフトウェア開発」では43件，「プログラム開発」では36件，「システム開発」では85件の事例を抽出できた．現時点では，「ソフトウェア開発」により抽出された43件のうちの30件について調査をした．この30件のうち，会社及び個人間の争いでない行政訴訟や，争点がソフトウェア開発に関係しないものが9件あった．以降では，残りの21件の分析結果について述べる．

2.2 関連する権利

著作権に関する係争が6件，特許権に関する係争が7件，不正競争に係争が7件，その他が1件であった．その他の1件は，債務不履行について争われているものであった．

2.3 原告と被告の関係

著作権および不正競争に関する係争では，原告と被告の関係は様々であり，発注者と受注者の関係，会社と元社員の関係，権利の移転先と移転元の関係などであった．一方，特許権に関する係争では，原告と被告との間にビジネス上の直接的なつながりは見られなかった．

2.4 争点

著作権に関する係争においては，(1) 争いの対象となっているソフトウェア等が，そもそも著作物であると認められるか，(2) 被告が著作権を侵害しているか否か，(3) 著作権の帰属，(4) 被告が賠償すべき損害額などにが争点となっていることが分かった．

また，特許に関する係争においては，(1) 被告のシステムが特許発明の技術的範囲に属するか，(2) 間接侵害が成立するか，(3) 特許の有効性，(4) 被告が賠償すべき損害額などが争点となっていることが分かった．

不正競争に関する係争では，(1) 争いの対象となっている情報が営業秘密に該当するか，(2) 不正競争行為の成否（営業秘密を使用したか等），(3) 被告が賠償すべき損害額などが争点となっていることが分かった．

3 まとめ

本稿では，ソフトウェア開発に関連する21件の訴訟について分析を行った．その結果，著作権，特許権，不正競争に関する係争がそれぞれほぼ同数で発生しており，著作権と不正競争に関しては，発注者と受注者の間，会社と元社員の間，権利の移転先と移転元の間などで争われていることが分かった．また，各権利についての主な争点を明らかにすることができた．今後は，より多くの訴訟について引き続き分析を行っていく予定である．

参考文献

[1] 畑 秀明, 水野 修, 菊野 亨, ”不具合予測に関するメトリクスについての研究論文の系統的レビュー,” コンピュータ ソフトウェア, vol. 29, no. 1, pp. 106-117, 2012.
[2] 飯田 耕一郎, 田中 浩之, ”システム開発訴訟 (企業訴訟実務問題シリーズ), 208pp, 中央経済社, 2017.
[3] 伊藤 雅浩, 久礼 美紀子, 高瀬 亜富, ”IT ビジネスの契約実務,” 272pp, 商事法務, 2017.
[4] 難波 修一, 中谷 浩一, 松尾 剛行, 尾城 亮輔, ”裁判例から考えるシステム開発紛争の法律実務,” 384pp, 商事法務, 2017.
[5] 裁判所, *http://www.courts.go.jp*, accessed 6th Sep. 2018.
[6] 上山 浩, ”弁護士が教える IT 契約の教科書,” 296pp, 日経 BP 社, 2017.

2変数関数を扱うアソシエーションルールの検討

A Study on Association Rules with 2-Variable Functions

齊藤 英和* 門田 暁人†

あらまし 本研究では，ソフトウェア開発データの分析の幅を広げることを目的として，量的アソシエーションルールを拡張した，2変数関数を扱うアソシエーションルールについて検討する．特に，相関関数を扱うアソシエーションルールとその活用例について述べる．

1 はじめに

アソシエーションルールマイニングは，大規模データセットの中から変数間の強い関係を発見する技術であり，ソフトウェア工学分野においても利用されている [2], [3], [4], [6]．アソシエーションルールは "$A \Rightarrow X$" と表され，ある事象Aが発生するならば，事象Xも高い確率で発生することを意味する．ここで，Aは前提部，Xは結論部と呼ばれる．ソフトウェア開発データを対象とした場合，例えば，次のようなルールが想定される．

$$(\text{顧客}=\text{既存})\&(\text{開発者の技術}=\text{高}) \Rightarrow (\text{生産性}=\text{高}) \quad (1)$$

アソシエーションルールマイニングの短所として，量的変数をあらかじめ離散化しないと使用できないという点がある．離散化には様々な方法が考えられ，得られるルールも離散化の方法に依存するため，量的変数を含むデータセットから有用なルールを得ることは容易ではない．この問題を解決するために量的アソシエーションルールが提案されている [4], [5]．

量的アソシエーションルールは "$A \Rightarrow F(X)$" と表される．この手法により，前提部は離散化する必要があるが，結論部に量的変数を用いることができる．例として次のようなルールが挙げられる．

$$(\text{顧客}=\text{既存})\&(\text{開発者の技術}=\text{高}) \Rightarrow \text{基準化平均}\,(\text{生産性})=1.55 \quad (2)$$

ルール(1)では，前提部の条件を満たす場合，生産性が高くなることしかわからなかったが，ルール(2)では，条件を満たした場合，生産性が全体の1.55倍高くなることがわかる．このように，結論部に量的変数を使用できることにより，より具体的でわかりやすいルールを導出することが可能となった．

本稿では，より有用なルールを導出するために，量的アソシエーションルールを拡張した，結論部に2変数関数を指定できるアソシエーションルールについて検討する．

2 アソシエーションルールの拡張

本稿では，量的アソシエーションルールを拡張し，結論部において2変数関数を扱うアソシエーションルールを提案する．ここでは，2変数関数の一例として，相関係数を用いる場合，拡張したアソシエーションルールは以下のように表される．

$$A \Rightarrow \text{Correl}(X, Y)$$

$\text{Correl}(X, Y)$ はXとYの相関関数を表している．このルールにより，XとYの相関が大きくなる（または小さくなる）条件Aを導くことができる．

*Hidekazu Saito, 岡山大学大学院自然科学研究科

†Monden Akito, 岡山大学大学院自然科学研究科

また，別の例として，2 変数関数として，二乗平均平方根誤差 (Root Mean Square Error; RMSE) を求める関数を用いる場合，拡張したアソシエーションルールは以下のように表される．

$$A \Rightarrow RMSE(Y, \hat{Y})$$

このルールにより，2 つの変数 Y と $\hat{Y}$ の誤差が小さくなる（または大きくなる）条件 A を求めることができる．

3 想定される活用例

ソフトウェア開発現場において，開発規模から工数を予測することがよく行われる [1]．一般的に開発規模と工数は相関が強く，過去のソフトウェア開発データを参照することで予測が可能となる．しかし，プロジェクトによっては，何らかの理由で規模と工数の相関が弱い場合があり，工数の予測がうまくいかない場合がある．そのため，予測精度を高くするには，規模と工数の相関が弱くなる場合とそうでない場合の違いを明らかにする必要がある．本提案方法は高い予測精度が見込まれる場合を見極めることに利用できると考えている．

提案手法を用いて導出するルールの例を以下に示す．

$$(\text{顧客}=\text{既存})\&(\text{開発者の技術}=\text{高}) \Rightarrow \text{Correl}(\text{規模，工数}) = 0.95 \qquad (3)$$

ルール (3) は前提部の条件を満たす場合，規模と工数の相関が強いことを表している．よって，ルール (3) より，前提部の条件を満たすプロジェクトでは，規模から工数の高精度な見積もりが可能であることがわかる．

4 まとめ

本論文では，ソフトウェア開発データの分析範囲を広げるために，相関関数を扱うアソシエーションルールを提案し，その活用例について述べた．今後は，提案手法を実際のソフトウェア開発データに適用し，得られたルールの分析や，さらなるアソシエーションルールの拡張についての検討を行う予定である．

参考文献

[1] S. Chulani and D. V. Ferens, "Cocomo," Encyclopedia of Software Engineering, pp. 103-110, 1994.

[2] Y. Kamei, A. Monden, S. Morisaki, and K. Matsumoto, "A hybrid faulty module prediction using association rule mining and logistic regression analysis," Proc. 2nd International Symposium on Empirical Software Engineering and Measurement, pp. 279-281, 2008.

[3] A. Monden, J. Keung, S. Morisaki, Y. Kamei, and K. Matsumoto, "A heuristic rule reduction approach to software fault-proneness prediction," Proc. 19th Asia-Pacific Software Engineering Conference (APSEC2012), pp. 838-847, Dec 2012.

[4] S. Morisaki, A. Monden, T. Matsumura, H. Tamada, and K. Matsumoto, "Defect data analysis based on extended association rule mining," Proc. 4th International Workshop on Mining Software Repositories (MSR'07), May 2007.

[5] S. Morisaki, A. Monden, H. Tamada, T. Matsumura, and K. Matsumoto, "Mining quantitative rules in a software project data set," Information and Media Technologies, vol. 2, no. 4, pp. 999-1008, 2007.

[6] Q. Song, M. Shepperd, M. Cartwright, and C. Mair, "Software defect association mining and defect correction effort prediction," IEEE Trans. Softw. Eng., vol. 32, no. 2, pp. 69-82, Feb. 2006.

難読化されたJavaバイトコードに対する シンボリック実行攻撃の困難さ評価の検討

Case Studies on Evaluating the Resilience of Obfuscated Java Bytecode Against Symbolic Execution Attacks

西 陽太 * 神崎 雄一郎 † 門田 暁人 ‡ 玉田 春昭 §

あらまし 本研究では，難読化されたJavaバイトコードに対するシンボリック実行攻撃の困難さについて，ケーススタディを通して議論する．今回の実験の範囲内では，演算表現を複雑にする難読化は，opaque predicateを挿入する難読化よりもシンボリック実行攻撃を困難にする傾向があることなどがわかった．

1 はじめに

MATE攻撃 (Man-At-The-End攻撃) とは，ソフトウェアの実行可能コードを物理的に所有するエンドユーザが，不正な目的のためにそのコードを解析・改ざんする行為のことである [1]．今日広く普及しているJavaのアプリケーションに対しても，逆コンパイラなどを用いたMATE攻撃が行われることが知られており，攻撃者の理解を困難にする方法として，Javaを対象にした難読化が数多く提案されている．一方，近年新たな脅威となっている，シンボリック実行による自動解析を用いた攻撃 [2](以下，シンボリック実行攻撃と呼ぶ) を伴うMATE攻撃に対して，難読化されたJavaバイトコードがどの程度耐性を持つかは明らかでない．

そこで本研究では，難読化されたJavaバイトコードに対するシンボリック実行攻撃の困難さについて，ケーススタディを通して検討する．Javaバイトコードはネイティブコードと比べて逆コンパイルが容易であるため，難読化されたJavaバイトコードがシンボリック実行攻撃を伴うMATE攻撃に強い耐性を持つかを知るには，(1) シンボリック実行攻撃が困難である (解析に長い時間を要する，または解析に失敗する) かの評価，および，(2) ソースコードレベルでの逆難読化 (シンボリック実行を妨げるコードの除去) の困難さの評価，の2つの観点が重要であると考える．ここでは，最初の段階として (1) に焦点を当て，既存の難読化方法がシンボリック実行攻撃をどの程度困難にできるかを実験を通して評価・議論する．関連研究として，Banescuらは，難読化されたC言語のプログラムから得られる実行可能コードについて，シンボリック実行攻撃に対する耐性評価を行っている [2]．本研究では，Javaに対応した難読化方法とシンボリック実行ツールを用いて，難読化されたJavaバイトコードに対するシンボリック実行攻撃の困難さについて考察する．

2 ケーススタディ

複数のJavaプログラムを対象に，難読化によってシンボリック実行攻撃がどの程度困難になるかを実験を通して考察する．紙面の都合上，次の2つのプログラムを取り上げ結果を述べる．なお，各プログラムの実装には文献 [3] を参考にした．

P_{fact}： 入力値を素因数分解する．入力値が特定の素因数を持つ場合に，`win`メソッドが呼び出される．

P_{rand}： 入力値をシードとした線形合同法による乱数生成を行う．生成された値が特定の値のとき`win`メソッドが呼び出される．

*Yota Nishi, 熊本高等専門学校 電子情報システム工学専攻

†Yuichiro Kanzaki, 熊本高等専門学校 人間情報システム工学科

‡Akito Monden, 岡山大学大学院 自然科学研究科

§Haruaki Tamada, 京都産業大学 情報理工学部

表 1　難読化による解析時間，実行時間，循環的複雑度の変化

プログラム	難読化方法	適用回数	解析時間 [ms]	実行時間 [ms]	複雑度
P_{fact}	難読化なし	-	394	0.483	9
	opaq	5	609	0.508	165
	opaq	9	8330	0.723	2565
	enca	1	442	0.461	9
	enca	3	失敗 (間違った結果を出力)	0.863	9
P_{rand}	難読化なし	-	237	0.489	7
	opaq	5	252	0.476	70
	opaq	10	388	1.74	2054
	enca	1	失敗 (タイムアウト)	0.501	7
	enca	2	失敗 (ツールの異常終了)	1.24	7

本実験でのシンボリック実行攻撃のゴールは，`win` メソッドに到達するための入力値を答えさせることとし，正しい解析結果を得るために要する解析時間の長さを，解析の困難さと考える．また，解析が 12 時間以内に終了しない場合 (タイムアウト) や，正しい結果を出力せずに終了した場合は，シンボリック実行攻撃の失敗とみなし，解析が困難な状態にあると考える．

難読化方法として，ここでは opaque predicate (不明瞭な表現を持つ条件分岐) を挿入する難読化 (以降，opaq)，および，演算表現の複雑化 (以降，enca) を取り上げる．opaq の適用は，Java 用難読化ツール SandMark [4] の Simple Opaque Predicates を用いる．また，enca の適用は，C 言語用の難読化ツール Tigress [5] の Encode Arithmetic によって変形した演算表現を Java に移植することで行う．各難読化は，プログラムが正しく動作する範囲で，繰り返し (多重に) 適用する．難読化されたプログラムに対して，シンボリック実行攻撃に要した時間 (10 回の平均)，実行時間 (10 回の平均)，および，複雑度 (McCabe による循環的複雑度) を測定する．シンボリック実行ツールは JDart [6] を，複雑度の測定は UCC [7] を使用する．

表 1 に実験結果を示す．ここでの実験環境は，OS が Debian 8.10，CPU が Intel Core i7-5930K (3.50GHz)，メインメモリが 64GB である．opaq は，適用回数に応じて解析時間や複雑度を増加させている．また，enca は解析を失敗させる場合があり，複雑度は難読化前と変化がない．enca が複数回適用されたプログラムを確認すると，入力値の変数を含んだ比較演算の表現が非常に長くなっていた．実行時間のオーバーヘッドについては opaq と enca に大きな差はないが，enca はタイムアウトなど解析を失敗させる場合があることから，本実験の範囲内では，enca は opaq と比較して Java バイトコードへのシンボリック実行攻撃に対して有効である傾向を持つといえる．また，複雑度と解析の困難さは必ずしも関係が深くないといえる．

3　今後の展望

今後の課題として，まず enca がシンボリック実行攻撃を困難にする理由について詳しく分析し，どのようなコード変形が解析時間を増加させるのか調査することが挙げられる．また，逆難読化の困難さを評価する方法の検討や，実際に利用されている規模の大きいソフトウェアを対象にした実験を行うことも重要であると考える．

参考文献

[1] P. Falcarin, C. Collberg, M. Atallah, and M. Jakubowski. Software protection (guest editors' introduction). *IEEE Software*, Vol. 28, No. 2, pp. 24–27, March 2011.

[2] S. Banescu, C. Collberg, V. Ganesh, Z. Newsham, and A. Pretschner. Code obfuscation against symbolic execution attacks. In *Proceedings of the 32nd Annual Conference on Computer Security Applications*, pp. 189–200, New York, USA, 2016.

[3] 奥村晴彦. C 言語による標準アルゴリズム事典. 技術評論社, 2018.

[4] SandMark: A tool for the study of software protection algorithms. `http://sandmark.cs.arizona.edu/`.

[5] The Tigress C diversifier/obfuscator. `http://tigress.cs.arizona.edu/`.

[6] JDart: A dynamic symbolic analysis tool for Java. `https://github.com/psycopaths/jdart`.

[7] UCC: Unified Code Count. `http://csse.usc.edu/ucc_new/wordpress/`.

Webページの差異がOSSへの寄付に与える影響の分析

Analysing Influlece of Web page to Donation to OSS

行澤 宇午* 角田 雅照†

あらまし 研究では，寄付を募るWebページの違いによりOSSへの寄付行動が変化するかどうかを分析した．

1 はじめに

近年，オープンソースソフトウェア（OSS）の利用及び開発が非常に盛んになって久しい．OSSは非営利団体が開発を管理している場合もある．このようなOSSでは，非営利組織の運営のためなどに寄付を募っている場合がある．ただし，寄付を募っているWebページはかなりシンプルなものが多い．寄付を促すための何らかの工夫が見られない場合が多い．そこで本研究では，OSSにおける寄付を促進するための方法について検討する．OSSの寄付については，Nakasaiら[1]が統合開発環境であるEclipseの寄付に対して，寄付とバグリポートの関係などを定量的に分析しているが，どのようにすれば寄付の効率が高まるかについては検討されていない．

寄付行動に関しては，人間の心理を考慮した経済学である行動経済学や，心理学で分析が行われている．寄付と幸福感との関係を分析している研究が多い．行動経済学では，寄付の促進に有用であると考えられる概念がある．例えばソーシャルプルーフと呼ばれるものであり，他人の行動に同調する傾向を指す．また，寄付者と寄付される側との社会的距離が寄付行動に影響するのではという指摘もある．そこでこれらを考慮したWebページを作成し，それにより寄付行動が変化するかどうかを分析した．

図1 グループ2の回答者に示したページ

表1 寄付するかどうかとの相関係数

	提示するWebページ	一般的な寄付経験	一般的な寄付金額
相関係数	0.461	0.323	-0.125
p値	0.113	0.282	0.684

表2 「寄付したか」とのカイ二乗検定

変数	p値
提示するWebページ	0.097
一般的な寄付経験	0.347
一般的な寄付経験 (二値化)	0.155

表3 重回帰モデルの標準化偏回帰係数

変数	標準化偏回帰係数	p値
提示するWebページ	0.585	0.012
一般的な寄付経験	0.552	0.017
交互作用項 (提示するWebページ 一般的な寄付経験)	0.576	0.013

1. Eclipseに寄付しようと思いましたか? （はい / いいえ）
2. 1が「はい」の場合，何円寄付しようと思いましたか?
3. 寄付や募金をしたことがありますか? （1:全くない / 2:ほとんどない / 3:時々

*Ugo Yukizawa，近畿大学

†Masateru Tsunoda，近畿大学

ある / 4:よくある)
4. 3の経験がある場合，平均的な金額を概算で答えてください．

2 分析

Eclipseへの寄付を求めるWebページを示し，寄付をするかどうかをアンケートした．回答者は情報科学を専攻する学部3，4年生13人である．回答者全員が大学の実習で使用しているEclipseを寄付対象とした．回答者を2つのグループに分けた．グループ1（回答者7人）には，Eclipseの寄付を募るWebページ（日本語記載なし）を示した．グループ2（回答者6人）には，図2のような日本語を追記したページを提示した．その後，以下に回答してもらった．括弧内は選択肢を示す．

基本統計量: 一般的な寄付に対しては，グループ1の項目3に対する回答の平均値が2.0，グループ2では1.7であった．また，平均金額はグループ1では217.5円，グループ2では60.0円であり，グループ1のほうの若干寄付が多い傾向があった．

これに対し，グループ1ではEclipseに対して寄付すると答えた回答者はなく，グループ2では33%（6人中2人）が寄付すると答えた．平均金額は30.0円であった．両グループともオープンソースに寄付した経験はなかった．このことから，提示したWebページが寄付の行動に影響している可能性がある．

個別の変数間の分析: 各要因と「寄付するかどうか（質問1）」との関係を調べるために，相関係数を算出した．結果を表1に示す.「提示したWebページ」の相関係数が最も大きく,「一般的な寄付の金額」は最も小さかった．次に,「提示したWebページ」と「寄付するかどうか（質問1）」,「寄付経験（質問3）」との関係を調べるためにカイ二乗検定を適用した.「寄付の経験」については，回答を二値化（回答が2以上かどうか）した場合についても確かめた．表2に示すように,「提示したWebページ」のみ，有意水準10%で有意となった．この結果も提示したWebページの効果を示唆している．

重回帰による分析:「Eclipseに寄付する」と答えた回答者は，どちらも一般的な寄付の経験があった．寄付の経験があり，かつ提示されるWebページが適切な場合に寄付の行動が変化する，すなわち交互作用（ある説明変数の効果が他の説明変数の値により変化すること）が存在する可能性がある．そこで,「提示したWebページ」と「寄付の経験」を中心化（多重共線性を避けるために，変数の値から平均値を減じること）した後にこれらを乗じた説明変数を新たに作成し，重回帰分析を行った．これは，重回帰分析において交互作用を検討する時に行われる手法である．モデルの調整済R2は0.61となり，0.5を超えていたことから，適切なモデルが構築されたといえる．標準化偏回帰係数を表3に示す．交互作用項が有意となったことから，寄付の経験があり，かつ提示されるWebページが適切な場合に寄付行動が変化すると考えられる

3 おわりに

本研究では，寄付のWebページの表現を工夫した場合の効果を評価した．今後の課題は，その他の方法にも寄付金額を高める効果があるかどうかを評価することである．

謝辞 本研究の一部は，日本学術振興会科学研究費補助金（基盤C：課題番号16K00113，基盤A：課題番号17H00731）による助成を受けた．

参考文献

[1] Nakasai, K., Hata, H., Onoue S. and Matsumoto, K.: Analysis of Donations in the Eclipse Project, In Proc. of International Workshop on Empirical Software Engineering in Practice (IWESEP), pp. 18-22 (2017).

記述の共通性に着目したプログラムのダイジェスト化手法の提案

A Method to Digest Programs based on the Commonalities of Code Fragments

加藤 宗一郎 * 吉田 敦 † 蜂巣 吉成 ‡ 桑原 寛明 §

あらまし プロジェクトへの参加などで，初めて読むプログラムの概要を速く把握する際に，あらかじめ主要な処理で構成されるダイジェストを生成できれば，プログラムの理解を効率化できる．ここでは，プログラムの主要な処理とならない，プロジェクトでの共通の処理やライブラリ関数に共通な処理を「非本質的処理」と呼ぶ．本論文では，処理の記述の共通性に着目することで非本質的処理を特定し，それらを隠すことで，プログラムのダイジェストを生成する手法を提案する．非本質的処理を特定するために，プログラムを構文木の構造を反映した構文要素列に分解し，ソースコード全体に多く出現する構文要素列を抽出する．

1 はじめに

新しいプロジェクトへの参加などで，プログラムを初めて読むときは，まず概要を把握したうえで，詳細の理解に進みたい．概要を把握するには，例外処理や初期化処理など，主要な処理とはなりえない箇所を読み飛ばす必要がある．もし，あらかじめそれらを区別し，主要な処理で構成されるダイジェストを生成できれば，プログラムの理解作業の効率を高められる．

本論文では，主要な処理とならない処理を特定したうえで，それを隠したプログラムのダイジェストを生成する手法を提案する．何を隠すかは，理解の目的によって異なるが，ここでは，プロジェクトでの共通の処理やライブラリ関数に対する共通な処理に着目する．これは，例えば，プログラムの初期化処理や関数のエラー値に対する例外処理が相当する．そのような処理は，プログラマがすでに理解していたり，一度理解すれば，その処理があることを前提に読むことができるので，プログラムの主たる処理に対して本質的なものではない．なお，本論文では，このような処理を「非本質的処理」と呼ぶ．

非本質的処理は，ソースコード全体で共通する処理で構成されるかどうかを調べればよいが，そもそも処理の範囲，すなわち開始位置と終了位置が明確に定まらないので，単純に実現しようとすると，膨大な組み合わせを調べることになり実用的ではない．そこで，本研究は構文木の構造を反映した構文要素の列に分解し，ソースコード全体に多く出現する構文要素列で構成される処理を抽出することで，非本質的処理を求める．

関連研究として，Fowkes ら [1] は，トピックモデルを用いてプログラムの概要理解に不要なコードを折り畳み，ソースコードの要約を生成する手法を提案している．加藤 [2] は，共通性の高い最内 if 文は例外処理になることを分析しており，本論文は，対象となる構文要素の範囲と処理の種類を拡大している．コードクローンとも似ているが，コードクローンは，類似する 2 つのコード片を見つけることが基本であり，ソースコード全体での共通性は考慮していない．また，本研究は，プロジェクト全体の共通の処理を見つけるという点で，横断的関心事の同定ととらえられる．

*Soichiro Kato, 南山大学大学院理工学研究科

†Atsushi Yoshida, 南山大学国際教養学部

‡Yoshinari Hachisu, 南山大学理工学部

§Hiroaki Kuwabara, 南山大学情報センター

2　提案手法

自然言語処理において，ある表現が文書中にどの程度頻出するかを求めるために，N-gram が利用される．本論文の手法は，N-gram の考えを構文木に適用し，構文木上の根から葉に向う全経路から，長さ N の部分経路を切り出し，これを N-gram として扱う．ただし，非本質処理は，文のみで構成されるものとして，文以外の構文要素 (宣言，関数定義のインタフェース部，マクロ定義) は対象外とする．例えば，ある文 s に対応する構文要素 e とその子 $c_1, c_2, \cdots, c_n$ について，e についての N-gram($N = 2$) を求める場合，N-gram はそれぞれ $(e, c_1), (e, c_2), \cdots, (e, c_n)$ となる．さらに，$c_1, \cdots, c_n$ についても同様に N-gram を求め，s についての N-gram を生成する．

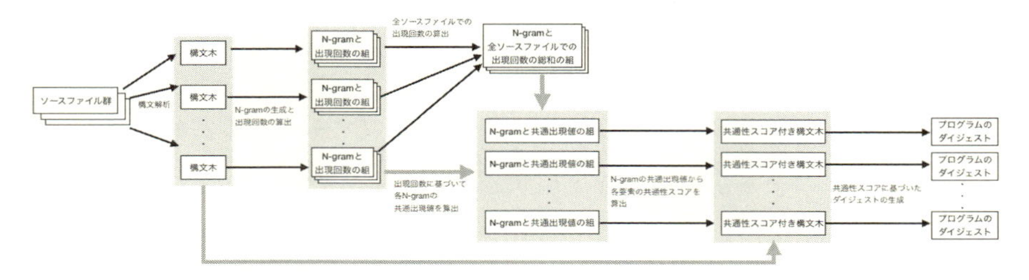

図 1　プログラムのダイジェスト化する手法の概要

ダイジェスト化の概要を図 1 に示す．各 N-gram について，等価な N-gram の出現数を求め，出現数が多い N-gram で構成される処理を求める．ただし，特定のファイルに集中して出現する N-gram はソースコード全体で共通するものではないので，その影響を軽減する重みを導入する．ある N-gram x が属するファイルを求める関数を $F(x)$ と定義する．$F(x)$ 中の x の出現数を $t(F(x), x)$，全ソースコードでの x の出現数を $T(x)$，軽減の重みを $w(x)$ とすると，x に対して共通性を表すスコアである共通出現値 $c(x)$ を次のように定める．

$$c(x) = T(x) \times w(x) = T(x) \times (1 - \frac{t(F(x), x)}{T(x)}) = T(x) - t(F(x), x)$$

各構文要素について，それを含む N-gram 群の共通出現値の中央値を求め，構文要素の共通性スコアとして付与する．さらに，このスコアが高い構文要素を隠したソースファイルに変換することで，ダイジェストを生成する．

3　おわりに

本研究では，ソースコードから非本質的な処理の記述を抽出し，プログラムのダイジェスト化する手法を提案した．今後は，N-gram の生成アルゴリズムや共通出現値，共通性スコアの値の算出アルゴリズムを変化させた際の結果を比較し，手法の精度を向上する．

謝辞　本研究の一部は，JSPS 科研費 17K00114，17K01154，17K12666，18K11241，2018 年度南山大学パッヘ奨励金 I-A-2 の助成を受けた．

参考文献

[1] J. Fowkes, P. Chanthirasegaran, R. Ranca, M. Allamanis, M. Lapata, and C. Sutton. Autofolding for source code summarization. *IEEE Transactions on Software Engineering*, pp. 1095–1109, 2017.

[2] 加藤大貴. 例外処理のコーディング規約の理解のための共通性に基づく条件文選別手法の提案. Master's thesis, 南山大学大学院, 2018.

要求分析と基本設計間のトレーサビリティ確保のためのユースケース記述変換ツール

A Conversion Tool for Ensuring Traceability between UML Requirements Analysis Model and the Basic Design Model

吉野 魁人 * 松浦 佐江子 *

あらまし 要求分析段階におけるユースケース分析では，一般にテンプレート形式の自然言語により，ユースケースを記述する．ユースケース記述に基づき，シーケンス図を用いて記述内容を分析し，振舞いをクラスに割り当てる．しかし，人手による解釈の違いによってはこの振舞いの割り当てに漏れや誤りが発生する可能性がある．本研究ではユースケース分析においてアクティビティ図を利用し，ユースケース記述と設計段階で作られるシーケンス図間のトレーサビリティを確保するために，ツールを用いた図の自動変換の手法を提案する．

Summary. In the use case analysis at the requirements analysis stage, the use case is generally described by the natural language of the template form. Based on the use case description, software designer analyzes the description content using the sequence diagram and assigns the behavior to the class. However, depending on difference in interpretation of software developer, leakage and errors may occur in this behavior assignment. In this study, the authors utilize activity diagram at use case analysis. Furthermore, we propose a method of automatic conversion to secure the traceability between the activity diagram and the sequence diagram created at the design stage by using the tool.

1 はじめに

ソフトウェア開発における要求分析ではシステムの境界におけるユーザや他システムとのインタラクションに着目し，システムのユースケースを分析する．また，設計ではシーケンス図を用いて要求分析で定義した振舞いフローをさらに分析し，振舞いをクラスに割り当ててメソッドを決定する．ソフトウェアの保守性を保つためにはこれら各段階間のトレーサビリティを確保することが重要である．しかし，人手による解釈ではモデルの観点が異なるため設計の段階に漏れや誤りが発生する可能性がある．本稿では，UML（Unified Modeling Language）を用いて，要求分析でのモデルの要素をすべて自動的に設計の初期段階のモデルへ変換する手法を提案する．これにより，トレーサビリティの確保を目的とする．

2 適用手法

2.1 トレーサビリティ

トレーサビリティは追跡可能性と訳し，ものが変遷していく過程を後からも追えるようにすることである．ここでは図1のように各モデルの要素が対応していることを表す．

2.2 アクティビティ図によるユースケース記述

ユースケース記述は一般的にはテンプレート形式の自然言語によって記述される．本研究ではこのユースケース記述をアクティビティ図とクラス図を用いて作成する．ユースケース内の振舞いをアクティビティ図での「アクター」「インタラクション」

*Kaito Yoshino, Saeko Matsuura, 芝浦工業大学

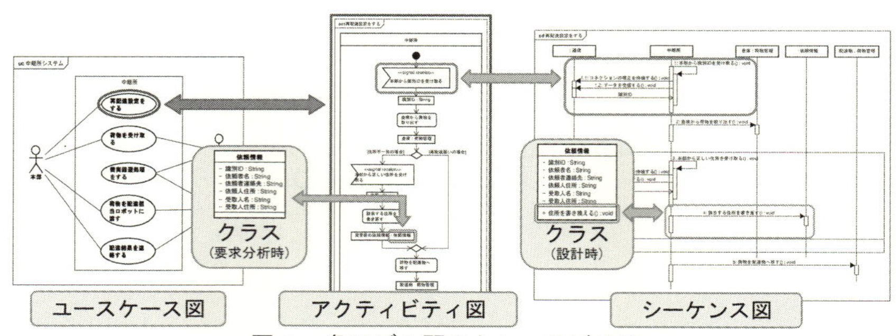

図 1　各モデル間のトレーサビリティ

「システム」といったパーティションの種類に分けることにより，アクターとシステムのやり取りを主体と役割を明確にしたアクション系列として定義する．また，システムにおけるデータはクラスとその属性として整理できる．これらが見えてくると，アクションとデータの関係も見えてくるので，オブジェクトノードとしてアクティビティ図に記述することができる．ここで，データに対する振舞いであるということを明確にするために，アクションから続けて対象のオブジェクトノードを書くという記法を加えて定義した．このようにテンプレート上の文章ではなく，より形式的なアクティビティ図として記述することにより，後述するツールの適用を容易とする．

2.3　ユースケース記述変換ツール

本ツールは UML モデリングツールの一つである astah* Professional [1] 内のプラグインとして実装した．ツール上でアクティビティ図からシーケンス図へマッピングを行うことを本研究では変換と呼び，ツールを適用する上での各変換の定義を行った．まず，パーティション名を振舞い元とするライフラインに変換する．次に，アクション内に書かれる文を読み取り，シーケンス図内のシグネチャが無い状態のメッセージとして変換する．このとき，メッセージの送信先対象とするライフラインはアクションに続くオブジェクトノードのクラスを読み取ることで判断する．また，オブジェクトノードがアクションの先に無い場合は自分自身（アクションの属するパーティション）に対応したライフラインにメッセージを送信するように定義した．このように要求分析の結果をすべて自動的に踏襲することによって最終的なシーケンス図の作成を支援する．ツールの利用者はクラスごとにシグネチャの未定義部分を決定し，要求分析の段階で分析されていなかったメソッド内部の構造を追加する作業のみを行えばよいことになる．

3　まとめ

本稿では要求分析段階で得られたユースケース記述を踏襲し，シーケンス図を自動生成することによる基本設計の支援方法を提案した．これにより各段階で作られたモデル間のトレーサビリティの確保が容易になると考えられる．今後はツールの未完成部分の完成と，ツールを適用する上でのアクティビティ図の記法をより簡略にできる方法の考案を課題とする．また，基本設計後の詳細設計で更新されたシーケンス図とアクティビティ図間においてもトレーサビリティが確保できるような仕様を検討する．

参考文献

[1] astah* Professional, http://astah.change-vision.com/ja/product/astah-professional.html, (参照 2018-07-20).

レクチャーノート／ソフトウェア学44
ソフトウェア工学の基礎 XXV

2018年11月30日 初版発行

編　者　伊　藤　　恵
　　　　神　谷　年　洋

発行者　井　芹　昌　信

発行所　株式会社 近代科学社

〒162-0843 東京都新宿区市谷田町2-7-15
電話 03-3260-6161 振替 00160-5-7625
http://www.kindaikagaku.co.jp

ISBN978-4-7649-0584-9

定価はカバーに表示してあります．

ソフトウェア工学

■著者
岸 知二, 野田 夏子

■B5判・並製・328頁

■定価3,200円＋税

基礎の基礎からプロジェクト管理まで，シッカリ学べる!

本書はソフトウェア工学の全体像をつかむための地図である．著者たちが企業や研究所で経験した「良い設計なくして，良いソフトウェアは望めない」という経験値を，先人たちの知見と併せて一冊の書籍としてまとめた．

大学でソフトウェア工学を学ぶ学生には教科書として，企業で設計に携わる技術者にとっては参考書として活用できるように設計している．

分からない点や疑問点を素早く探せるように，索引と傍注をリンクさせてレファレンス性を高めている．さらに傍注にはソフトウェア設計のヒントとなる事項を取り上げ，ピンポイントで解説している．

今や社会基盤となった情報システムの中核であるソフトウェア工学を，しっかり学ぼうとする初学者や，より確かな知識を得ようとしている読者には，まさに座右の書となるだろう．

■主要目次